普通高等学校"十四五"规划建筑环境与能源应用工程专业精品教材

建筑设备施工技术

U0172094

丛书审定委员会

付祥钊　张　旭　李永安　李安桂　李德英

沈恒根　陈振乾　周孝清　徐向荣

本书主编　李联友

本书编写委员会

李联友　杨师斌　刘仕宽　赵　亮　张玉瑾　张宏喜　王一超

华中科技大学出版社

中国·武汉

内 容 提 要

本书系统地介绍了建筑设备安装和施工技术以及相关的施工工艺,主要内容涉及建筑室内外供热、通风空调、制冷、建筑室内外给水排水管道设备、燃气管道系统、消防系统、光伏发电系统以及相关设备的施工与安装等,内容翔实且全面。本书在介绍安装工程施工技术知识的同时,深入浅出地介绍了建筑安装施工的要点和技术规范的基础知识,并在内容安排和章节处理上进行了整合,同时提供了大量的图表和技术数据,具有很强的实用性和可操作性。

本书可作为建筑环境与能源应用工程专业的教学用书,也可作为建筑设备安装企业工程技术人员和施工维护人员的培训教材。

图书在版编目(CIP)数据

建筑设备施工技术/李联友主编.—武汉:华中科技大学出版社,2020.5(2022.1重印)
ISBN 978-7-5680-6035-6

Ⅰ.①建… Ⅱ.①李… Ⅲ.①房屋建筑设备-建筑安装-高等学校-教材 Ⅳ.①TU8

中国版本图书馆 CIP 数据核字(2020)第 054114 号

建筑设备施工技术   李联友 主编
Jianzhu Shebei Shigong Jishu

策划编辑:周永华
责任编辑:周永华
封面设计:原色设计
责任校对:曾 婷
责任监印:朱 玢
出版发行:华中科技大学出版社(中国·武汉)   电话:(027)81321913
　　　　　武汉市东湖新技术开发区华工科技园   邮编:430223
录　　排:华中科技大学惠友文印中心
印　　刷:武汉开心印印刷有限公司
开　　本:850mm×1065mm 1/16
印　　张:16.25
字　　数:426 千字
版　　次:2022 年 1 月第 1 版第 3 次印刷
定　　价:49.90 元

总　序

地球上本没有建筑,人类创造了建筑。地球上本没有城市,人类构建了城市。建筑扩大了人类的生存地域,延长了人类的个体寿命;城市增强了人类的交流合作,加快了人类社会的发展。建筑和城市是人类最伟大的工程创造,彰显着人类文明进步的历史。建筑和城市的出现,将原来单纯一统的地球环境分割为三个不同的层次。第一层次为自然环境,其性状和变化由自然力量决定;第二层次为城市环境,其性状和变化由自然力量和人类行为共同决定;第三层次为建筑环境,其性状和变化由人为决定。自然力量恪守着自然的规律,人类行为充满着人类的欲望。工程师必须协调好二者之间的关系。

由于城市物质文化活动的高效益,人们越来越多地聚集于城市。发达国家的城市人口已达全国人口的70%左右;中国正在加快城市化进程,实际城市人口很快就将超过50%。现代社会,人类大多数活动在建筑内开展。城市居民一生中约有90%的时间在建筑环境中度过。为了提高生产水平,保护生态环境,包括农业在内的现代生产过程也越来越多地从自然环境转移进建筑环境。建筑环境已成为现代人类社会生存发展的主要空间。

建筑环境必须与自然环境保持良好的空气、水、能源等生态循环,才能支撑人类的生存发展。如今,城市规模越来越大,几百万、上千万人口的城市不断形成。城市面积由几十平方公里扩展到几百平方公里、上千平方公里。一些庞大的城市正在积聚成群。建筑环境已被城市环境包围,远离自然。建筑自身规模的膨胀更加猛烈,几十万、上百万平方米的单体建筑已不鲜见,内外空间网络关联异常复杂。目前建筑环境有两方面问题亟待解决:一方面,通过城市环境,建立和保持建筑环境与自然环境的良性生态循环是人类的一个重大课题;另一方面,建筑环境在为人类生存发展提供条件的同时,消耗了大量能源,能耗已占社会总能耗的1/3左右,在全球能源紧缺、地球温室效应日渐显著的严峻形势下,提高建筑能源利用效率是人类的又一个重大课题。

满足社会需求,解决上述课题,必须依靠工程。工程是人类改造物质世界活动的总称,建筑环境与设备工程是其中之一。工程的出发点是为了人类更好地生存发展。工程的基本问题是能否改变世界和怎样改变世界。工程以价值定向,以使用价值作为基本的评价标准。建筑环境与设备工程的根本任务是:遵循自然规律,调控建筑环境,满足当代人生活与生产的需求;同时节约能源,善待自然,维护后代生存发展的条件。

进行工程活动的基本社会角色是工程师。工程师需要通过专业教育奠定基础。建筑环境与设备工程专业人才培养的基本类型是建筑环境与设备工程师。工程创造自然界原本没有的事物,其本质特点是创造性的。工程过程包括策划、实施和使用三个阶段,其核心是创造或建造。策划、运筹、决策、操作、运行与管理等工程活动,离不开科学技术,更需要工程创造能力。从事工程活动与科学活动所需要的智能是不一样的。科学活动主要通过概念、理论和论证等实现从具体到一般的理论抽象,需要发现规律的智能;工程活动则更强调实践性,通过策划决策、计划实施、运行使用实现从一般到具体的实践综合,需要的是制定、执行标准规范的运作智能。这就决定了建筑环境与设备工程专业(即现在的建筑环境与能源应用工程专业)的人才培养模式和教学方法不同于培养科学家的理科专业的人才培养模式和教学方法,其教材也不同于理科教材。

建筑环境与设备工程专业的前身——供热、供燃气及通风工程专业,源于苏联(1928年创建于俄罗斯国立大学)。该专业在我国创建于1952年。到1958年,才只有8所高校设立该本科专业。该专业创建之初没有教材。1963年在当时的建工部领导下,成立了"全国高等学校供热、供燃气及通风工程专业教材编审委员会",组织编审全国统编教材。"文革"后这套统编教材得到完善,在专业技术与体系构成上呈现出强烈的共性特征,满足了我国计划经济时代,专业大一统的教学需求。我国供热、供燃气及通风空调工程界,现在的专业技术骨干,绝大多数是学这套教材毕业的。该套教材的历史作用不可磨灭。

建筑环境与设备工程专业教育出现了以下重大变化。

(1) 20世纪末,人类社会发展和面临的能源环境形势,将建筑环境与设备工程这个原本鲜为人知的小小配套专业,推向了社会舞台的中心地带,建筑环境与设备工程专业的社会服务面空前扩大。

(2) 新旧世纪之交,我国转入市场经济体制,毕业生由统一分配转为自谋职业,就业类型越来越多样化。地区和行业的需求差异增大,用人单位对毕业生的知识能力与素质要求各不相同。该专业教育的社会需求特征发生了本质性的改变。

(3) 该专业的科学基础不断加深和拓展,技术日益丰富和多样,工程活动的内涵和形式发生了显著变化。

(4) 强烈的社会需求,使该专业显示出良好的发展前景;广阔的就业领域,刺激了该专业教育的快速扩展。目前全国已有150多所高校设立该本科专业,每年招生人数已达1万以上,而且还在继续增加。每年1万多名入学新生,分属多个层次的学校,在认知特性、学习方法、读书习惯上都有较大差异。

在这样的背景下,对于该工程专业教育,特色比统一更重要。各校都在努力办出自己的特色,培养学生的个性,以满足不同的社会需求。学校的特色不同,自然对教材有不同的要求。若不是为了应试,即使同一学校的学生,也会选择不同的教材。多样性的人才培养,呼唤多样性的教材。时代已经变化,全国继续使用同一套统编教材,已经不合时宜。该专业教材建设必须创新、必须开拓。结合1998年的专业调整和总结跨世纪的教育教学改革成果,高校建筑环境与设备工程学科专业指导委员会组织编写了一套推荐教材,由中国建筑工业出版社出版;同时,重庆大学出版社组织编写了一套系列教材;随后机械工业出版社等也先后组织成套编写该专业教材。

在国家教材建设规划的推动下,各出版社出版教材的理念开放,境界明显提升。华中科技大学出版社在市场调研的基础上,组织编写的这套教材,力求突出实用性、适用性和前沿性。教材竞争力的核心是质量与特色,教材竞争的结果必然是优胜劣汰,这对广大师生而言,是件大好事。希望该专业的教材建设由此呈现和保持百家争鸣的局面。

教材不是给教师作讲稿的,而是给学生学习的。企望编写者面向学生编写教材,深入研究学生的认知特点。我们的学生从小就开始学科学,现在才开始学工程;学习思维方式适应理科,而把握工程的内在联系和外部制约,建立工程概念则较为困难;在学习该专业时,往往造成专业内容不系统,理论不扎实,具体技术和工程方法只能死记硬背。编写该专业教材,在完善教材自身的知识体系的同时,更要引导学生转换思维方法,学会综合,掌握工程原理,考虑全局。对现代工程教学的深入思考、对该专业教学体系的整体把握、丰富的教学经验和工程实践经验,是实现这一目标的基本条件。这样编写出来的教材一定会有特色,必将受到学生的欢迎。期盼华中科技大学出版社组织编写的这套教材,能使学生们说:"这是让我茅塞顿开的教材!"

借此机会,谨向教材的编审和编辑们表示敬意。

付祥钊

前　言

　　随着我国建筑行业的进一步发展,建筑安装施工技术水平也在不断地提升,新材料、新设备、新工艺和新方法不断涌现,为了帮助读者系统地掌握先进的安装工程施工技术知识,编者根据多年的教学经验和工程实践经验,编写了这本书。本书注重理论与实践的有机结合,对近年来出现的新材料、新工艺以及新的施工安装方法进行了介绍,并根据新标准及实际工程使用情况,对书中的部分内容及专业术语进行了调整和修改。同时,对书中涉及的技术规范进行了更新,使得本书内容更具实用性和操作性。

　　本书主要内容包括建筑设备施工过程中的常用工程材料,管件的加工和连接方法,各种建筑设备如暖通空调、给排水管道、燃气、光伏发电和热力系统管道及附属器具安装,空调、制冷等各种设备及其防腐与保温的施工安装工艺。

　　本书由河北建筑工程学院的李联友教授主编,全书内容共分为13章,其中第4章由华北理工大学的刘仕宽老师编写,第5章第3节由河北建筑工程学院的王一超老师编写,第6章由河北建筑工程学院的张玉瑾老师编写,第10章由石家庄职业技术学院的赵亮老师编写,第11章由河南城建学院的杨师斌老师编写,第12章由河北建筑工程学院的张宏喜老师编写,其余内容全部由李联友教授编写,并由李联友教授承担全书的统稿工作。

　　本书在编写过程中得到了许多资深设计人员、施工单位的专业技术人员的指导,本行业的同仁也在本书编写过程中提出了一些宝贵的意见和建议,在此表示诚挚的谢意。本书在编写过程中引用了许多文献资料(数据、图表等),谨向有关文献的作者表示衷心的感谢。

　　由于编者的学术水平和工程经验有限,书中难免有疏漏之处,恳请读者批评指正。

编者

2020 年 3 月

目　　录

第1章 绪 论

1.1 建筑设备施工技术的发展简述

建筑设备施工技术的兴起和发展大致经历了三个阶段,即 1949 年之前、1949—1978 年、1978 年之后。其最终的发展都离不开经济的发展和社会的进步。

1949 年之前,暖通空调没有形成专门学科,安装也不成行业,采暖通风设施只是一些旧式的传统装置,并附属于土木建筑工程学科,相关技术掌握在外国人手中,而我国安装技术极为落后,停留于手工业作坊式的安装和维修水平。

1949 年之后,中国开始了大规模的经济建设,优先发展重工业,有计划地进行工业基础的建设。自 1952 年起,在高等学校开设建筑设备专业(后改称供热、供燃气、通风及空气调节专业),于 1953 年成立第一家卫生设备安装公司。此后,为适应经济建设的发展,各专业部门和很多省市相继成立工业设备安装公司。这一切为暖通空调专业科学技术的发展奠定了基础。为了确保工程质量和产品质量,我国从 1955 年起制定了各种工程、材料、机械设备等产品的质量标准、通用规格、设计规范和施工验收规范,其中由国家批准颁发的称为"国家标准"(简称"国标",代号为"GB"),各部颁发的为部颁标准(如原冶金工业部的代号为"YB",原机械工业部的代号为"JB")。这些"标准"和"规范"是法令性的文件,所有安装企业和其他企事业单位、工程技术人员和工人都必须严格遵守这些技术法规。

1978 年,我国实行改革开放后,加速了国民经济的发展,也带来了施工安装技术的大发展。从国外引进先进技术,安装企业经学习、吸收、消化、掌握后推广应用。施工器具小型轻便和配套成龙,安装部件或构件的定型生产和商品化,现场制作及手工操作逐渐被工厂化、机械化生产代替,建筑设备安装工程实现了工厂化和预制装配化施工,大大缩短了施工周期。21 世纪,自主创新的新技术、新工艺、新方法等不断涌现,我国建筑环境与能源应用工程技术及其施工安装技术将会有更大的进步和发展。

1.2 建筑设备施工技术的种类

"建筑设备施工技术"这门课程主要学习本专业及相近专业所涉及的建筑设备系统的施工安装知识。建筑设备系统主要包括供热、供燃气、通风与空调、锅炉、制冷、给水排水等建筑设备系统。随着经济的发展和人民生活水平的不断提高,国民经济的各个行业、各个部门都离不开建筑设备系统的应用。建筑设备系统具体包括以下几个方面。

(1) 为满足生产和工艺过程要求、保证产品质量而设置的供热、恒温、恒湿和洁净等建筑设备系统。

（2）为创造良好的生产环境、改善劳动条件而设置的隔热、防暑降温、采暖、除尘排毒等建筑设备系统。

（3）为改善文化娱乐环境和满足食品储藏要求而设置的供暖与冷库等建筑设备系统。

（4）为满足科学试验的各种要求或模拟自然环境而设置的建筑设备系统。

（5）为发展旅游事业、完善宾馆的服务设施而设置的空调和热水供应等建筑设备系统。

（6）为使小区住宅的居民感到舒适、便利而设置的热水供应、供暖、燃气供应和给水排水及中水等建筑设备系统。

（7）为适应经济发展，改善生活和工作环境而设置的集中供热、区域供冷和燃气供应等建筑设备系统。

（8）为保护居住环境、加强环境保护而设置的太阳能供热、水源和地源热泵等建筑设备系统。

国民经济的建设和发展离不开建筑设备系统，它也是基本建设项目的主要内容之一。施工安装技术水平、施工质量、施工组织及经济管理水平，直接关系着工业的生产能力、产品质量以及工程的投资效益，关系着建设项目的经济效益，关系着人民生活水平。这就要求从事建筑设备施工安装与经济管理的科技人员，在具有专业理论知识的基础上，还应具有实践技能，不断提高施工安装技术水平和经济管理水平，以适应国民经济高速发展的需要。

【思考题】

1-1　建筑设备施工技术的种类有哪些？

1-2　建筑设备施工技术的发展趋势是什么？

第 2 章　常用材料

2.1　管材和附件

2.1.1　管道和附件的通用标准

1. 公称尺寸

公称尺寸是管道及其附件工程标准化的主要内容。公称尺寸是国家为保证管子和附件通用性和互换性而制定的通用标准,是对有缝钢管和螺纹连接管子附件的标称,又称"公称直径""公称口径",它的主要作用是将同一规格的管子和附件相互连接,使其具有普遍通用性。对于阀门等管子附件和内螺纹管子配件,公称尺寸等于其内径;对于有缝钢管,公称尺寸既不是管子内径,也不是管子外径,只是管子的名义直径。公称尺寸相同的管子外径相同,但因工作压力不同而选用不同的壁厚,所以其内径有可能不同。公称尺寸用 DN 表示。如 DN100 表示公称尺寸为 100 mm 的管子。无缝钢管用外径 ϕ 和壁厚 δ 表示,如 $\phi 155 \times 4.5$ 表示外径 155 mm、壁厚 4.5 mm 的管子。我国现行的管子和管子附件的公称尺寸系列见表 2-1。

表 2-1　管子和管子附件的公称尺寸系列(GB/T 1047—2019)

	公称尺寸系列/mm					
	6	80	500	1000	1800	2800
	8	100	550	1050	1900	2900
	10	125	600	1100	2000	3000
	15	150	650	1150	2100	3200
DN	20	200	700	1200	2200	3400
	25	250	750	1300	2300	3600
	32	300	800	1400	2400	3800
	40	350	850	1500	2500	4000
	50	400	900	1600	2600	
	65	450	950	1700	2700	

2. 公称压力、试验压力、工作压力

公称压力是管子和管子附件在介质温度(200 ℃)下所能承受的压力允许值,是强度方面的标准。公称压力用符号 PN 表示,符号后的数值表示公称压力值,如 PN1.0 表示公称压力为 1 MPa。

试验压力是在常温下检验管子或管子附件机械强度和严密性的压力标准。试验压力一般情况下取 1.5~2 倍公称压力值,公称压力大时取下限,公称压力小时取上限。试验压力用符号 P_s

表示。

工作压力是指管子内有流体介质时实际可承受的压力。因为管材的机械强度会随着温度的提高而降低,所以当管子内介质的温度不同时,管子所能承受的压力也不同。工作压力用符号 P_t 表示,"t"为介质最高温度值 1/10 的整数值。例如 P_{25} 表示管子在介质温度为 250 ℃时的允许工作压力。

公称压力是管子及附件在标准状态下的强度标准,在选用管子时可直接作为比较的依据。大多数情况下,制品在标准状态下的耐压强度接近于常温下的耐压强度,公称压力十分接近常温下材料的耐压强度。一般情况下,可根据系统输送介质参数按公称压力直接选择管子及附件,无须进行强度计算。当介质工作温度超过 200 ℃时,管子及附件会因温度升高引起强度降低,选用时应考虑管子及附件必须满足系统正常运行和试验压力的要求。碳素钢管和附件公称压力、试验压力、工作压力之间的关系见表 2-2。

表 2-2 碳素钢管和附件公称压力、试验压力与工作压力的关系

公称压力 PN/MPa	试验压力 (用低于 100 ℃的水) P_s/MPa	介质工作温度/℃						
		≤200	250	300	350	400	420	450
		最大工作压力 P_t/MPa						
		P_{20}	P_{25}	P_{30}	P_{35}	P_{40}	P_{42}	P_{45}
0.1	0.2	0.1	0.1	0.1	0.07	0.06	0.06	0.05
0.25	0.4	0.25	0.23	0.2	0.18	0.16	0.14	0.11
0.4	0.6	0.4	0.37	0.33	0.29	0.26	0.23	0.18
0.6	0.9	0.6	0.55	0.5	0.44	0.38	0.35	0.27
1.0	1.5	1.0	0.92	0.82	0.73	0.64	0.58	0.45
1.6	2.4	1.6	1.5	1.3	1.2	1.0	0.9	0.7
2.5	3.8	2.5	2.3	2.0	1.8	1.6	1.4	1.1
4.0	6.0	4.0	3.7	3.3	3.0	2.8	2.3	1.8
6.4	9.6	6.4	5.9	5.2	4.3	4.1	3.7	2.9
10.0	15.0	10.0	9.2	8.2	7.3	6.4	5.8	4.5

2.1.2 管材的种类和规格

金属管材在建筑设备安装工程材料中占有很大的比例,在安装前应当对其质量特性和规格种类进行了解。建筑设备安装中常用的金属管材从质量方面应满足以下基本要求。

(1) 具有一定的机械强度和刚度。

(2) 管壁厚度均匀,材质密实。

(3) 外表面平整光滑,内表面粗糙度小。

(4) 化学性能和热稳定性好。

(5) 材料可塑性好,易于煨弯、切削。

实际工程中选择管材时,针对工程的需要对以上要求各有侧重;除此之外,还应考虑价格、货

源等方面的因素。建筑设备安装工程中常用的金属管材有黑色金属管材（钢管）、不锈钢管材、有色金属管材及非金属管材等。

1. 碳素钢管

碳素钢管机械性能好、加工方便，能承受较高的压力和耐较高的温度，可以用来输送冷热水、蒸汽、燃气、氧气、乙炔、压缩空气等介质，且易于取材，是设备安装工程中常用的管材。但碳素钢管遇酸或在潮湿环境中容易发生腐蚀，导致管材原有的机械性能降低，所以工程上使用碳素钢管时一般要做防腐处理或采用镀锌管材。常见的碳素钢管有无缝钢管、焊接钢管、铸铁管三种。

（1）无缝钢管。

无缝钢管采用碳素钢或合金钢冷拔（轧）或热轧（挤压、扩）制成。其外径和壁厚应符合表 2-3 的规定。同一规格的无缝钢管有多种壁厚，以满足不同的压力需要，所以无缝钢管不用公称尺寸表示，而用"外径×壁厚"表示。无缝钢管规格多、耐压力高、韧性强、成品管段长，多用在锅炉房、热力站、制冷站、供热外网和高层建筑的冷、热水等高压系统中。一般工作压力在 0.6～1.57 MPa 时都采用无缝钢管。

安装工程中采用的无缝钢管应有质量证明书，并提供机械性能参数。优质钢管还应提供材料的化学成分，外观检查不得有裂缝、凹坑、鼓包及壁厚不均等缺陷。

除了常用的输送流体用无缝钢管，还有锅炉无缝钢管、石油裂化用无缝钢管等专用无缝钢管。无缝钢管一般不用螺纹连接而多采用焊接连接。

表 2-3　常用无缝钢管规格（节选自 GB/T 17395—2008）

外径/mm			壁厚/mm															
系列 1	系列 2	系列 3	0.25	0.30	0.40	0.50	0.60	0.80	1.0	1.2	1.4	1.5	1.6	1.8	2.0	2.2 (2.3)	2.5 (2.6)	2.8
			单位长度理论质量/(kg/m)															
		30			0.292	0.364	0.435	0.576	0.715	0.852	0.987	1.05	1.12	1.25	1.38	1.51	1.70	1.68
	32(31.8)				0.312	0.388	0.465	0.616	0.765	0.911	1.06	1.13	1.20	1.34	1.48	1.62	1.82	2.02
34(33.7)					0.331	0.413	0.494	0.655	0.814	0.971	1.13	1.20	1.28	1.43	1.58	1.73	1.94	2.15
		35			0.341	0.425	0.509	0.675	0.838	1.00	1.16	1.24	1.32	1.47	1.63	1.78	2.00	2.22
	38				0.371	0.462	0.553	0.734	0.912	1.09	1.26	1.35	1.44	1.61	1.78	1.94	2.19	2.43
	40				0.391	0.487	0.583	0.773	0.962	1.15	1.33	1.42	1.52	1.70	1.87	2.05	2.31	2.57
42(42.4)									1.01	1.21	1.40	1.50	1.59	1.78	1.97	2.16	2.44	2.71
		45(44.5)							1.09	1.30	1.51	1.61	1.71	1.92	2.12	2.32	2.62	2.91
48(48.3)									1.16	1.38	1.61	1.72	1.83	2.05	2.27	2.48	2.81	3.12
	51								1.23	1.47	1.71	1.83	1.95	2.18	2.42	2.65	2.99	3.33
		54							1.31	1.56	1.82	1.94	2.07	2.32	2.56	2.81	3.18	3.54
	57								1.38	1.65	1.92	2.05	2.19	2.45	2.71	2.97	3.36	3.74
60(60.3)									1.46	1.74	2.02	2.16	2.30	2.58	2.86	3.14	3.55	3.95

续表

外径/mm			壁厚/mm															
系列1	系列2	系列3	0.25	0.30	0.40	0.50	0.60	0.80	1.0	1.2	1.4	1.5	1.6	1.8	2.0	2.2 (2.3)	2.5 (2.6)	2.8
			单位长度理论质量/(kg/m)															
	63(63.5)								1.53	1.83	2.13	2.28	2.42	2.72	3.01	3.30	3.73	4.16
	65								1.58	1.89	2.20	2.35	2.50	2.81	3.11	3.41	3.85	4.30
	68								1.65	1.98	2.30	2.46	2.62	2.94	3.26	3.57	4.04	4.50
	70								1.70	2.04	2.37	2.53	2.70	3.03	3.35	3.68	4.16	4.64
		73							1.78	2.12	2.47	2.64	2.82	3.16	3.50	3.84	4.35	4.85
76(76.1)									1.85	2.21	2.58	2.76	2.94	3.29	3.65	4.00	4.53	5.05
	77										2.61	2.79	2.98	3.34	3.70	4.06	4.59	5.12
	80										2.71	2.90	3.09	3.47	3.85	4.22	4.78	5.33

（2）焊接钢管。

焊接钢管也称"有缝钢管"，包括普通焊接钢管、钢板直缝卷焊钢管、螺旋缝焊接钢管等。普通焊接钢管常用于室内给水排水、采暖和燃气工程中。

普通焊接钢管由碳素钢或低合金钢焊接而成，按照制造工艺分为对焊、叠边焊和螺旋焊三种形式，按表面镀锌与否分为黑铁管和白铁管。黑铁管表面不镀锌；白铁管表面镀锌，也称"镀锌管"。镀锌管抗锈蚀性能好，常用于生活饮用水和热水系统中。常见的低压流体输送用焊接钢管规格为 DN6～DN200，适用于 0～140 ℃工作压力较低的流体输送。管端用螺纹和沟槽连接的钢管常用规格见表 2-4，其中普通管可承受 1.96 MPa 的水压试验，加厚管能承受 2.94 MPa 的水压试验。焊接钢管分两端带螺纹和不带螺纹两种。两端带螺纹的管长为 6～9 m，供货时带一个管接头；不带螺纹的管长为 4～12 m。焊接钢管以公称尺寸标称。

表 2-4 低压流体输送用焊接钢管常用规格（GB/T 3091—2015） 单位：mm

公称口径 DN	外径 D	壁厚 t	
		普通钢管	加厚钢管
6	10.2	2.0	2.5
8	13.5	2.5	2.8
10	17.2	2.5	2.8
15	21.3	2.8	3.5
20	26.9	2.8	3.5
25	33.7	3.2	4.0
32	42.4	3.5	4.0

续表

公称口径 DN	外径 D	壁厚 t	
		普 通 钢 管	加 厚 钢 管
40	48.3	3.5	4.5
50	60.3	3.8	4.5
65	76.1	4.0	4.5
80	88.9	4.0	5.0
100	114.3	4.0	5.0
125	139.7	4.0	5.5
150	165.1	4.5	6.0
200	219.1	6.0	7.0

注:表中的公称口径是近似内径的名义尺寸,不表示外径减去两倍壁厚所得的内径。

钢板直缝卷焊钢管适用于公称压力不大于 1.6 MPa 的工作范围,一般用在室外热水和蒸汽管道中。

螺旋缝焊接钢管公称压力一般不大于 2.0 MPa,多用在蒸汽、凝结水、热水和燃气等室外大管径管道和长距离输送管道中。

焊接钢管检验标准与无缝钢管标准相同。焊缝应平直光滑,不得有开裂现象,镀锌钢管的镀锌层应完整均匀。焊接钢管可用焊接或螺纹连接,但镀锌钢管一般不用焊接连接。

(3)铸铁管。

铸铁管的优点是耐腐蚀,经久耐用;缺点是质脆,焊接、套丝、煨弯困难,承压能力低,不能承受较大动荷载,多用于输送腐蚀性介质和给水排水工程中。建筑设备安装工程中常用的铸铁管采用灰铸铁铸造而成,分为给水铸铁管和排水铸铁管。

给水铸铁管管长有 4 m、5 m 和 6 m 三种,能承受一定的压力,按工作压力分为低压管、普压管和高压管。给水铸铁管的工作压力和试验压力见表 2-5,按制造工艺分为砂型离心铸铁管和连续铸铁管。连续铸铁管规格详见表 2-6。

表 2-5 给水铸铁管工作压力和试验压力

管型	工作压力/MPa	试验压力/MPa	
		≥500	≤450
低压直管	0.49	1.0	1.5
普压直管及管件	0.75	1.5	2.0
高压直管	1.0	2.0	2.5
高压管件	1.0	2.1	2.3

表 2-6　连续铸铁管规格(节选自 GB/T 3422—2008)

公称口径 DN /mm	外径 D_2 /mm	壁厚 T/mm			承口凸部质量 /kg	直部 1 m 质量/kg			有效长度 L/mm								
									4000			5000			6000		
									总质量/kg								
		LA级	A级	B级		LA级	A级	B级	LA级	A级	B级	LA级	A级	B级	LA级	A级	B级
75	93.0	9.0	9.0	9.0	4.8	17.1	17.0	17.1	73.2	73.2	73.2	90.3	90.3	90.3	—	—	—
100	118.0	9.0	9.0	9.0	6.23	22.2	22.2	22.2	95.1	95.1	95.1	117	117	117	—	—	—
150	169.0	9.0	9.2	10.0	9.09	32.6	33.3	36.0	139.5	142.3	153.1	172.1	175.6	189	205	209	225

2. 合金钢管及有色金属管

(1) 合金钢管。

合金钢管是在碳素钢中加入锰(Mn)、硅(Si)、钒(V)、钨(W)、钛(Ti)、铌(Nb)等元素制成的钢管,加入这些元素能加强钢材的强度或耐热性。合金元素含量小于 5% 的钢材为低合金钢,合金元素含量在 5%～10% 的钢材为中合金钢,合金元素含量大于 10% 的钢材为高合金钢。合金钢管多用在加热炉、锅炉耐热管和过热器等场合。连接方式可采用电焊和气焊,焊后要对焊口进行热处理。合金钢管一般为无缝钢管,规格同碳素无缝钢管。

不锈钢是为了增强耐腐蚀性,在碳素钢中加入铬(Gr)、镍(Ni)、锰(Mn)、硅(Si)、钼(Mo)、铌(Nb)、钛(Ti)等元素形成的一种合金钢。根据含铬量不同,不锈钢分为铁素体不锈钢、马氏体不锈钢和奥氏体不锈钢。铁素体不锈钢难以焊接,马氏体不锈钢几乎不能焊接,奥氏体不锈钢具有良好的可焊性。不锈钢管多用在石油、化工、医药、食品等行业中。不锈钢管按照制造方法分为不锈钢焊接钢管和不锈钢无缝钢管,流体输送常选用不锈钢无缝钢管,其规格参看表 2-3。

(2) 有色金属管。

①铝管及铝塑复合管(PAP)。

铝管是由铝及铝合金经过拉制和挤压而成的管材,最高使用温度为 150 ℃,公称压力不超过 0.588 MPa,常用 12、13、14、15 牌号的工业铝制造。铝及铝合金管有较好的耐腐蚀性能,常用于输送浓硝酸、脂肪酸、丙酮、苯类等液体,也可用于输送硫化氢、二氧化碳等气体,但不能用于输送碱和氯离子的化合物。薄壁管由冷拉或冷压制成,供应长度为 1～6 m;厚壁管由挤压制成,最小供应长度为 300 mm。铝及铝合金管规格(外径)有 11 mm、14 mm、18 mm、25 mm、32 mm、38 mm、45 mm、60 mm、75 mm、90 mm、110 mm、120 mm、185 mm 几种,壁厚为 0.5～32.5 mm。铝合金管由铝镁、铝锰体系组成。其特点是耐腐蚀性、抛旋光性高,塑性和强度提高。纯铝管可焊性好;铝合金管焊接较难,多采用氩弧焊接。

铝塑复合管是以焊接铝管为中间层,内、外层均为聚乙烯塑料,采用专用热熔胶,通过挤出成型方法复合成一体的管材(见图 2-1)。它是一种集金属和塑料的优点于一体的新型材料,具有耐腐蚀、耐高温、不回弹、阻隔性能好、抗静电等特点。按照由外到内的结构可分为如下四种。

a.聚乙烯—胶黏剂—铝合金—胶黏剂—交联聚乙烯,适用于温度和压力较高的场合。

b.交联聚乙烯—胶黏剂—铝合金—胶黏剂—交联聚乙烯,适用于温度和压力较高的场合,外

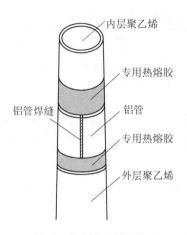

图 2-1 铝塑复合管结构图

表面有较高的强度。

c. 聚乙烯—胶黏剂—铝—胶黏剂—聚乙烯,适用于温度和压力较低的场合。

d. 聚乙烯—胶黏剂—铝合金—胶黏剂—聚乙烯,适用于温度较低的场合,主要是用于燃气输送。

铝塑复合管是指采用中、高密度聚乙烯塑料的铝塑复合管。交联铝塑复合管(XPAP)是指采用交联中、高密度聚乙烯塑料的铝塑复合管。铝塑复合管的分类详见表 2-7,结构尺寸详见表 2-8。

表 2-7 铝塑复合管的分类(GB/T 18997.1—2003)

流体类别		用途代号	铝塑复合管代号	长期工作温度 T_0/℃	允许工作压力 P_0/MPa
水	冷水	L	PAP	40	1.25
	冷热水	R	PAP	60	1.00
				75[1]	0.82
				82[1]	0.69
			XPAP	75	1.00
				82	0.86
燃气[2]	天然气	Q	PAP	35	0.40
	液化石油气				0.40
	人工煤气[3]				0.20
特种流体[4]		T		40	0.50

注:在输送易在管内产生相变的流体时,在管道系统中因相变产生的膨胀力不应超过最大允许工作压力或者在管道系统中采取防止相变的措施。

①指采用中密度聚乙烯(乙烯与辛烯共聚物)材料生产的复合管。

②输送燃气时应符合燃气安装的安全规定。

③在输送人工煤气时应注意到冷凝剂中芳香烃对管材的不利影响,工程中应考虑这一因素。

④指和 HDPE 的抗化学药品性能相一致的特种流体。

表 2-8　铝塑复合管基本结构尺寸（GB/T 18997.1—2003）　　　　　单位:mm

公称外径 d_n	公称外径公差	参考内径 d_1	圆度		管壁厚 e_m		内层塑料最小壁厚 e_n	外层塑料最小壁厚 e_w	铝管层最小壁厚 e_a
			盘管	直管	最小值	公差			
12		8.3	≤0.8	≤0.4	1.6		0.7		0.18
16		12.1	≤1.0	≤0.5	1.7		0.9		
20		15.7	≤1.2	≤0.6	1.9	$+0.5 \atop 0$	1.0		0.23
25		19.9	≤1.5	≤0.8	2.3		1.1		
32	$+0.30 \atop 0$	25.7	≤2.0	≤1.0	2.9		1.2		0.28
40		31.6	≤2.4	≤1.2	3.9	$+0.6 \atop 0$	1.7	0.4	0.33
50		40.5	≤3.0	≤1.5	4.4	$+0.7 \atop 0$	1.7		0.47
63	$+0.40 \atop 0$	50.5	≤3.8	≤1.9	5.8	$+0.9 \atop 0$	2.1		0.57
75	$+0.60 \atop 0$	59.3	≤4.5	≤2.3	7.3	$+1.1 \atop 0$	2.8		0.67

②铜管。

常用铜管有紫铜管（纯铜管）和黄铜管（铜合金管等）。紫铜管主要由 T2、T3、T4、TUP（脱氧铜）制造，黄铜管主要由 H62、H68、HPb59-1 等牌号的黄铜制造。铜及铜合金管可用于制氧、制冷、空调、高纯水设备、制药等管道，也可用于现代高档次建筑的给水、热水供应管道，规格详见表2-9。

表 2-9　常用铜管的规格尺寸（GB/T 17791—2017）

牌号	代号	状　态	种类	规格/mm		
				外径	壁厚	长度
TU0	T10130	拉拔硬（H80）	直管	3.0～54	0.25～2.5	400～10000
TU1	T10150					
TU2	T10180	轻拉（H55）				
TP1	C12000	表面硬化（O60-H）				
TP2	C12200	轻退火（O50）	盘管	3.0～32	0.25～2.0	—
T2	T11050	软化退火（O60）				
QSn0.5-0.025	T50300					

注:表面硬化(O60-H)是指软化退火状态(O60)经过加工率为 1%～5% 的冷加工使其表面硬化的状态。

铜管根据制造方式，可分为拉制铜管和挤制铜管，一般中、低压场合采用拉制铜管；根据材料不同可分为紫铜管、黄铜管和青铜管。因为铜的导热性能好，紫铜管和黄铜管多用于热交换设备中。青铜管主要用于制造耐磨、耐腐蚀和高强度的管件或弹簧管。铜管连接可采用焊接、胀接、法兰连接和螺纹连接等。焊接应严格按照焊接工艺要求进行,否则极易产生气泡和裂纹。因为铜管具有良好的延展性,故也常采用胀接和法兰翻边连接;厚壁铜管可采用螺纹连接。铜管规格用"外径×壁厚"表示。

3. 非金属管材

非金属管材可大致分为陶土、水泥材质的管材和塑料管材。前者耐腐蚀、价格低廉,一般作为大尺寸管子,用在不承受压力的室外排水系统中。塑料管材主要包括聚氯乙烯系列管、聚烯烃系列管、钢(铝)塑复合管、ABS 管、玻璃钢管材等。塑料管材具有质量轻、耐腐蚀、表面光滑、安装方便、价格低廉等优点。这种材料在建筑设备安装工程中被广泛应用于给水、排水、热水和燃气管道中。塑料管连接可根据不同管材采用承插连接、热熔焊接、电熔连接、胶黏连接、挤压头连接等方式。

适用于给水和热水系统的管材主要有冷热水用耐热聚乙烯管、交联聚乙烯管、改性聚丙乙烯管和铝塑复合管。排水管道以硬聚氯乙烯管为主。燃气管道多用中密度聚乙烯管。

(1) 冷热水用耐热聚乙烯(PE-RT)管。

冷热水用耐热聚乙烯管质量轻、柔韧性好、管材长、管道接口少,系统完整性好;材质无毒,无结垢层、不滋生细菌;抗腐蚀,使用寿命长。工程常用的冷热水用耐热聚乙烯管有中密度和高密度两种。燃气输送管道多采用中密度管。高密度管(HDPE)可用于水或无害、无腐蚀的介质输送。

(2) 冷热水用交联聚乙烯(PE-X)管。

冷热水用交联聚乙烯管是以高密度聚乙烯为主要原料,通过高能射线或化学引发剂将大分子结构转变为空间网状结构材料而制成的管材。管材的内外表面应该光滑、平整、干净,不能有影响产品性能的明显划痕、凹陷、气泡等缺陷。管壁应无可见的杂质,管材表面颜色应均匀一致,不允许有明显色差。交联聚乙烯管具有以下特点。

① 适用温度范围广,可在 $-75 \sim 95$ ℃下长期使用。

② 质地坚实、有韧性,抗内压强度高,95 ℃下使用寿命长达 50 年。

③ 耐腐蚀、无毒,不霉变、不生锈,管壁光滑、水垢难以形成。

④ 导热系数小,用于供热系统时无须保温。

⑤ 可适当弯曲,不会脆裂。

冷热水用交联聚乙烯管在建筑冷、热水供应,饮用水,空调冷、热水,采暖管道和地板采暖盘管等场合都可应用,规格见表 2-10。

表 2-10　冷热水用交联聚乙烯(PE-X)管规格(节选自 GB/T 18992.2—2003)　　单位:mm

公称外径 d_n	平均外径		最小壁厚 e_{min}(数值等于 e_n)			
	$d_{em,min}$	$d_{em,max}$	管系列			
			S6.3	S5	S4	S3.2
16	16.0	16.3	1.8	1.8	1.8	2.2
20	20.0	20.3	1.9	1.9	2.3	2.8
25	25.0	25.3	1.9	2.3	2.8	3.5
32	32.0	32.3	2.4	2.9	3.6	4.4

公称外径 d_n	平均外径		最小壁厚 e_{min}（数值等于 e_n）			
	$d_{em,min}$	$d_{em,max}$	管系列			
			S6.3	S5	S4	S3.2
40	40.0	40.4	3.0	3.7	4.5	5.5
50	50.0	50.5	3.7	4.6	5.6	6.9
63	63.0	63.6	4.7	5.8	7.1	8.6

（3）无规共聚聚丙烯（PP-R）管和冷热水用聚丁烯（PB）管。

无规共聚聚丙烯管是20世纪80年代末90年代初发展起来的管材，具有质量轻、强度好、耐腐蚀、不结垢、防冻裂、耐热保温、使用寿命长等特点；但抗冲击性能差，线性膨胀系数大。PP-R管可用于建筑冷、热水，空调系统，低温采暖系统等场合，规格见表2-11。冷热水用聚丁烯管是用聚丁烯合成的高分子聚合物制成的管材，主要应用于各种热水管道，规格见表2-12。

表 2-11　无规共聚聚丙烯（PP-R）管规格（CJ/T 210—2005）　　　单位：mm

公称直径 d_n	平均外径		参考内径		
	最小值	最大值	S4	S3.2	S2.5
20	21.6	22.1	15.1	14.1	12.8
25	26.8	27.3	19.1	17.6	16.1
32	33.7	34.2	24.4	22.5	20.6
40	42.0	42.6	30.5	28.2	25.9
50	52.0	52.7	38.2	35.5	32.6
63	65.4	66.2	48.1	44.8	41.0
75	77.8	78.7	58.3	54.4	49.8
90	93.3	94.3	70.0	65.4	59.8
110	114.0	115.1	85.8	79.9	73.2

表 2-12　冷热水用聚丁烯（PB）管规格（GB/T 19473.2—2004）　　　单位：mm

公称外径 d_n	平均外径		公称壁厚 e_n					
	$d_{em,min}$	$d_{em,max}$	S10	S8	S6.3	S5	S4	S3.2
12	12.0	12.3	1.3	1.3	1.3	1.3	1.4	1.7
16	16.0	16.3	1.3	1.3	1.3	1.5	1.8	2.2
20	20.0	20.3	1.3	1.3	1.5	1.9	2.3	2.8
25	25.0	25.3	1.3	1.5	1.9	2.3	2.8	3.5
32	32.0	32.3	1.6	1.9	2.4	2.9	3.6	4.4
40	40.0	40.4	2.0	2.4	3.0	3.7	4.5	5.5

续表

公称外径 d_n	平均外径		公称壁厚 e_n					
	$d_{em,min}$	$d_{em,max}$	S10	S8	S6.3	S5	S4	S3.2
50	50.0	50.5	2.4	3.0	3.7	4.6	5.6	6.9
63	63.0	63.6	3.0	3.8	4.7	5.8	7.1	8.6
75	75.0	75.7	3.6	4.5	5.6	6.8	8.4	10.3
90	90.0	90.9	4.3	5.4	6.7	8.2	10.1	12.3
110	110.0	111.0	5.3	6.6	8.1	10.0	12.3	15.1
125	125.0	126.2	6.0	7.4	9.2	11.4	14.0	17.1
140	140.0	141.3	6.7	8.3	10.3	12.7	15.7	19.2
160	160.0	161.5	7.7	9.5	11.8	14.6	17.9	21.9

（4）硬聚氯乙烯（PVC-U）管。

硬聚氯乙烯是以高分子合成树脂为主要成分的有机材料。硬聚氯乙烯管按照用途分为硬聚氯乙烯给水管和排水管两种。

①给水用硬聚氯乙烯管材。给水用硬聚氯乙烯管材是以聚氯乙烯树脂为主要原料，经挤压成型的，用于输送水温不超过 45 ℃的一般用途和生活饮用水管材。给水用硬聚氯乙烯管的连接形式分为弹性密封圈连接和溶剂粘接，给水用硬聚氯乙烯管的公称压力和管材规格尺寸见表 2-13。

表 2-13　给水用 PVC-U 管材公称压力等级和规格尺寸（一）（GB/T 10002.1—2006）　单位：mm

公称外径 d_n	管材 S 系列 SDR 系列和公称压力						
	S16 SDR33 PN0.63	S12.5 SDR26 PN0.8	S10 SDR21 PN1.0	S8 SDR17 PN1.25	S6.3 SDR13.6 PN1.6	S5 SDR11 PN2.0	S4 SDR9 PN2.5
	公称壁厚 e_n						
20	—	—	—	—	—	2.0	2.3
25	—	—	—	—	2.0	2.3	2.8
32	—	—	—	2.0	2.4	2.9	3.6
40	—	—	2.0	2.4	3.0	3.7	4.5
50	—	2.0	2.4	3.0	3.7	4.6	5.6
63	2.0	2.5	3.0	3.8	4.7	5.8	7.1
75	2.3	2.9	3.6	4.5	5.6	6.9	8.4
90	2.8	3.5	4.3	5.4	6.7	8.2	10.1

注：公称壁厚（e_n）根据设计应力（σ_s）10 MPa 确定，最小壁厚不小于 2.0 mm。

表 2-13、表 2-14 的公称压力指管材在 20 ℃条件下输送水的工作压力。若水温为 25～45 ℃，应按表 2-15 不同温度的折减系数（f_t）修正工作压力，用折减系数×公称压力（PN）得到最大允许工作压力。管材的长度一般为 4 m、6 m，也可由供需双方商定。

表 2-14　给水用 PVC-U 管材公称压力等级和规格尺寸(二)(GB/T 10002.1—2006)　　单位:mm

公称外径 d_n	管材 S 系列 SDR 系列和公称压力						
	S20 SDR41 PN0.63	S16 SDR33 PN0.8	S12.5 SDR26 PN1.0	S10 SDR21 PN1.25	S8 SDR17 PN1.6	S6.3 SDR13.6 PN2.0	S5 SDR11 PN2.5
	公称壁厚 e_n						
110	2.7	3.4	4.2	5.3	6.6	8.1	10.0
125	3.1	3.9	4.8	6.0	7.4	9.2	11.4
140	3.5	4.3	5.4	6.7	8.3	10.3	12.7
160	4.0	4.9	6.2	7.7	9.5	11.8	14.6
180	4.4	5.5	6.9	8.6	10.7	13.3	16.4
200	4.9	6.2	7.7	9.6	11.9	14.7	18.2
225	5.5	6.9	8.6	10.8	13.4	16.6	—
250	6.2	7.7	9.6	11.9	14.8	18.4	—
280	6.9	8.6	10.7	13.4	16.6	20.6	—
315	7.7	9.7	12.1	15.0	18.7	23.2	—
355	8.7	10.9	13.6	16.9	21.1	26.1	—
400	9.8	12.3	15.3	19.1	23.7	29.4	—
450	11.0	13.8	17.2	21.5	26.7	33.1	—
500	12.3	15.3	19.1	23.9	29.7	36.8	—
560	13.7	17.2	21.4	26.7	—	—	—
630	15.4	19.3	24.1	30.0	—	—	—
710	17.4	21.8	27.2	—	—	—	—
800	19.6	24.5	30.6	—	—	—	—
900	22.0	27.6	—	—	—	—	—
1000	24.5	30.6	—	—	—	—	—

注:公称壁厚(e_n)根据设计应力(σ_s)12.5 MPa 确定。

表 2-15　温度对压力的折减系数

温度/℃	折减系数 f_t
$0 < t \leqslant 25$	1
$25 < t \leqslant 35$	0.8
$35 < t \leqslant 45$	0.63

②建筑排水用硬聚氯乙烯管材。建筑排水用硬聚氯乙烯管材是以聚氯乙烯树脂为主要原料,加入所需的助剂,经挤出成型而制成,适用于民用建筑物内的排水系统。管材规格用公称外径

$(d_n) \times$ 公称壁厚(e_n)表示。建筑排水用硬聚氯乙烯管材的公称外径、壁厚见表 2-16。

表 2-16　建筑排水用 PVC-U 管材平均外径和壁厚（GB/T 5836.1—2018）　　　单位：mm

公称外径 d_n	平 均 外 径		壁 　 厚	
	最小平均 外径 $d_{em,min}$	最大平均 外径 $d_{em,max}$	最小壁厚 e_{min}	最大壁厚 e_{max}
32	32.0	32.2	2.0	2.4
40	40.0	40.2	2.0	2.4
50	50.0	50.2	2.0	2.4
75	75.0	75.3	2.3	2.7
90	90.0	90.3	3.0	3.5
110	110.0	110.3	3.2	3.8
125	125.0	125.3	3.2	3.8
160	160.0	160.4	4.0	4.6
200	200.0	200.5	4.9	5.6
250	250.0	250.5	6.2	7.0
315	315.0	315.6	7.7	8.7

（5）氯化聚氯乙烯（PVC-C）管。

氯化聚氯乙烯管是由含氯量高达 66% 的过氯乙烯树脂加工而成的一种耐热管材。它具有良好的强度和韧性、耐化学腐蚀和耐老化、自熄性阻燃、热阻大等特点，适用于各种冷、热水系统及污水管、废液管。

（6）ABS 管。

ABS 管是由丙烯腈-丁二烯-苯乙烯三元共聚经注射加工而形成的管材，主要用于输送稀酸液和生活用水。工作介质温度为 $-40 \sim 80$ ℃，工作压力小于 1.0 MPa。

（7）给水高密度聚乙烯（HDPE）管。

HDPE 管适合于建筑物内外（架空或埋地）给水温度不超过 45 ℃ 的系统，管材规格用 d_e（外径）$\times e$（壁厚）表示。

（8）给水低密度聚乙烯（LDPE）管。

LDPE 管公称压力为 0.4 MPa、0.6 MPa、1.0 MPa，公称外径为 $16 \sim 110$ mm，输送水温应为 40 ℃ 以下，适合作为埋地给水管，管材规格用 d_e（外径）$\times e$（壁厚）表示。

此外，还有钢衬玻璃管、钢塑复合管、耐酸橡胶管和耐酸陶瓷管等，主要应用于腐蚀性、酸性介质的输送。

2.1.3　管道附件

1. 金属螺纹连接管件

金属螺纹连接管件的材质要求密实坚固并有韧性，便于机械切削加工。管子配件的内螺纹应端正、整齐、无断丝，壁厚均匀一致、无砂眼，外形规整。金属螺纹连接管件主要由可锻铸铁、黄铜或软钢制造而成。

（1）螺纹连接件管件（见图2-2）。

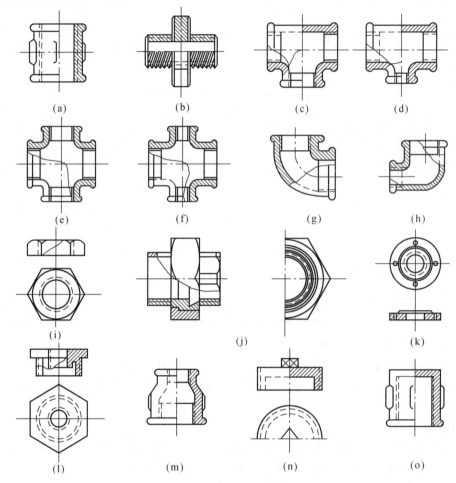

图2-2 常用螺纹连接管件

(a)管箍；(b)对丝；(c)同径三通；(d)异径三通；(e)同径四通；(f)异径四通；(g)同径弯头；
(h)异径弯头；(i)根母；(j)活接头；(k)法兰盘；(l)补心；(m)大小头；(n)丝堵；(o)管堵头

①管路延长连接用配件：管箍、外丝（内接头）。

②管路分支连接用配件：三通（丁字管）、四通（十字管）。

③管路转弯用配件：90°弯头、45°弯头。

④节点碰头连接用配件：根母（六方内丝）、活接头（由任）、带螺纹法兰盘。

⑤管子变径用配件：补心（内外丝）、异径管箍（大小头）。

⑥管子堵口用配件：丝堵、管堵头。

螺纹连接管件的规格和所对应的管子是一致的，都以公称尺寸标称。同一种配件有同径和异径之分，例如三通分为同径和异径两种。同径管件规格的标志可以用一个数值或三个数值表示，如规格为25的同径三通可以写为⊥25或⊥25×25×25。异径管件的规格通常要用两个管径数值表示，前一个数表示大管径，后一个数表示小管径。各种管件的规格组合见表2-17。

表 2-17 螺纹连接管件的规格组合
单位:mm

同 径 管 件	异 径 管 件							
15×15	—	—	—	—	—	—	—	—
20×20	20×15	—	—	—	—	—	—	—
25×25	25×15	25×20	—	—	—	—	—	—
32×32	32×15	32×20	32×25	—	—	—	—	—
40×40	40×15	40×20	40×25	40×32	—	—	—	—
50×50	50×15	50×20	50×25	50×32	50×40	—	—	—
65×65	65×15	65×20	65×25	65×32	65×40	65×50	—	—
80×80	80×15	80×20	80×25	80×32	80×40	80×50	80×65	—
100×100	100×15	100×20	100×25	100×32	100×40	100×50	100×65	100×80

（2）铸铁管管件。

铸铁管管件由灰铸铁制成,分为给水管件和排水管件。给水铸铁管件(见图2-3)管壁较厚,能

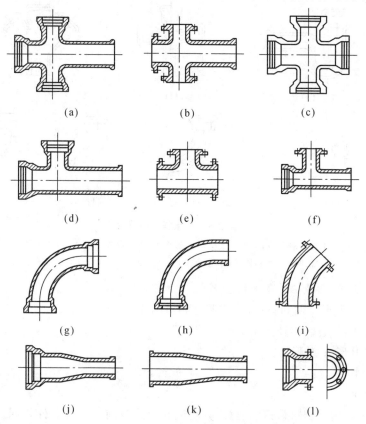

图 2-3 给水铸铁管件

(a)三承十字管;(b)三盘十字管;(c)四承十字管;(d)双承丁字管;(e)三盘丁字管;(f)消火栓用管;
(g)90°双承弯管;(h)90°承插弯管;(i)45°双盘弯管;(j)承插渐缩管;(k)双插渐缩管;(l)承盘短管

承受一定的压力。连接形式有承插和法兰两种,主要用于给水系统和供热管网中。给水铸铁管件按照功能分为以下几类。

①转向连接:如 90°弯头、45°弯头等。

②分支连接:如丁字管、十字管等。

③延长连接:如管子箍(套袖)。

④变径连接:如异径管(大小头)。

排水铸铁管件(见图 2-4)管壁较薄,为无压自流管件,连接形式都是承插连接,主要用于排水系统。排水铸铁管件按照功能分为以下几类。

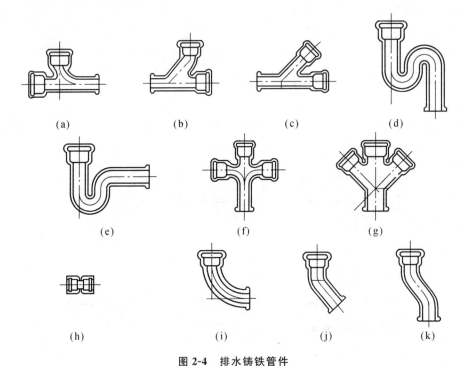

图 2-4 排水铸铁管件

(a)T 形三通;(b)TY 形三通;(c)45°三通;(d)S 形存水弯;(e)P 形存水弯;
(f)正四通;(g)斜四通;(h)管箍;(i)90°弯头;(j)45°弯头;(k)乙字弯

①转向连接:如 90°弯头、45°弯头和乙字弯。

②分支连接:如 T 形三通和斜三通,正四通和斜四通。

③延长连接:如管子箍、异径接头。

④存水弯:如 P 形弯、S 形弯。

2. 非金属管件

(1)塑料管管件。

塑料管管件主要用于塑料管道的连接,其功能和形式与前述各种管件相同。但由于连接方式不同,塑料管管件可大致分为熔接、承插连接、粘接和螺纹连接四种。熔接一般用于 PP-R 给水及采暖管道的连接;承插连接多用于排水用陶土及水泥管道连接;粘接用于排水用 PVC-U 管道的连接;螺纹连接管件一般用于 PE 给水管道的连接,一般在内部有金属嵌件。

（2）挤压头连接管件。

挤压头连接管件内一般都设有卡环，管道插入管件内部后，通过拧紧管件上的紧固圈，将卡环顶进管道与管件间的空隙中，起到密封和紧固作用。

2.2　板材和型钢

通风空调工程所用材料一般分为主材和辅材两类。主材主要指板材和型钢。辅材指常用紧固件、型钢等。

2.2.1　板材

板材用来制作水箱、风管等设备，按材质分为金属薄板和非金属板材。

1. 金属薄板

制作风管及风管部件用的金属薄板要求板面平整光滑，厚度均匀一致，无脱皮、开裂、结疤及锈坑，有较好的延展性，适宜咬口加工。金属薄板的规格通常用短边、长边及厚度三个尺寸表示，例如 1000 mm×2000 mm×1.2 mm，规格如下（GB/T 708—2006）。

（1）钢板和钢带（包括纵切钢带）的公称厚度：0.30～4.00 mm。

（2）钢板和钢带的公称宽度：600～2050 mm。

（3）钢板的公称长度：1000～6000 mm。

常用的金属薄板有普通薄钢板、镀锌钢板、不锈钢板、铝板及铝合金、塑料复合钢板等。

（1）普通薄钢板与镀锌钢板。

普通薄钢板加工性能好、强度较高，且价格便宜，广泛用于普通风管、气柜、水箱等的制作。镀锌钢板和塑料复合钢板主要用于空调、超净等防尘或防腐要求较高的通风系统。镀锌钢板表面有镀锌保护层起防锈作用，一般不再刷防锈漆。塑料复合钢板是将普通薄钢板表面喷涂一层 0.2～0.4 mm 厚的塑料，具有较好的耐腐蚀性，用于有腐蚀性气体的通风系统。风管钢板厚度一般由设计给定，如设计图纸未注明，一般送、排风系统可参照表 2-18 选用，除尘系统参照表 2-19 选用。

表 2-18　一般送、排风风管钢板最小厚度　　　　　单位：mm

矩形风管最长边或圆形风管直径	钢 板 厚 度		
	输 送 空 气		输 送 烟 气
	风管无加强构件	风管有加强构件	
<450	0.5	0.5	1.0
450～1000	0.8	0.6	1.5
1000～1500	1.0	0.8	2.0
>1500	根据实际情况		

注：对于腐蚀性气体，风管壁厚除满足强度要求外，还应考虑腐蚀余量，风管壁厚一般不小于 2 mm。

表 2-19　除尘系统风管用钢板最小厚度　　　　　　　　　　单位:mm

风管直径	钢 板 厚 度					
	一 般 磨 料		中硬度磨料		高硬度磨料	
	直管	异形管	直管	异形管	直管	异形管
<200	1.0	1.5	2.5	2.5	2.0	2.0
200~400	1.25	1.5	1.5	2.5	2.0	3.0
400~600	1.25	1.5	2.0	3.0	2.5	3.5
>600	1.5	2.0	2.0	3.0	3.0	4.0

注:①吸尘器及吸尘罩的钢板采用 2 mm。
②一般磨料指木工锯屑、烟丝和棉麻尘等;中硬度磨料指砂轮机尘、铸造灰尘和煤渣尘等;高硬度磨料指矿石尘、石英粉尘等。

普通薄钢板因表面容易生锈,应刷油漆进行防腐。它多用于制作排气、除尘系统的风管及部件。镀锌薄钢板表面有镀锌层保护,常用于制作不含酸、碱气体的通风系统和空调系统的风管及部件。薄钢板选用时,要求表面平整、光滑,厚薄均匀,允许有紧密的氧化铁薄膜,但不得有裂纹、结疤等缺陷。

(2)不锈钢板。

不锈钢板表面有铬元素形成的钝化保护膜,起隔绝空气、使钢不被氧化的作用。它具有较高的强度和硬度,韧性大,可焊性强,在空气、酸及碱性溶液或其他介质中有较高的化学稳定性。在加工和存放过程中都应特别注意,不应使板材的表面产生划痕、刮伤和凹穴等现象,因为其表面的钝化膜一旦被破坏就会降低它的耐腐蚀性。在堆放和加工时,应不使表面划伤或擦毛,避免与碳素钢长期接触而发生电化学反应,从而保护其表面形成的钝化膜不受破坏。不锈钢板表面光洁,耐酸性(或碱性)气体、溶液及其他介质的腐蚀。不锈钢板制成的风管及部件常用于化工、食品、医药、电子、仪表等工业通风系统和有较高净化要求的送风系统,如印刷行业为了排除含有水蒸气的空气,排风系统也常使用不锈钢板来加工风管。

(3)铝板及铝合金。

铝板有纯铝板和合金铝板两种,用于通风空调工程的铝板以纯铝板为多。铝板质轻、表面光洁,具有良好的可塑造性,对浓硝酸、醋酸、稀硫酸有一定的抗腐蚀能力,同时在摩擦时不会产生火花,常用于化工工程通风系统和防爆通风系统的风管及部件。

铝板不能与其他金属长期接触,否则将产生电化学腐蚀,所以铆接加工时不能用碳素钢铆钉代替铝铆钉;铝板风管用角钢作法兰时,必须做防腐绝缘处理,如镀锌或喷漆。

铝合金板以铝为主,加入一种或几种其他元素制作而成。铝合金板具有较强的机械强度,质轻,塑性及耐腐蚀性能也很好,易于加工成型。

(4)塑料复合钢板。

塑料复合钢板是在普通薄钢板的表面喷一层 0.2~0.4 mm 厚的软质或半硬质塑料膜。这种复合板既有普通薄钢板的切断、弯曲、钻孔、铆接、咬合、折边等加工性能和较强的机械强度,又有较好的耐腐蚀性能,缺点是使用温度范围不大,常用于防尘要求较高的空调系统和工作温度为 −10~70 ℃ 的耐腐蚀系统。

2. 非金属板材

在通风与空调工程中,常用的非金属板材有硬聚氯乙烯塑料板、玻璃钢等。

（1）硬聚氯乙烯塑料板。

硬聚氯乙烯塑料板是由聚氯乙烯树脂掺入稳定剂和少量增塑剂加热制成的。它具有良好的耐腐蚀性，对各种酸碱类物质的作用均很稳定，但对强氧化剂（如浓硝酸、发烟硫酸）和芳香族碳氢化合物以及氯化碳氢化合物是不稳定的。同时，它还具有强度和弹性较高、线膨胀系数小、导热系数小、便于加工成型等优点。用它制作的风管和风机，常用于输送−10～60 ℃含有腐蚀性气体的通风系统中。

硬聚氯乙烯塑料板的表面应平整，不得含有气泡、裂纹；板材的厚薄应均匀，应无离层等现象。

（2）玻璃钢。

玻璃钢是以玻璃纤维（玻璃布）为增强材料、以耐腐蚀合成树脂为胶黏剂复合而成的。玻璃钢制品如玻璃钢风管及部件等，具有质量轻、强度高、耐腐蚀、抗老化、耐火性好、刚度差等特点，广泛用于纺织、印染、化工、冶金等行业中排除带有腐蚀性气体的通风系统中。玻璃钢风管及配件一般在玻璃钢厂用模具生产，保温玻璃钢风管可将管壁制成夹层，中间可采用聚苯乙烯、聚氨酯泡沫塑料、蜂窝纸等材料填充。

玻璃钢风管及部件表面不得扭曲，内表面应平整光滑，外表面应整齐美观，厚薄均匀，并不得有气泡、分层现象。

2.2.2 垫料

垫料主要在风管法兰接口连接、空气过滤器与风管的连接，以及通风、空调器各处理段的连接等部位作为衬垫，以保持接口处的严密性。它应具有不吸水、不透气和弹性好等特点，厚度为3～5 mm，空气洁净系统的法兰垫料厚度不能小于5 mm，一般为5～8 mm。工程中常用的垫料有石棉绳、橡胶板、石棉橡胶板、乳胶海绵板、闭孔海绵橡胶板、耐酸橡胶板、软聚氯乙烯塑料板等，可按风管壁厚、所输送介质的性质以及要求密闭程度的不同来选用。

（1）橡胶板。

常用的橡胶板除了在−50～150 ℃温度范围内具有极好的弹性，还具有良好的不透水性、不透气性、耐酸碱性和电绝缘性，以及一定的抗扯断强度和耐疲劳强度。其厚度一般为3～5 mm。

（2）石棉绳。

石棉绳是由矿物中的石棉纤维加工编制而成的，可用于空气加热器附近的风管及输送温度大于70 ℃的排风系统，一般使用直径为3～5 mm。石棉绳不宜作为一般风管法兰的垫料。

（3）石棉橡胶板。

石棉橡胶板可分为普通石棉橡胶板和耐油石棉橡胶板两种，应按使用对象的要求来选用。石棉橡胶板的弹性较差，一般不作为风管法兰的垫料，但高温（大于70 ℃）排风系统的风管采用石棉橡胶板作为风管法兰的垫料比较好。

（4）闭孔海绵橡胶板。

闭孔海绵橡胶板是由氯丁橡胶经发泡成型，构成闭孔、直径小而稠密的海绵体，其弹性介于一般橡胶板和乳胶海绵板之间，用于要求密封严格的部位，常用于空气洁净系统风管、设备等连接的垫片。

还有以橡胶为基料并添加补强剂、增黏剂等填料，配置而成的浅黄色或白色黏性胶带，用作通风、空调风管法兰的密封垫料。这种密封垫料（XM-37M型）与金属、多种非金属材料均有良好的黏附能力，并具有密封性好、使用方便、无毒、无味等特点。XM-37M型密封粘胶带的规格为7500

mm×12 mm×3 mm、7500 mm×20 mm×3 mm，用硅酮纸成卷包装。

另外，8501 型阻燃密封胶带也是一种专门用于风管法兰密封的垫料，使用相当普遍。

垫料的材质若设计无要求，可按下列规定选用。

（1）输送空气温度低于 70 ℃的风管，使用橡胶板或闭孔海绵橡胶板等。

（2）输送空气或烟气温度高于 70 ℃的风管，使用石棉绳或石棉橡胶板等。

（3）输送含有腐蚀性介质气体（酸性或碱性气体）的风管，使用耐酸橡胶板或软聚氯乙烯塑料板等。

（4）输送产生凝结水或含有蒸汽的潮湿空气的风管，应用橡胶板或闭孔海绵橡胶板。

（5）除尘系统的风管，应使用橡胶板。

（6）净化系统的风管，应选用不漏气、不产尘、弹性好及具有一定强度的材料，如软质橡胶板或闭孔海绵橡胶板，垫料厚度不得小于 5 mm。严禁使用厚纸板、石棉绳等易产生尘粒的材料。

2.2.3　型钢

在供热及通风工程中，型钢主要用于制作设备框架、风管法兰盘、加固圈以及管路的支架、吊架、托架。常用型钢种类有扁钢、角钢、圆钢、槽钢和工字钢等，其断面图如图 2-5 所示。

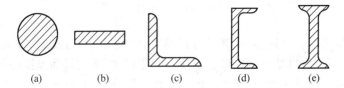

图 2-5　常用型钢断面图
(a)圆钢；(b)扁钢；(c)角钢；(d)槽钢；(e)工字钢

热轧扁钢主要用于制作风管法兰及加固圈，规格以宽度×厚度表示，如 20 mm×4 mm，规格见表 2-20。

表 2-20　热轧扁钢规格和质量表（节选自 GB/T 702—2017）

公称宽度/mm	厚度/mm									
	3	4	5	6	7	8	9	10	11	12
	理论质量/(kg/m)									
10	0.24	0.31	0.39	0.47	0.55	0.63				
12	0.28	0.38	0.47	0.57	0.66	0.75				
14	0.33	0.44	0.55	0.66	0.77	0.88				
16	0.38	0.50	0.63	0.75	0.88	1.00	1.15	1.26		
18	0.42	0.57	0.71	0.85	0.99	1.13	1.27	1.41		
20	0.47	0.63	0.78	0.94	1.10	1.26	1.41	1.57	1.73	1.88
22	0.52	0.69	0.86	1.04	1.21	1.38	1.55	1.73	1.90	2.07
25	0.59	0.78	0.98	1.18	1.37	1.57	1.77	1.96	2.16	2.36
28	0.66	0.88	1.10	1.32	1.54	1.76	1.98	2.20	2.42	2.64
30	0.71	0.94	1.18	1.41	1.65	1.88	2.12	2.36	2.59	2.83

续表

公称宽度/mm	厚度/mm									
	3	4	5	6	7	8	9	10	11	12
	理论质量/(kg/m)									
32	0.75	1.00	1.26	1.51	1.76	2.01	2.26	2.55	2.76	3.01
35	0.82	1.10	1.37	1.65	1.92	2.20	2.47	2.75	3.02	3.30
40	0.94	1.26	1.57	1.88	2.20	2.51	2.83	3.14	3.45	3.77
45	1.06	1.41	1.77	2.12	2.47	2.83	3.18	3.53	3.89	4.24
50	1.18	1.57	1.96	2.36	2.75	3.14	3.53	3.93	4.32	4.71
55	—	1.73	2.16	2.59	3.02	3.45	3.89	4.32	4.75	5.18

角钢多用于风管法兰及管路支架制作,分为等边角钢和不等边角钢,等边角钢规格以边宽×边宽×边厚表示,如 40 mm×40 mm×4 mm 角钢,等边角钢规格见表 2-21。

表 2-21　等边角钢规格和质量表(GB/T 706—2016)

型号	截面尺寸/mm			截面面积/cm²	理论质量/(kg/m)	型号	截面尺寸/mm			截面面积/cm²	理论质量/(kg/m)
	b	d	r				b	d	r		
2	20	3	3.5	1.132	0.89	5	50	5	5.5	4.803	3.77
		4		1.459	1.15			6		5.688	4.46
2.5	25	3		1.432	1.12	5.6	56	3	6	3.343	2.62
		4		1.859	1.46			4		4.390	3.45
3.0	30	3	4.5	1.749	1.37			5		5.415	4.25
		4		2.276	1.79			6		6.420	5.04
3.6	36	3		2.109	1.66			7		7.404	5.81
		4		2.756	2.16			8		8.367	6.57
		5		3.382	2.65	6	60	5	6.5	5.829	4.58
4	40	3	5	2.359	1.85			6		6.914	5.43
		4		3.086	2.42			7		7.977	6.26
		5		3.792	2.98			8		9.020	7.08
4.5	45	3	5	2.659	2.09	6.3	63	4	7	4.978	3.91
		4		3.486	2.74			5		6.143	4.82
		5		4.292	3.37			6		7.288	5.72
		6		5.077	3.99			7		8.412	6.60
5	50	3	5.5	2.971	2.33			8		9.515	7.47
		4		3.897	3.06			10		11.660	9.15

槽钢主要用于箱体、柜体的框架结构及风机等设备的机座,规格见表 2-22。

表 2-22 槽钢规格和质量表(节选自 GB/T 706—2016)

型号	截面尺寸/mm						截面面积/cm²	理论质量/(kg/m)
	h	b	d	t	r	r_1		
5	50	37	4.5	7.0	7.0	3.5	6.925	5.44
6.3	63	40	4.8	7.5	7.5	3.8	8.446	6.63
6.5	65	40	4.3	7.5	7.5	3.8	8.292	6.51
8	80	43	5.0	8.0	8.0	4.0	10.24	8.04
10	100	48	5.3	8.5	8.5	4.2	12.74	10.0
12	120	53	5.5	9.0	9.0	4.5	15.36	12.1
12.6	126	53	5.5	9.0	9.0	4.5	15.69	12.3
14a	140	58	6.0	9.5	9.5	4.8	18.51	14.5
14b		60	8.0				21.31	16.7

圆钢和方钢主要用于吊架拉杆、管道支架卡环以及散热器托钩,规格见表 2-23。

表 2-23 圆钢和方钢规格和质量表(节选自 GB/T 702—2017)

圆钢公称直径 d 方钢公称边长 a/mm	理论质量/(kg/m)		圆钢公称直径 d 方钢公称边长 a/mm	理论质量/(kg/m)	
	圆钢	方钢		圆钢	方钢
5.5	0.187	0.237	13	1.04	1.33
6	0.222	0.283	14	1.21	1.54
6.5	0.260	0.332	15	1.39	1.77
7	0.302	0.385	16	1.58	2.01
8	0.395	0.502	17	1.78	2.27
9	0.499	0.636	18	2.00	2.54
10	0.617	0.785	19	2.23	2.83
11	0.746	0.950	20	2.47	3.14
12	0.888	1.13	21	2.72	3.46

2.2.4 常用紧固件

常用紧固件主要指用于各种管路及设备的拉紧与固定器件,如螺母(帽)、螺栓(钉)、铆钉及花篮螺丝等。

螺母与螺栓的螺距通常分为粗牙和细牙两种。粗牙普通螺距用字母"M"和公称直径表示,如 M16 表示公称直径为 16 mm。细牙普通螺距用字母"M"和公称直径×螺距表示,如 M10×1.25 表示螺距为 1.25 mm、公称直径为 10 mm 的细牙螺纹。安装工程中粗牙的螺母、螺栓用得较多。公制普通螺纹规格见表 2-24。

表 2-24　公制普通螺纹规格(节选自 GB/T 193—2003)　　　　单位:mm

公称直径 D、d			螺距 P										
第1系列	第2系列	第3系列	粗牙	细牙									
				3	2	1.5	1.25	1	0.75	0.5	0.35	0.25	0.2
1			0.25										0.2
	1.1		0.25										0.2
1.2			0.25										0.2
	1.4		0.3										0.2
1.6			0.35										0.2
	1.8		0.35										0.2
2			0.4									0.25	
	2.2		0.45									0.25	
2.5			0.45								0.35		
3			0.5								0.35		
	3.5		0.6								0.35		
4			0.7							0.5			
	4.5		0.75							0.5			
5			0.8							0.5			
		5.5								0.5			
6			1						0.75				
	7		1						0.75				
8			1.25					1	0.75				
		9	1.25					1	0.75				
10			1.5				1.25	1	0.75				
		11	1.5			1.5		1	0.75				
12			1.75				1.25	1					
	14		2			1.5	1.25[a]	1					
		15				1.5		1					
16			2			1.5		1					
		17				1.5		1					
	18		2.5		2	1.5		1					
20			2.5		2	1.5		1					
	22		2.5		2	1.5		1					
24			3		2	1.5		1					

续表

公称直径 D、d			螺距 P										
第1系列	第2系列	第3系列	粗牙	细牙									
				3	2	1.5	1.25	1	0.75	0.5	0.35	0.25	0.2
		25			2	1.5		1					
	26					1.5							
	27		3		2	1.5		1					
		28			2	1.5		1					
30			3.5	(3)	2	1.5		1					
	32				2	1.5							
		33	3.5	(3)	2	1.5							
		35[b]				1.5							
36			4	3	2	1.5							
	38					1.5							
		39	4	3	2	1.5							

注:a.仅用于发动机的火花塞;b.仅用于轴承的锁紧螺母。

1. 螺母

螺母分六角螺母和方螺母两种,从加工方式的不同可分为精制、粗制和冲压三种螺母。常用的螺母规格见图 2-6 和表 2-25。

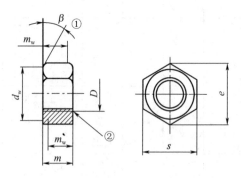

图 2-6　常用螺母规格示意图

注:①β＝15°～30°;②允许内倒角。

表 2-25　公制六角螺母规格(节选自 GB/T 41—2016)　　　　单位:mm

螺纹规格 D	M5	M6	M8	M10	M12	M16	M20
P	0.8	1	1.25	1.5	1.75	2	2.5
d_w　(min)	6.70	8.70	11.50	14.50	16.50	22.00	27.70
e　(min)	8.63	10.89	14.20	17.59	19.85	26.17	32.95

续表

螺纹规格 D		M5	M6	M8	M10	M12	M16	M20
m	max	5.60	6.40	7.90	9.50	12.20	15.90	19.00
	min	4.40	4.90	6.40	8.00	10.40	14.10	16.90

2. 螺栓

螺栓又称"螺杆",它分为六角、方头和双头(无头)螺栓三种;按加工要求分为粗制、半精制、精制三种。规格表示为公称直径×长度或公称直径×长度×螺纹长度。常用螺栓规格见图 2-7 和表 2-26。

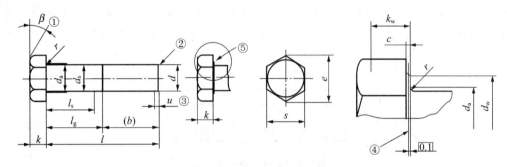

图 2-7 常用螺栓规格示意图

注:①$\beta=15°\sim30°$;②无特殊要求的末端;③不完整螺纹 $\mu\leqslant2P$;④d_w 的仲裁基准;⑤允许的垫圈面形式。

表 2-26 公制六角螺栓规格(节选自 GB/T 5780—2016)　　　　单位:mm

螺纹规格 d		M5	M6	M8	M10	M12	M16	M20
P①		0.8	1	1.25	1.5	1.75	2	2.5
$b_{参考}$	②	16	18	22	26	30	38	46
	③	22	24	28	32	36	44	52
	④	35	37	41	45	49	57	65
c	max	0.5	0.5	0.6	0.6	0.6	0.8	0.8
d_a	max	6	7.2	10.2	12.2	14.7	18.7	24.4
d_s	max	5.48	6.48	8.58	10.58	12.7	16.7	20.84
	min	4.52	5.52	7.42	9.42	11.3	15.3	19.16
d_w	min	6.74	8.74	11.47	14.47	16.47	22	27.7
e	min	8.63	10.89	14.2	17.59	19.85	26.17	32.95
k	公称	3.5	4	5.3	6.4	7.5	10	12.5
	max	3.875	4.375	5.675	6.85	7.95	10.75	13.4
	min	3.125	3.625	4.925	5.95	7.05	9.25	11.6
k_w	min	2.19	2.54	3.45	4.17	4.94	6.48	8.12

续表

螺纹规格 d		M5	M6	M8	M10	M12	M16	M20
r	min	0.2	0.25	0.4	0.4	0.6	0.6	0.8
s	公称 $=\max$	8.00	10.00	13.00	16.00	18.00	24.00	30.00
	min	7.64	9.64	12.57	15.57	17.57	23.16	29.16

注:①P——螺距;②$l_{公称}\leqslant 125$ mm;③125 mm$<l_{公称}\leqslant 200$ mm;④$l_{公称}>200$ mm;⑤$k_{w,mm}=0.7\,k_{mm}$。

3. 垫圈

垫圈分平垫圈和弹簧垫圈两种。平垫圈垫于螺母下面,增大螺母与被紧固件之间的接触面积,降低螺母作用在单位面积上的压力,并起保护被紧固件表面不受摩擦损伤的作用。平垫圈规格见图 2-8 和表 2-27。

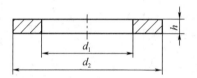

图 2-8 平垫圈规格示意图

表 2-27 平垫圈规格(节选自 GB/T 5287—2002)　　　　　　　　单位:mm

公称规格	内径 d_1		外径 d_2		厚度 h		
(螺纹大径 d)	公称(min)	max	公称(max)	min	公称	max	min
5	5.5	5.8	18	16.9	2	2.3	1.7
6	6.6	6.96	22	20.7	2	2.3	1.7
8	9	9.36	28	26.7	3	3.6	2.4
10	11	11.43	34	32.4	3	3.6	2.4
12	13.5	13.93	44	42.4	4	4.6	3.4
14	15.5	15.93	50	48.1	4	4.6	3.4
16	17.5	18.2	56	54.1	5	6	4
20	22	22.84	72	70.1	6	7	5
24	26	26.84	85	82.8	6	7	5
30	33	34	105	102.8	6	7	5
36	39	40	125	122.5	8	9.2	6.8

弹簧垫圈富有弹性,能防止螺母松动,适用于常受振动处。它分为普通与轻型两种,规格与所配合使用的螺栓一致,以公称直径表示。

4. 膨胀螺栓

膨胀螺栓又称"胀锚螺栓",可用于固定管道支架或作为设备地脚专用紧固件。采用膨胀螺栓可以省去预埋件及预留孔洞,能提高安装速度和工程质量,降低成本,节约材料。膨胀螺栓形式繁多(见图 2-9),但大体上可分为两类,即锥塞型(见图 2-9(a))和胀管型(见图 2-9(b))。这两类螺栓凡采用钢材制造的,又称"钢制膨胀螺栓"。也有采用塑料胀管、尼龙胀管、铜合金胀管(见图 2-9(d)),以及不锈钢胀管的膨胀螺栓。

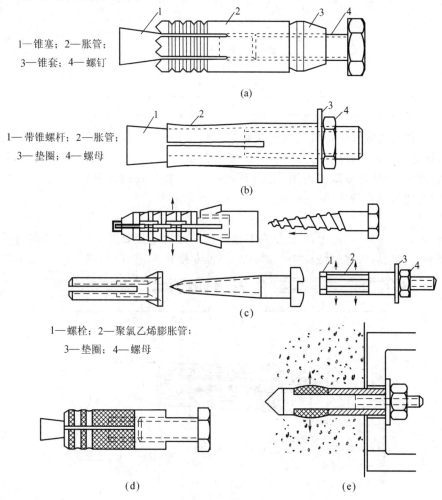

1—锥塞;2—胀管;
3—锥套;4—螺钉

(a)

1—带锥螺杆;2—胀管;
3—垫圈;4—螺母

(b)

(c)

1—螺栓;2—聚氯乙烯膨胀管;
3—垫圈;4—螺母

(d)　　　　　　　(e)

图 2-9　膨胀螺栓
(a)锥塞型膨胀螺栓;(b)胀管型膨胀螺栓;(c)塑料胀管膨胀螺栓;
(d)铜合金胀管膨胀螺栓;(e)膨胀螺栓的锚固与取出

锥塞型膨胀螺栓适用于钢筋混凝土建筑结构。它是由锥塞(锥台)、带锥套的胀管(也有不带锥套的)、六角螺栓(或螺杆和螺母)三个部件组成。使用时靠锥塞打入胀管,于是胀管径向膨胀使胀管紧塞于墙孔中。胀管前端带有公制内螺纹,可供拧入螺栓或螺杆使用。为防止螺栓受振动影响引起胀管松动,可采用锥塞带内螺纹的膨胀螺栓。

胀管型膨胀螺栓适用于砖、木及钢筋混凝土等建筑结构。它由带锥头的螺杆、胀管(在一端开有四条槽缝的薄壁短管)及螺母组成。使用时,随着螺母的拧紧,胀管随之膨胀紧塞于墙孔中。受拉或受动载荷作用的支架、设备宜用这种膨胀螺栓。

膨胀螺栓允许承载能力见表 2-28。

表 2-28　钢制膨胀螺栓在 C15 混凝土中的允许承载力

型号		螺栓 直径/mm	允许 拉力/MPa	允许 剪力/MPa	钻孔	
					直径/mm	深度/mm
YG1	M10	$\phi10$	57	47	10.5	60
	M12	$\phi12$	87	69	12.5	70
	M16	$\phi16$	165	130	16.5	80
	M20	$\phi20$	270	200	20.5	110
YG2	M16	$\phi16$	194	180	22.5～23	120
	M20	$\phi20$	304	280	28.5～30	140

用聚氯乙烯树脂做胀管的塑料胀管膨胀螺栓(见图 2-9(c)),使用时将它打入钻好的孔中,当拧紧螺母时,胀管被压缩沿径向向外鼓胀,因而螺栓更加紧固于孔中。当螺母放松后,聚氯乙烯树脂胀管又恢复原状,螺栓可以取出再用(见图 2-9(e))。这种螺栓对钢筋混凝土、砖及轻质混凝土等低密度材质的建筑结构均适用。

5. 射钉

射钉和膨胀螺栓一样,广泛地用于安装工程。射钉埋置不用钻孔,而是借助射钉枪中弹药爆炸的能量,将钢钉直接射入建筑结构中。射钉是一种专用特制钢钉(见图 2-10),它可以安全准确

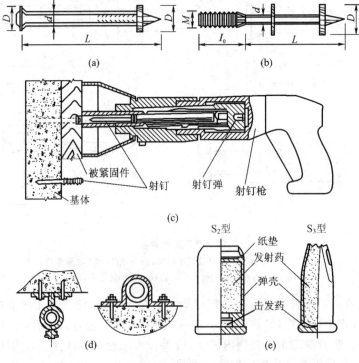

图 2-10　射钉与射钉枪

(a)圆头射钉;(b)螺纹射钉;(c)射钉枪;(d)射钉紧固支架;(e)射钉弹

地射在砖墙、钢筋混凝土构件、钢质或木质构件上指定的位置。

用射钉安装支架与设备,位置准确,速度快,不用其他动力设施,并可节省能源和材料。

选用射钉时,要考虑载荷量、构件的材质和钉子埋入深度(见表 2-29)。根据射钉的大小选用射钉弹,M10 的射钉打入 MU8 砖 50 mm 深度,需弹药 1.0 g,打入 C30 混凝土 50 mm 深度,需弹药 1.3 g,打透 10 mm 厚的钢板需弹药 1.5 g。

为保证安全,防止事故发生,射钉枪设有安全装置。装好射钉和弹药的射钉枪,在对空射击时弹药不会击发,枪口必须对着实体并用 3~5 kg 重的压力使枪管向后压缩到规定位置时,扣动扳机才能击发,这就保证了安全。

表 2-29　射钉和射钉弹选用表

基体材质类别	基体材料抗拉(压)强度/MPa	射钉埋置深度 L/mm	被紧固件材质和厚度 S/mm	射钉类型	射钉弹类型
混凝土	10~60	22~32	木质 25~55	YD DD	S_1 红、黄 S_3 黄、红、绿
	10~60	22~32	松软木质 25~55	YD+D36 DD+D36	S_1 红、黄 S_3 红、黄、绿
混凝土	10~60	22~32	钢和铝板 4~8	YD DD	S_1 红、黄 S_3 红、黄
	10~60	22~32	—	M6	S_1 红、黄
	10~60	22~32	—	M8、M10	S_3 红、黄
金属体	1~7.5	8~12	木质 25~55	HYD HDD	S_1 红 S_3 红、黄
	1~7.5	8~12	—	HM6 HM8 HM10	S_3 黑、红、黄

射钉是靠对基体材料的挤压所产生的摩擦力而紧固的。射钉紧固件宜承受轻型和中型静载荷,不宜承受振动载荷和冲击载荷。

射钉生产已做到系列化,常用的有两类:一种是一端带有公制普通螺纹的射钉;另一种是圆头射钉。射钉的代号和标注方法如图 2-11 所示。

6. 铆钉

铆钉是用于板材、角钢法兰与金属风管间连接的紧固件,按形式不同可分圆头(蘑菇顶)铆钉和平头铆钉两种;按材质不同可分为钢铆钉和铝铆钉;铝铆钉又分为实芯、抽芯、击芯三种形式。铆钉的形式见图 2-12 至图 2-15。抽芯铆钉要用手动拉铆枪进行拉铆,规格详见表 2-30。

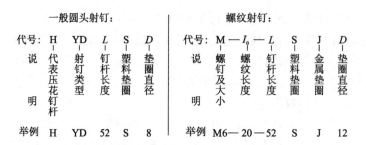

一般圆头射钉:

代号:	H	YD	L	S	D
说明	代表压花钉杆	射钉类型	钉杆长度	塑料垫圈	垫圈直径
举例	H	YD	52	S	8

螺纹射钉:

代号:	M—I_0—	L	S	J	D
说明	螺钉及大小	螺纹长度 钉杆长度	塑料垫圈	金属垫圈	垫圈直径
举例	M6— 20—	52	S	J	12

图 2-11 射钉的代号和标注方法

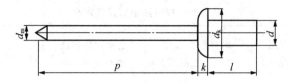

图 2-12 抽芯铆钉规格示意图

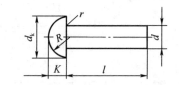

图 2-13 半圆头铆钉规格示意图

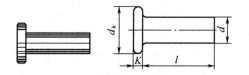

图 2-14 平头铆钉外观及尺寸图

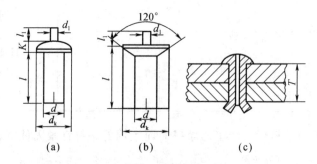

(a)　　　　　　(b)　　　　　　(c)

图 2-15 击芯铆钉尺寸示意图

(a)扁圆头型;(b)沉头型;(c)安装示意图

铆钉规格以铆钉直径×钉杆长度表示,例如 5 mm×8 mm、6 mm×10 mm。钢铆钉在使用前要进行退火处理。通风工程常用的铆钉直径为 3~6 mm,部分规格详见表 2-30。铝板风管应用铝铆钉。铆接过程如图 2-16 所示。

表 2-30 抽芯铆钉常见规格(节选自 GB/T 12615.3—2004)　　　　　单位:mm

钉体	d	公称	3.2	4	4.8	6.4
		max	3.28	4.08	4.88	6.48
		min	3.05	3.85	4.65	6.25
	d_k	max	6.7	8.4	10.1	13.4
		min	5.8	6.9	8.3	11.6
	k	max	1.3	1.7	2	2.7
钉芯	d_m	max	1.85	2.35	2.77	3.75
	p	min	25		27	

铆钉长度 l		推荐的铆接范围			
公称＝min	max				
8.0	9.0	0.5~3.5	—	1.0~3.5	—
9.5	10.5	3.5~5.0	1.0~5.0	—	—
11.0	12.0	5.0~6.5	—	3.5~6.5	—
11.5	12.5	—	5.0~6.5	—	—
12.5	13.5	—	6.5~8.0	—	1.5~7.0
14.5	15.5	—	—	6.5~9.5	7.0~8.5
18.0	19.0	—	—	9.5~13.5	8.5~10.0

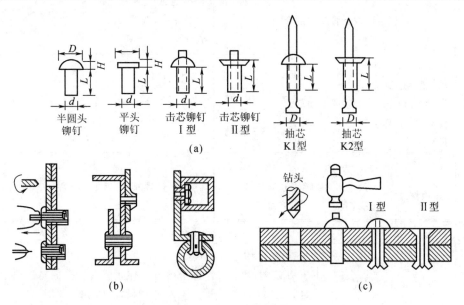

图 2-16 铆钉及铆接过程

(a)铆钉;(b)拉铆铆钉连接过程;(c)击芯铆钉连接过程

2.3 阀门和法兰

2.3.1 常用阀门及其表示方法

水暖系统所用阀门种类较多,阀门是用来控制管道机器设备流体工况的一种装置,在系统中起到控制调节流速、流量、压力等参数的作用。

1. 阀门的分类

根据不同的功能,阀门分很多种类,如截止阀、闸阀、节流阀、旋塞阀、球阀、止回阀、减压阀、安全阀、浮球阀、疏水阀等。按其动作特点可归纳为手动阀门、动力驱动阀门和自动阀门三类。手动阀门靠人力手工驱动。动力驱动阀门需要其他外力操纵阀门,按不同驱动外力,动力驱动阀门又可分为电动阀门、液压阀门、气动阀门等形式。自动阀门是借助介质本身的流量、压力、液位或温度等参数的改变而自行动作的阀门,如止回阀、安全阀、浮球阀、减压阀、跑风阀、疏水阀等。按承压能力,阀门可分为真空阀门、低压阀门、中压阀门、高压阀门、超高压阀门。一般建筑设备系统中所采用的阀门多为低压阀门。各种工业管道及大型电站锅炉采用中压、高压或超高压阀门。阀门按结构和用途分类见表2-31,按压力分类见表2-32。

表 2-31 阀门按结构和用途分类

名称	闸阀	截止阀	球阀	旋塞阀	节流阀
用途	接通或截断管路中的介质			接通或截断管路中的介质,调节介质流量	调节介质流量
传动方式	手动或电动,液动,直齿圆柱齿轮传动,锥齿轮传动	手动或电动	手动或电动,气动,电-液动,气-液动,涡轮传动	手动	手动
连接形式	法兰,焊接,内螺纹	法兰,焊接,内(外)螺纹,卡套	法兰,焊接,内（外）螺纹	法兰,内螺纹	法兰,外螺纹,卡套

名称	止回阀	安全阀	减压阀	疏水阀
用途	阻止介质倒流	防止介质压力超过规定数值,以保证安全	降低介质压力	阻止蒸汽溢漏,并迅速排除管道及用热设备中的凝结水
传动方式	自动	自动	自动	自动
连接形式	法兰,内(外)螺纹,焊接	法兰,螺纹	法兰	法兰,螺纹

表 2-32　阀门按压力分类

阀门类型	压力范围
真空阀门	工作压力低于标准大气压
低压阀	PN≤1.6 MPa
中压阀	2.5 MPa≤PN≤6.4 MPa
高压阀	10 MPa≤PN≤80 MPa
超高压阀	PN≥100 MPa

（1）截止阀。

截止阀主要用于输送热水、蒸汽等严密性要求较高的管路中，阻力比较大。手动截止阀（见图 2-17）由阀体、阀瓣、阀盖、阀杆及手轮等组成。当手轮逆时针方向转动时，阀杆带动阀瓣沿阀杆螺母螺纹旋转上升，阀瓣与阀座间的距离增大，阀门便开启或开大；手轮顺时针方向转动时，阀门则关闭或关小。阀瓣与阀杆活动连接，在阀门关闭时，使阀瓣能够准确地落在阀座上，保证严密贴合，同时也可以减少阀瓣与阀座之间的磨损。填料压盖将填料紧压在阀盖上起到密封作用。为了减小阻力，有些截止阀将阀体做成流线型或直流式。截止阀安装时要注意流体"低进高出"，其外观如图 2-18 所示。

（2）闸阀。

闸阀又称"闸板阀"，是利用与流体运动方向垂直的闸板升降控制开闭的阀门，主要用于冷、热水管道系统中全开、全关或大直径蒸汽管路不常开关的场合（见图2-19）。流体通过闸阀时流向不变，水阻力小，无安装方向，但严密性较差，不宜用于需要调节开度大小、启闭频繁或阀门两侧压力差较大的管路上，闸阀外观如图 2-20 所示。

（3）减压阀。

减压阀的工作原理是使介质通过收缩的过流断面而产生节流，节流损失使介质的压力减低，从而成为所需要的低压介质。减压阀一般有弹簧式、活塞式和波纹管式，可根据各种类型减压阀的调压范围进行选择和调整。热水、蒸汽管道常用减压阀调整介质压力，以满足用户的要求。

（4）止回阀。

止回阀又称"逆止阀""单向阀"，作用是使介质只能从一个方向通过。它具有严格的方向性，主要作用是防止管道内的介质倒流，常用于给水系统中。在锅炉给水管道上、水泵出口管上均应设置止回阀，防止由于锅炉压力升高或停泵造成出口压力降低而产生的炉内水倒流。常用止回阀有升降式和旋启式，升降式止回阀应安装在水平管道上，旋启式止回阀既可以安装在垂直管道上，也可以安装在水平管道上，阀体均标有方向箭头，不允许装反，如图 2-21 所示。

（5）安全阀。

安全阀是一种自动排泄装置。当密闭容器内的压力超过了工作压力时，安全阀自动开启，排放容器内的介质（水、蒸汽、压缩空气等），降低容器或管道内的压力，起到对设备和管道的保护作用。安装安全阀前应调整定压，认真调试，调整后应铅封且不允许随意拆封。安全阀的工作压力应与规定的工作压力范围相适应。常用的安全阀有弹簧式和杠杆式，如图 2-22 所示。

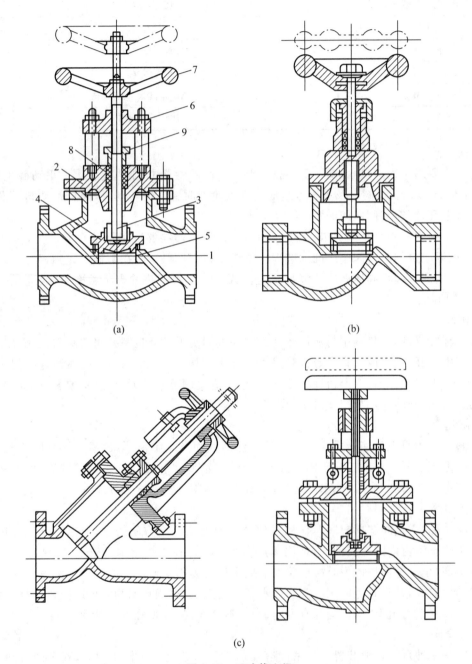

(a)　　　　　　　　　　　　(b)

(c)

图 2-17　手动截止阀

(a)筒形阀体；(b)流线型；(c)直流式

1—阀体；2—阀盖；3—阀杆；4—阀瓣；5—阀座；

6—阀杆螺母；7—手轮；8—填料；9—填料压盖

图 2-18　截止阀外观图

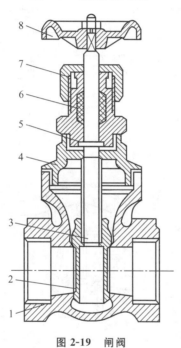

图 2-19　闸阀

1—阀座;2—闸板;3—阀杆;4—阀盖;5—止推凸肩;
6—填料;7—填料压盖;8—手轮

图 2-20　闸阀外观图

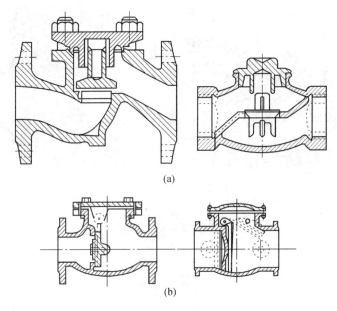

图 2-21 止回阀

(a)升降式;(b)旋启式

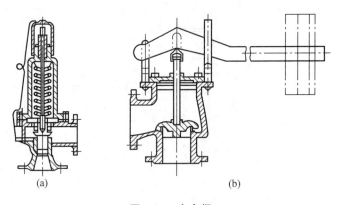

图 2-22 安全阀

(a)弹簧式;(b)杠杆式

（6）疏水阀。

疏水阀是用于蒸汽系统中的一种阻汽设备,主要作用是阻止蒸汽通过,并能顺利排除凝结水。蒸汽在管道内流动,在通过散热设备后会产生大量凝结水。凝结水中夹带部分蒸汽,如果直接流回凝结水池或排放,会降低热效率,并出现水击现象。疏水器可以阻汽排水,提高系统的蒸汽利用率,是保证系统正常工作的重要设备。

（7）蝶阀。

蝶阀是一种体积小、构造简单的阀门,常用于给水管道上,分为手柄式和涡轮传动式。使用时阀体不易漏水,但密闭性较差,不易关闭严密。

（8）旋塞阀。

旋塞阀是一种结构简单、开启及关闭迅速、阻力较小的阀门,用手柄操纵,如图 2-23 所示。当手柄与阀体成平行状态时为全启位置,当手柄与阀体垂直时为全闭位置,因此不宜作调节阀使用。

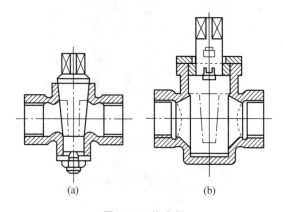

图 2-23　旋塞阀

（a）紧扣式；（b）填料式

（9）球形阀。

球形阀（见图 2-24）的工作原理与旋塞阀相同,但阀芯是球形体,在球形阀芯中间开孔,借手柄转动球芯达到开关目的。球形阀的构造简单,体积较小,零部件少,质量较轻,开关迅速,阻力小,严密性和开关性能都比旋塞阀好。但由于密封结构和材料的限制,球形阀不宜用在高温介质中。

图 2-24　球形阀外观图

（10）温控阀。

温控阀由恒温控制器（阀头）、流量调节阀（阀体）及一对连接件组成（见图 2-25）,根据温包位置区分,有温包内置和温包外置（远程式）两种形式。温度设定装置也有内置式和远程式两种形式,可以按照其窗口显示来设定所要求的控制温度,并加以自动控制。当室温升高时,感温介质吸热膨胀,关小阀门开度,减少了流入散热器的水量;当室温降低时,感温介质放热收缩,阀芯被弹簧推回而使阀门开度变大,增加流经散热器的水量,恢复室温。散热器温控阀的阀体具有较佳的流量

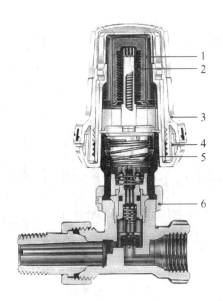

图 2-25　温控阀结构图

1—恒温传感器；2—波纹管；3—设定标尺；4—限制钮；5—调整弹簧；6—连接螺母

调节性能（见图 2-26），调节阀阀杆采用密封活塞形式。恒温控制器上的温控阀分为两通阀与三通阀，主要应用于单管跨越式系统，其流通能力较强（见图 2-27）。散热器温控阀适用于双管采暖系统，应安装在每组散热器的供水支管上或分户采暖系统的总入口供水管上，如图 2-28 所示。

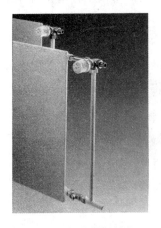

图 2-26　散热器温控阀

图 2-27　单管系统温控阀

（11）平衡阀。

平衡阀通过改变阀芯与阀座的间隙（开度），改变流经阀门的流动阻力，达到调节流量的目的。平衡阀还具有关断功能，可以用它代替一个关断阀门。平衡阀在一定的工作压差范围内，可有效地控制通过的流量，动态调节供热管网系统，自动消除系统剩余压头，实现水力平衡。平衡阀可装在热水采暖系统的供水或回水总管上，以及室内供暖系统各个环路上。在系统总管及各分支环路上均可装设。阀体上标有水的流动方向箭头，切勿装反，如图 2-29 所示。

图 2-28 双管系统温控阀

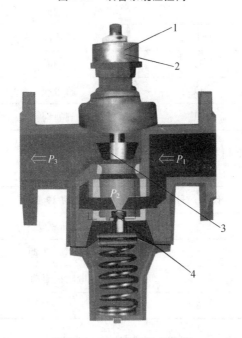

图 2-29 平衡阀结构示意图

1—整圈流量显示；2—匙孔；3—手动调节阀组；4—自动调节阀组

2. 阀门的表示方法

为了区分各种阀门的类别、驱动种类、连接形式和结构形式、密封圈或衬里材料、公称压力、阀体材料，把阀门特性按照如图 2-30 所示顺序排列。

（1）阀门类别见表 2-33。

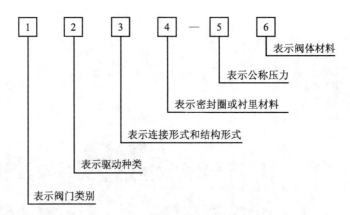

图 2-30　阀门特性排列顺序

表 2-33　阀门类别

阀 门 类 别	代　号	阀 门 类 别	代　号
闸阀	Z	安全阀	A
截止阀	J	减压阀	Y
节流阀	L	蝶阀	D
球阀	Q	疏水阀	S
止回阀	H	旋塞阀	×

（2）驱动种类代号用一个阿拉伯数字表示，见表 2-34。

表 2-34　驱动种类代号

驱 动 种 类	代　号	驱 动 种 类	代　号
涡轮传动	3	液压驱动	7
正齿轮传动	4	气-液压驱动	8
伞齿轮传动	5	电动机驱动	9
气动驱动	6		

（3）连接形式和结构形式代号分别用一个阿拉伯数字表示，见表 2-35 和表 2-36。

表 2-35　连接形式代号

连 接 形 式	代　号	连 接 形 式	代　号
内螺纹	1	法兰	4
外螺纹	2	杠杆式安全阀法兰	5
双弹簧安全阀法兰	3	焊接	6

表 2-36　结构形式及代号

类型	结构形式	代号	类型	结构形式	代号	类型	结构形式	代号
截止阀和节流阀	直通式	1	球阀 浮动	直通式	1	蝶阀	杠杆式	0
	角式	4		L 形三通式	4		垂直板式	1
	直流式	5		T 形三通式	5		斜板式	3
平衡	直通式	6	固定	直通式	7	隔膜阀	层脊式	1
平衡	角式	7	安全阀 密封	带散热片全启式	0		截止式	3
闸阀 明杆 楔式	弹性闸板	0		微启式	1		闸板式	7
刚性	单闸板	1		全启式	2	减压阀	薄冲式	1
	双闸板	2	弹簧 带扳手	全启式	4		弹簧薄膜式	2
平行 刚性	单闸板	3		双弹簧微启式	3		活塞式	3
	双闸板	4		微启式	7		管波纹式	4
暗杆楔式	单闸板	5		全启式	8		杠杆式	5
	双闸板	6	不密封 带控制机构	全启式	5	疏水阀	浮球式	1
旋塞阀 填料	直通式	3		微启式	6		钟形浮子式	5
	T 形三通	4		脉冲式	9		脉冲式	8
	四通式	5	止回阀底阀 升降	直通式	1		热动力式	9
油封	直通式	7		立式	2			
蝶阀	杠杆式	0	旋启	单瓣式	4			
	垂直板式	1		多瓣式	5			
	斜板式	3		双瓣式	6			

（4）阀座密封面或衬里材料代号用汉语拼音表示，见表 2-37。

表 2-37　阀座密封面或衬里材料代号

阀座密封面或衬里材料	代号	阀座密封面或衬里材料	代号	阀座密封面或衬里材料	代号	阀座密封面或衬里材料	代号
铜合金	T	氟塑料	F	渗氮钢	D	衬铅	Q
橡胶	X	锡基轴承合金（巴氏合金）	B	硬质合金	Y	搪瓷	C
尼龙塑料	N	合金钢	H	衬胶	J	渗硼钢	P

注：由阀体直接加工密封面材料用"W"表示。当阀座和阀瓣（闸板）密封面材料不同时，用低硬度材料代号（隔膜阀除外）。

（5）公称压力代号。公称压力代号用阿拉伯数字表示，其数值是以兆帕（MPa）为单位的公称压力值的 10 倍。

（6）阀体材料代号见表 2-38，公称压力 PN≤1.6 MPa 的灰铸铁阀体和公称压力 PN≤2.5

MPa 的碳素钢阀体省略本单元代号。

表 2-38 阀体材料代号

阀 体 材 料	代 号	阀 体 材 料	代 号
灰铸铁	Z	铬钼钢	I
可锻铸铁	K	18-8 系不锈钢	P
球墨铸铁	Q	MO_2Ti 系不锈钢	R
铜及铜合金	T	铬钼钒钢	V
碳钢	C	Cr-13 系不锈钢	H

3. 阀门的识别

阀门的类别、驱动方式和连接形式,可以从阀件的外形加以识别。公称直径、公称压力(或工作压力)、介质温度及介质流动方向,则由制造厂按表 2-39 的规定标注在阀门正面中心位置上。对于阀体材料、密封圈材料以及带有衬里的阀件材料,必须根据阀件各部位所涂油漆的颜色来识别。阀门标志的识别见表 2-39,阀体材料涂漆的识别见表 2-40,密封面材料涂漆的识别见表 2-41。

表 2-39 阀门标志的识别

标志形式	阀门的规格及特性					
	阀门规格				阀门形式	介质流动方向
	公称直径/mm	公称压力/MPa	工作压力/MPa	介质温度/℃		
$P_G40 \over 50$ →	50	4.0			直通式	介质进口与出口的流动方向在同一或相平行的中心线上
$P_{51}100 \over 100$ →	100		10.0	510		
$P_G40 \over 50$ →	50	4.0			直角式	介质进口与出口的流动方向成90°角 / 介质作用在关闭件下
$P_{51}100 \over 100$ →	100		10.0	510		
$P_G40 \over 50$ ↓	50	4.0			直角式	介质进口与出口的流动方向成90°角 / 介质作用在关闭件下
$P_{51}100 \over 100$ ↓	100		10.0	510		
← $P_G16 \over 50$	50	1.6			三通式	介质具有几个流动方向
← $P_{51}100 \over 100$	100		10.0	510		

表 2-40　阀体材料涂漆的识别

阀 体 材 料	识别涂漆颜色
灰铸铁,可锻铸铁	黑色
球墨铸铁	银色
碳素钢	中灰色
耐酸钢,不锈钢	天蓝色
合金钢	中蓝色

表 2-41　密封面材料涂漆的识别

密封面材料	识别涂漆颜色
铜合金	大红色
锡基轴承合金(巴氏合金)	淡黄色
耐酸钢,不锈钢	天蓝色
渗氮钢,渗硼钢	天蓝色

2.3.2　法兰

法兰包括上下法兰片、垫圈及螺栓螺母三部分。从外形上,法兰分为圆形、方形、椭圆形等几种,分别用于不同截面形状的管道上,其中圆形法兰用得最多。

1. 法兰类型

法兰一般由钢板加工而成,也有铸钢法兰和铸铁螺纹法兰。根据法兰与管子连接方式不同,法兰可分为平焊法兰、对焊法兰、松套法兰和螺纹法兰等几种(见图2-31)。

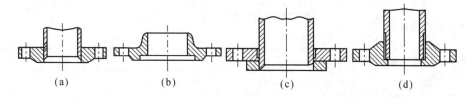

图 2-31　常用法兰
(a)平焊法兰;(b)对焊法兰;(c)松套法兰;(d)螺纹法兰

(1) 平焊法兰。

平焊法兰又称"搭焊法兰",多用钢板制作,易于制造、成本低,应用广泛;但法兰刚度差,在温度和压力较高时易发生泄漏。一般用于公称压力不大于 2.5 MPa,温度不高于 300 ℃ 的中低压管道。

(2) 对焊法兰。

对焊法兰由于法兰上有一小段锥形短管(管埠),所以又称"高颈法兰"。连接时管道与锥形短管对口焊接。对焊法兰多由铸钢或锻钢制造,刚度较大,在较高的压力和温度条件下(尤其在温度波动条件下)也能保证密封,适用于工作压力不大于 20 MPa、温度为 350~450 ℃ 的管道连接。

（3）松套法兰。

松套法兰又称"活动法兰"，法兰与管子不固定，而是活动地套在管子上。连接时靠法兰挤压管子的翻边部分，使其紧密结合，法兰不与介质接触。松套法兰多用于铜、铝等有色金属及不锈钢管道的连接。

（4）螺纹法兰。

螺纹法兰的法兰与管端采用螺纹连接，管道之间采用法兰连接。法兰不与介质接触，常用于高压管道或镀锌管道连接。螺纹法兰有钢制和铸铁两种。

2. 法兰垫圈

为使法兰连接的接口严密、不渗不漏，必须加垫圈，法兰垫圈厚度一般为 3～5 mm，垫圈材质根据管内流体介质的性质或同一介质在不同温度和压力的条件下的需求选用，常见的垫圈材料有橡胶板、石棉板、塑料板、软金属板等。管道工程中常用的垫圈材料见表 2-42，其他新型材料应根据其性能及设计要求选用。

表 2-42　法兰垫圈材料选用

材 料 名 称		适 用 介 质	最高工作压力/MPa	最高工作温度/℃
橡胶板	普通橡胶板	水、空气、惰性气体	0.6	60
	耐油橡胶板	各种常用油料	0.6	60
	耐热橡胶板	热水、蒸汽、空气	0.6	120
	夹布橡胶板	水、空气、惰性气体	1.0	60
	耐酸碱橡胶板	能耐温度不大于 60 ℃、浓度不大于 20% 的酸碱性介质的浸蚀	0.6	60
石棉橡胶板	低压石棉橡胶板	水、空气、蒸汽、煤气、惰性气体	1.6	200
	中压石棉橡胶板	水，空气及其他气体，蒸汽，煤气，氨，酸及碱稀溶液	4.0	350
	高压石棉橡胶板	蒸汽、空气、煤气	10	450
	耐油石棉橡胶板	各种常用油料，溶剂	4.0	350
塑料板	软聚氯乙烯板聚四氟乙烯板聚乙烯板	水、空气及其他气体、酸及碱稀溶液	0.6	50
	耐酸石棉板	有机溶剂、碳氢化合物、浓酸、浓碱液、盐溶液	0.6	300
	铜、铝等金属板	高温高压蒸汽	20	600

法兰连接用的螺栓规格应符合标准，螺栓拧紧后露出的螺纹长度不应大于螺栓直径的一半。螺栓在使用前应刷防锈漆 1 遍或 2 遍，面漆与管道一致。安装时，螺栓的朝向应一致。

2.4　防腐和绝热材料

2.4.1　防腐材料

1. 油漆

油漆是一种有机高分子胶体混合物的溶液,主要由成膜物质、溶剂(或稀释剂)、颜料(或填料)三部分组成。成膜物质实际上是一种胶黏剂,是油漆的基础材料。它的作用是将颜料或填料黏结融合在一起,以形成牢固附着在物体表面的漆膜。油漆的漆膜一般由底层(漆)和面层(漆)构成。底漆打底,面漆罩面。底层应涂刷附着力强、具有良好防腐性能的漆料。溶剂(或稀释剂)是一些挥发性液体,它的作用是溶解和稀释成膜物质溶液。颜料(或填料)呈粉状,它的作用是增加漆膜的厚度和提高漆膜的耐磨、耐热和耐化学腐蚀性能。面层的作用主要是保护底层不受损伤。每层涂膜的厚度视需要而定,施工时可涂刷一遍或多遍。

油漆防腐的原理是靠漆膜将空气、水分、腐蚀介质等隔离起来,以保护金属表面不受腐蚀。

2. 沥青

沥青是一种有机胶凝材料,主要成分是复杂的高分子烃类混合物及含硫、氮的衍生物。它具有良好的黏结性、不透水性和不导电性,能抵抗稀酸、稀碱、盐、水和土壤的侵蚀,但不耐氧化剂和有机溶液的腐蚀,耐气候性也不强。它价格低廉,是地下管道工程中常用的防腐涂料。沥青有两大类:地沥青(石油沥青)和煤沥青。煤沥青有毒,工程上不常用。

沥青的性质是用针入度、伸长度、软化点等指标来表示的。针入度反映沥青软硬稀稠的程度:针入度越小,沥青越硬,稠度就越大,施工就越不方便,老化就越快,耐久性就越差。伸长度反映沥青塑性的大小:伸长度越大,塑性越好,越不易脆裂。软化点表示固体沥青熔化时的温度。软化点越低,固体沥青熔化时的温度就越低。防腐沥青要求的软化点应根据管道的工作温度而定。软化点太高,施工时不易熔化,软化点太低,则热稳定性差。一般情况下,沥青的软化点应比管道最高工作温度高 40 ℃以上。

2.4.2　绝热保温材料

目前绝热保温材料的种类很多,工程上比较常用的保温材料有岩棉、玻璃棉、矿渣棉、珍珠岩、石棉、水泥蛭石等材料及碳化软木、高发聚苯乙烯泡沫塑料、聚氯酯泡沫塑料、泡沫玻璃、泡沫石棉、铝箔、不锈钢箔,还有橡塑海绵等。各厂家生产的同一保温材料的性能均有所不同,选用时应按照厂家的产品样本或使用说明书中所给的技术数据选用。

绝热保温材料必须是导热系数小的材料。理想的绝热保温材料除导热系数小外,还应当具备质量轻、有一定机械强度、吸湿率低、抗水蒸气渗透性强、耐热、不燃、无毒、无臭味、不腐蚀金属、能避免鼠咬虫蛀、不易霉烂、经久耐用、施工方便、价格低廉等特点。

在实际工程中,一种材料全部满足上述要求是很困难的,这就需要根据具体情况具体分析,选择最有利的保温材料。例如,低温系统应首先考虑保温材料的容重轻、导热系数小、吸湿率小等特点;高温系统则应着重考虑材料在高温下的热稳定性。在大型工程项目中,保温材料的需要量和品种规格都较多,还应考虑材料的价格、货源以及减少品种规格等。品种和规格多会给采购、存放、使用、维修管理等带来很多麻烦。对于在运行中有振动的管道或设备,宜选用强度较好的保温材料及管壳,以免长期受振使材料破碎。对于间歇运行的系统,还应考虑选用热容量小的材料。对于户外系统的绝热材料应考虑对吸湿性和耐久性的要求等。

【思考题】

2-1 管道和附件的通用标准包括哪些内容?

2-2 型钢包括哪些种类,各有什么作用?

2-3 常用紧固件包括哪些种类,各有什么作用?

2-4 举例说明常用阀门按照驱动方式分为几种类型。

2-5 防腐材料和绝热保温材料的主要类型是什么?

第3章　管道加工与连接

3.1　调直与切断

3.1.1　钢管调直

对于有塑性的管材,尤其是细长的小直径的管材,在运输、装卸过程中或堆放不当时容易产生弯曲,此外安装不当也会造成管路弯曲。管路弯曲会影响介质的流通和排放,在安装时必须调直。

1. 管子弯曲检查

管子弯曲检查一般采用目测检查法,即将管子一端抬起用眼睛观测,边看边转动管子,若管壁表面各点都在一条平直线上,说明管子是直的;如果有上凸或下凹的现象,说明该处弯曲。对于管径较大或较长的管子可采用滚动检查法:将管子放置在两根平行的管子上或滚动轴承制成的检查架上轻轻滚动,当管子以匀速来回转动而无摆动,并可以在任意位置停止时,则为合格直管;如果管子转动时快时慢,有摆动,而且停止时每次都是某一面向下,则此管有弯曲。

2. 管子调直

调直的方法有冷调直和热调直两种。

冷调直是在常温下直接调直,适用于公称直径 50 mm 以下弯曲不大的钢管。方法是用两把手锤进行冷调直,调直时两把手锤不能对着敲,而是用一把手锤顶在钢管弯里(凹面)的起弯点作支点,另一把锤敲击凸面处,直至敲平为止。

公称直径 50 mm 以上的弯曲钢管及弯曲度大于 20°的小管径钢管一般用热调直。热调直是将钢管加热到一定温度,在热态下调直,热调直时先将钢管弯曲部分放在地炉上加热到 600～800℃,然后将热态的钢管抬出放置在用多根钢管组成的平台上并反复滚动,利用重力及钢材的塑性变形达到调直目的。调直后的钢管应在水平场地存放,避免产生新的弯曲;也可用气焊炬对弯曲附近的钢管进行局部加热烧红,然后将钢管压直。

3.1.2　管道切断

在管道安装和维修中,要根据管路安装需要的尺寸、形状等现场条件对管道进行切断。

1. 小型切管机切割

安装工程常用的小型切管机有钢锯、滚刀切管器和砂轮切管机等,它们的工作原理及操作方法如下。

(1)钢锯切割。

①手工钢锯切割。

钢锯由锯弓和锯条两部分构成(见图 3-1)。锯弓前部可旋转、伸缩,方便锯条安装,后部的拉

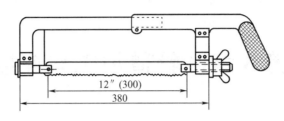

图 3-1 手工钢锯

紧螺栓用于拉紧、固定锯条。锯条分细齿和粗齿两类，前者锯齿低、齿距小、进刀量小，与管子接触的锯齿多，不易卡齿，用于锯切材质较硬的薄壁金属管子；后者锯齿高、齿距大，适于锯切厚壁有色金属管道、塑料管道或一般管径的钢管。使用钢锯切割管子时，锯条平面必须始终保持与管子垂直，以保证断面平整。

手工钢锯切割的优点是设备简单，灵活方便，切口不收缩、不氧化。缺点是速度慢、费力、切口平正较难掌握。此方式适用于现场切割量不大的小管径金属管道、塑料管道和橡胶管道的切割。

②机械锯切割。

机械锯有两种，一种是装有高速锯条的往复锯弓锯床，可以切割直径小于 220 mm 的各种金属管和塑料管；另一种是圆盘式机械锯，锯齿间隙较大，适用于有色金属管和塑料管切割。

（2）滚刀切管器切割。

滚刀切管器（见图 3-2）由滚刀、刀架和手柄组成，适用于切割管径小于 100 mm 的钢管。切管时，用压力钳将管子固定好，然后将切管器刀刃与管子切割线对齐，管子置于两个滚轮和一个滚刀之间，拧动手柄，使滚轮夹紧管子，然后进刀边沿管壁旋转，将管子切割。滚刀切管器切割钢管速度快，切口平正，但会产生缩口，必须用绞刀刮平缩口部分。

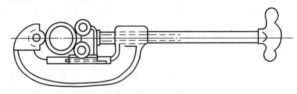

图 3-2 滚刀切管器

（3）砂轮切管机切割。

砂轮切管机（见图 3-3）切管是利用高速旋转的砂轮片与管壁接触摩擦切削，将管壁磨透切割。使用砂轮切管机时，要将管子夹紧，砂轮片要与管子保持垂直，开启切割机，等砂轮转速正常以后再将手柄下压，下压进刀不能用力过猛。砂轮切管机切管速度快、移动方便、省时省力，但噪声大、切口有毛刺。砂轮切管机能切割管径小于 150 mm 的管子，特别适合切割高压管和不锈钢管，也可用于切割角钢、圆钢等各种型钢。

（4）塑料管剪管刀。

塑料管或铝塑复合管等材质较软、管径较小的管子可采用专用的切管器或图3-4所示的剪管刀手工切割，管径较大的管子可采用钢锯切割或机械锯切割。

2. 氧气-乙炔焰切割

氧气-乙炔焰切割是利用氧气和乙炔气混合燃烧产生的高温火焰加热管壁，烧至钢材呈黄红色

图 3-3　砂轮切管机

图 3-4　塑料管剪管刀

（1100～1150 ℃），然后喷射高压氧气，使高温的金属在纯氧中燃烧生成金属氧化物熔渣，又被高压氧气吹开，割断管子。

氧气-乙炔焰切割有手工氧气-乙炔焰切割和机械氧气-乙炔焰切割机切割两种。

（1）手工氧气-乙炔焰切割。

手工氧气-乙炔焰切割的装置有氧气瓶或乙炔气瓶、乙炔发生器、割炬和橡胶管。

氧气瓶由合金钢或优质碳素钢制成，容积为 38～40 L。满瓶氧气的压力为 15 MPa，必须经压力调节器降压使用。

乙炔发生器是利用电石和水发生反应产生乙炔气的装置。工地上用得较多的是钟罩式乙炔发生器和滴水式乙炔发生器。为方便使用，也可设置集中式乙炔发生站，将乙炔气装入钢瓶，输送到各用气点使用。乙炔气瓶容积为 5～6 L，工作压力为 0.03 MPa，用碳素钢制成，使用时应竖直放置。

割炬由割嘴、混合气管、射吸管、喷嘴、预热氧气阀、乙炔阀和切割氧气阀等部件构成，如图 3-5 所示。其作用是一方面产生高温氧气-乙炔焰，熔化金属，另一方面吹出高压氧气，吹落金属氧化物。

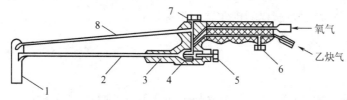

图 3-5　氧气-乙炔焰割炬

1—割嘴；2—混合气管；3—射吸管；4—喷嘴；5—预热氧气阀；
6—乙炔阀；7—切割氧气阀；8—切割氧气管

（2）机械氧气-乙炔焰切割机切割。

固定式机械氧气-乙炔焰切割机由机架、割管传动机构、割枪架、承重小车和导轨等组成。工作原理是割枪架带动割枪做往复运动，传动机构带动被切割的管子旋转。机械氧气-乙炔焰切割机全部操作不用画线，只需调整割枪位置，切割过程自动完成。

氧气-乙炔焰切割操作方便、适用灵活，效率高、成本低，适用于各种管径的钢管、低合金管、铅管和各种型钢的切割。

3. 大型机械切管机切割

大直径钢管除用氧气-乙炔焰切割外,还可以采用机械切割。如图 3-6 所示的切割坡口机由单相电动机、主体、传动齿轮装置、刀架等部分组成,能同时完成坡口加工,可以切割管径为 75～600 mm 的钢管。

图 3-7 所示为一种三角定位大管径切割机,这种切割机较为方便,适用于地下管道或长管道的切割(管道直径在 600 mm 以下,壁厚 12～20 mm 尤为适合)。

图 3-6　切割坡口机　　　　　　　图 3-7　大管径切割机

3.2　管螺纹加工

由于管路连接中各种管件大都是内螺纹,所以管螺纹加工主要是指管端外螺纹的加工。管螺纹加工要求螺纹端正、光滑、无毛刺、无断丝缺扣(允许不超过螺纹全长的高),螺纹松紧度适宜,以保证螺纹接口的严密性。管螺纹加工可采用手动套丝或电动套丝两种方式,这两种套丝装置机构基本相同,即绞板上装着板牙,用以切削管壁产生螺纹。

3.2.1　手动套丝

1. 绞板

人工绞板的构造如图 3-8 所示。在绞板的板牙架上设有四个板牙滑轨,用于装置板牙;带有滑轨的活动标盘可调节板牙进退;绞板后部设有三个卡爪,通过可调节卡爪手柄可以调整卡爪的进出,套丝时用以把绞板固定在不同管径的管子上。图3-9是板牙的构造,一般在板牙尾部及板牙孔处均印有 1、2、3、4 的序号字码,以便对应装入板牙,防止顺序装乱造成乱丝和细丝螺纹。板牙每组四块,能套两种管径的螺纹,使用时应按管子规格选用对应的板牙。

2. 质量要求

套丝前将管子端头的毛刺处理掉,管口要平直。将管子夹在压力钳上,加工端伸出钳口 150 mm 左右,在管头套丝部分涂以润滑油;然后套上绞板,通过手柄定好中心位置,同时使板牙的切削牙齿对准管端,再使张开的板牙合拢,进行第一遍套丝。第一遍套好后,拧开板牙,取下绞板。将手柄转到第二个位置,使板牙合拢进行第二遍套丝。

为了避免断丝、龟裂,保证螺纹标准光滑,公称直径在 25 mm 以下的小口径管道,管螺纹套两

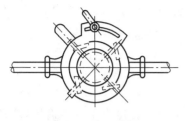

图 3-8　人工绞板

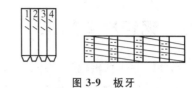

图 3-9　板牙

遍为宜;公称直径在 25 mm 以上的管螺纹套三遍为宜。

　　管螺纹的加工长度与被连接件的内螺纹长度有关。各种连接管件的内螺纹一般为短螺纹(如连接三通、弯头、活接头、阀门等部件)。当采用长丝连接时(即用锁紧螺母组成的长丝),需要加工长螺纹。

　　采用绞板加工管螺纹时,常见缺陷及产生的原因有以下几种。

　　(1)螺纹不正:产生的原因是绞板中心线和管子中心线不重合或手工套丝时两臂用力不均使绞板被推歪;管子端面锯切不正也会引起套丝不正。

　　(2)偏扣螺纹:由管壁厚薄不均匀或卡爪未锁紧造成。

　　(3)细丝螺纹:由板牙顺序弄错或板牙活动间隙太大造成。手工套丝时,一个螺纹要经过 2 遍或 3 遍套丝,若第二遍未与第一遍对准,也会出现细丝或乱丝。

　　(4)螺纹不光或断丝缺扣:由套丝时板牙进刀量太大、板牙不锐利或损坏、套丝时用力过猛或用力不均匀以及管端上的铁渣积存等原因引起。为了保证螺纹质量,套丝时第一次进刀量不可太大。

　　(5)管螺纹有裂缝:若出现竖向裂缝,是焊接钢的焊缝未焊透或焊缝不牢所致;如果螺纹有横向裂缝,则是板牙进刀量太大或管壁较薄所致。

3.2.2　电动套丝

　　电动套丝机一般能同时完成钢管切割和管螺纹加工,加工效率高,螺纹质量好,工人劳动强度低,因此得到广泛应用。电动套丝机在结构上分为两大类:一类是刀头和板牙可以转动,管子卡住不动;另一类是刀头和板牙不动,管子旋转。施工现场多采用后者。

　　电动套丝机(见图 3-10)的主要部件包括机座、电动机、齿轮箱、切管刀具、卡具、传动机构等,有的还有油压系统、冷却系统等。

　　为了保证螺纹加工质量,在使用电动机械套丝机加工螺纹时要施以润滑油。有的电动机械套丝机设有乳化液加压泵,采用乳化液作为冷却剂及润滑剂。为了处理钢管切割后留在管口内的飞刺,有些电动套丝机

图 3-10　电动套丝机

设有内管口铣头,当管子被切刀切下后,可用内管口铣头来处理这些飞刺。由于切削螺纹不允许高速运行,电动套丝机中需要设置齿轮箱起减速作用。

3.3 钢管冷弯加工

钢管冷弯法是指钢管不加热,在常温下进行弯曲加工。由于钢管在冷态下塑性有限,弯曲过程费力,所以冷煨弯适用于管径小于 175 mm 的中小管径和较大弯曲半径($R \geqslant 2D$)的钢管。冷弯法有手工冷弯法和机械冷弯法两种,前者借助弯管板或弯管器弯管;后者依靠外力驱动弯管机弯管。

3.3.1 手工冷弯法

1. 弯管板冷弯

较简便的冷弯方法是弯管板煨弯(见图 3-11)。弯管板可用厚度为 30~40 mm、宽为 250~300 mm、长为 150 mm 左右的硬质木板制成。板上按照需煨弯的管子外径开圆孔,煨弯时将管子插入孔中,加上套管作为杠杆,以人工施力压弯。这种方法适用于煨制管径较小和弯曲角不大的弯管,如连接散热器的支管。

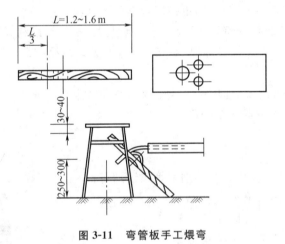

图 3-11 弯管板手工煨弯

2. 滚轮弯管器冷弯

图 3-12 所示是一种滚轮式弯管器,它由固定滚轮、活动滚轮、管子夹持器及杠杆组成。弯管时,将要弯曲的管子插入两滚轮之间,一端由夹持器固定,然后转动杠杆,使活动滚轮带动管子绕固定滚轮转动,管子被拉弯,达到需要的弯曲角度后停止转动杠杆。这种弯管器的缺点是每种滚轮只能弯曲一种管径的管子,需要准备多套滚轮,且使用时笨重费力,只能弯曲管径小于 25 mm 的管子。

3. 小型液压弯管机

小型液压弯管机(见图 3-13)以两个固定的导轮作为支点,两个导轮中间有一个弧形顶胎,顶胎通过顶棒与液压机连接。弯管时,将要弯曲的管段放入导轮和顶胎之间,采用手动油泵向液压机加压,液压机推动顶棒使管子受力弯曲。小型液压弯管机弯管范围为管径 15~40 mm,适合施

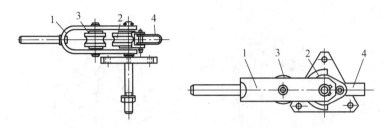

图 3-12　滚轮式弯管器

1—杠杆;2—固定滚轮;3—活动滚轮;4—管子夹持器

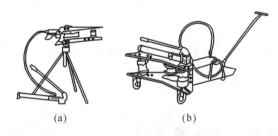

(a)　　　　　　　　(b)

图 3-13　小型液压弯管机

(a)三脚架;(b)小车式

工现场安装采用。当以电动活塞泵代替人力驱动时,弯管管径可达 125 mm。

3.3.2　机械冷弯法

钢管煨弯采用手工冷弯法工效较低,既费力又难以保证质量,所以对管径大于 25 mm 的钢管一般采用机械弯管机。机械弯管的弯管原理有固定导轮弯管(见图3-14)和转动导轮弯管(见图3-15)。前者导轮位置不变,管子套入夹圈内,用导轮和压紧导轮夹紧,随管子向前移动,导轮沿固定圆心转动,管子被弯曲。后者在弯曲过程中导轮一边转动,一边向下移动。机械弯管机有无芯冷弯弯管机和有芯冷弯弯管机两种,按驱动方式分为电动机驱动的电动弯管机和液压泵驱动的液压弯管机等。

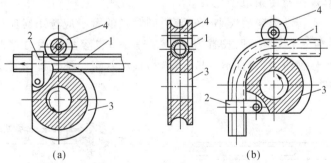

(a)　　　　　　　　(b)

图 3-14　固定导轮弯管

(a)开始弯管;(b)弯管结束

1—管子;2—夹圈;3—导轮;4—压紧导轮

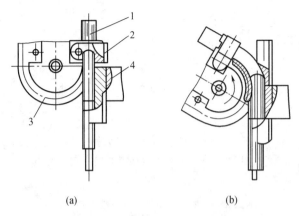

图 3-15　转动导轮弯管

(a)开始弯管;(b)弯管结束

1—管子;2—夹圈;3—弯曲导轮;4—压紧滑块

3.4　管道的连接方法与质量要求

分段的管子要经过连接才能形成系统,完成介质的输送任务。钢管的主要连接方法有螺纹连接、法兰连接、焊接,此外还有适用于铸铁管或塑料管的承插连接、热熔连接、粘接、挤压头连接等。

3.4.1　螺纹连接

钢管螺纹连接是将管段端部加工的外螺纹与管子配件或设备接口上的内螺纹拧在一起。一般管径在 100 mm 以下,尤其是管径为 15~40 mm 的小管子大都采用螺纹连接。

1. 螺纹连接常用工具及填料

(1) 管钳。

管钳是螺纹接口拧紧常用的工具。管钳有张开式(见图 3-16)、链条式(见图3-17)两种。张开式管钳应用较广泛,其规格及使用范围见表 3-1。管钳的规格是以钳头张口中心到手柄尾端的长度来标称的,此长度代表转动力臂的大小。安装不同管径的管子应选用对应号数的管钳。若用大号管钳拧紧小管径的管子,虽因手柄长省力,容易拧紧,但也容易因用力过大拧得过紧而胀破管件;大直径的管子用小号管钳,费力且不容易拧紧,易损坏管钳。不允许用管子套在管钳手柄上加大力臂,以免把钳颈拉断或破坏钳颚。

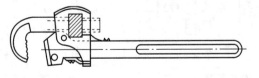

图 3-16　张开式管钳

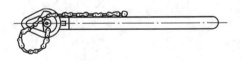

图 3-17　链条式管钳

表 3-1　张开式管钳的规格及使用范围

规格	mm	150	200	250	300	350	450	600	900	1200
	in	6	8	10	12	14	18	24	36	48
适用管径/mm		4～8	8～10	8～15	10～20	15～25	32～50	50～80	65～100	80～125

链条式管钳又称"链钳",是借助链条把管子箍紧而回转管子。它主要应用于大管径或因场地限制张开式管钳手柄旋转不开的场合,例如在地沟中操作、空中作业以及管子离墙面较近的场合。链条式管钳规格及其使用范围见表 3-2。

表 3-2　链条式管钳的规格及使用范围

规格	mm	350	450	600	900	1050
	in	14	18	24	36	48
适用管径/mm		25～40	32～50	50～80	80～125	100～200

（2）填充材料。

为了增加管子螺纹接口的严密性并保证维修时不至于因螺纹锈蚀不易拆卸,螺纹处一般要加填充材料。填料既要能充填空隙又要能防腐蚀。热水采暖系统或冷水管道常用的螺纹连接填料有聚四氟乙烯胶带或麻丝蘸白铅油(铅丹粉拌干性油)。介质温度超过 115 ℃ 的管路接口可蘸黑铅油(石墨粉拌干性油)和石棉油。氧气管路用黄丹粉拌甘油(甘油有防火性能);氨管路用氧化铝粉拌甘油。应注意的是,若管子螺纹套得过松,只能切去丝头重新套丝,而不能采取多加填充材料的措施来防止渗漏,以保证接口长久严密。

2. 螺纹安装要求

螺纹安装时应能使管端螺纹先以手拧入被连接零件中 2 扣或 3 扣,再用管钳拧紧。管接头螺纹拧入被连接螺纹后,外露螺纹不宜过长,留 2 扣较合适。连接采用的填料应根据管道输送的介质选择,以保证连接的严密性。管头连接后,应把挤到螺纹外面的油麻填料处理干净。

3.4.2　焊接

管子焊接是将管子接口处及焊条加热,达到金属熔化状态而使两个被焊件连接成一个整体。安装工程中常用的焊接方法有手工电弧焊和气焊。对于不锈钢管、合金钢管和有色金属管常使用手工钨极氩弧焊。焊接具有以下优点。

（1）接口牢固严密,焊缝强度一般达到管子强度的 85% 以上,甚至超过母材强度。

（2）焊接是管段间直接连接,构造简单,管路美观整齐,节省了大量定型管件。

（3）焊口严密,不用填料,减少维修工作。

（4）焊口不受管径限制,速度快。

1. 气焊

气焊是用氧气-乙炔气进行焊接。除了焊炬不同,气焊的其他装置与气割相同。焊炬是将氧气和乙炔气按一定的比例混合,以一定速度喷出燃烧,产生 3100～3300 ℃ 的火焰,以熔化金属,进行焊接。

2. 电弧焊

电弧焊可分为自动电弧焊接和手动电弧焊接两种方式,大直径管口焊接一般采用自动电弧焊接,安装工程施工多用手工电弧焊接。手工电弧焊接采用直流电焊机或交流电焊机均可。用直流电焊机焊接时电流稳定,焊接质量较好,但往往由于施工现场只有交流电源,为使用方便,现场焊接一般采用交流电焊机。

3. 使用气焊和电弧焊的场合

电弧焊较为经济且速度快。当采暖、供热及冷水管路的管径不大于 50 mm、壁厚不超过 3.5 mm 时,常用气焊。管径大于 65 mm 和壁厚大于 4 mm 或高压管路系统的管子应采用电弧焊。在室内或地沟中管道较密集处,电焊钳不便伸入操作时,可以用气焊。制冷系统低温管道温度在 −30 ℃以下时,为防止焊缝处因收缩应力大产生裂纹,采用气焊为佳。需要仰焊的接口,用电弧焊比气焊操作方便。在防止焊接变形方面电弧焊较好。总之,采用电弧焊或气焊应根据当时及当地的具体条件选用或两种方法配合使用。

4. 管子焊接质量要求

管子焊接的基本要求是除焊接的外观、严密性及强度符合要求外,焊接对口的两个管子中心要对齐,两根管子的倾斜角度不超过规定要求。具体要求如下。

(1)施焊前要将两根管子找正,做到内壁齐平。钢管、壁厚大于 5 mm 的铝及铝合金管内壁错边量不宜超过壁厚的 10%,而且最大不能超过 2 mm;壁厚不大于 5 mm 的铝及铝合金管内壁错边量不大于 0.5 mm。

(2)公称直径不小于 150 mm 的直管道上两个平行焊缝的距离不小于 150 mm,公称直径小于 150 mm 时,不小于其管子直径;焊缝距离弯管起弯点不得小于 100 mm,且不得小于管子直径。

(3)环形焊缝距支、吊架净距离不应小于 50 mm;需要热处理的焊缝距支、吊架距离不得小于焊缝宽度的 5 倍,且不得小于 100 mm。

(4)卷制管道的纵焊缝应置于易检修的位置,且不宜在底部;有加固环的卷管,对接焊缝应与管子纵向焊缝错开,间距应大于 100 mm,加固环焊缝距环形焊缝不应小于 50 mm。

(5)除优质碳素钢管焊接环境温度最低可到−20 ℃外,其他碳素钢管和合金钢管焊接环境温度不能低于−10 ℃。

焊缝检查包括外观检查和焊缝内部缺陷检查。外观检查是通过肉眼、放大镜和焊缝检测器等检测焊缝表面的裂纹、气孔、咬边、焊瘤、烧穿和尺寸偏差等。焊缝内部缺陷检查要采用 X 射线探伤、γ 射线探伤、超声波探伤、磁粉探伤和渗透探伤等无损探伤方式。此外对于压力管道和容器还要进行水压试验或气压试验检验焊缝的承压能力和严密性。

3.4.3 法兰连接

法兰连接就是利用螺栓将管子与管件端部的法兰盘连接起来,多用于需要拆卸的直管段或管子与阀门设备等的连接。这种连接方式有较好的强度和严密性,检修拆卸方便,可以满足高温、高压、高强度的需要。为方便使用,法兰已形成标准化加工生产。

1. 法兰的类型

根据法兰材质的不同,法兰可分为铸铁法兰、钢法兰、塑料法兰、铜法兰、玻璃法兰等。按法兰盘与管子的连接方式,法兰可分为平焊法兰、对焊法兰、平焊松套法兰、对焊松套法兰、翻边松套法兰、螺纹法兰等(见图 3-18)。

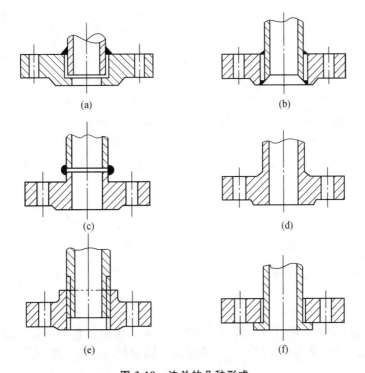

图 3-18 法兰的几种形式

(a)(b)平焊法兰;(c)对焊法兰;(d)铸钢法兰;

(e)铸铁螺纹法兰;(f)翻边松套法兰

2. 法兰连接的质量要求

法兰连接的质量要求如下。

(1)法兰规格、承受压力、工作温度、法兰与管端的焊接形式,在设计图纸中均要作出明确的规定;如果设计图纸未作明确规定,要按法兰标准表进行选择。

(2)法兰中心与管子中心应在一条直线上。

(3)法兰密封面与管子中心轴线垂直。

(4)两个连接的法兰盘上的螺孔应该对应一致,同一根管子两端的法兰盘螺孔应该对应一致。

3.4.4 硬聚氯乙烯塑料(UPVC)管道的粘接

硬聚氯乙烯塑料(UPVC)排水管一般采用承插粘接的连接方式。

1. 承插粘接方法

黏合前用棉纱或干布将承口内侧和插口外侧擦拭干净,保证粘接面清洁,无灰尘和水迹,如有油污,用棉纱蘸丙酮擦净,再将配好的管材与配件按表 3-3 规定试插,使承口插入的深度符合要求,不得过紧或过松,同时还要测定管端插入承口的深度,并在其表面画出标记,使管端插入承口的深度符合表 3-3 的规定。

表 3-3　硬聚氯乙烯塑料管管端插入承口的深度

公称外径/mm	承口深度/mm	插入深度/mm
50	25	19
75	40	30
110	50	38
160	60	45

用毛刷涂抹胶黏剂,先涂抹承口后涂抹插口,涂刷均匀,用量适宜,随即用力垂直插入,插入粘接时将插口转动 90°,使其垂直,再挤压以利于胶黏剂分布均匀,深度至标记线,0.5～1 min 即可粘接牢固。粘牢后立即将挤出的胶黏剂擦拭干净,根据胶黏剂的性能及气候条件静置至接口固化,多口粘连时应注意预留口方向。

2. 质量要求

管道安装应严格按《建筑排水塑料管道工程技术规程》(CJJ/T 29—2010)或《建筑排水塑料管道安装》(10S406)进行,具体内容可参考相关资料。

3.4.5　PP-R 管道的热熔连接

1. 管道连接

(1) PP-R 管材与金属管材、管件、设备连接时,应采用带金属嵌件的过渡管件或专用转换管件,在塑料管热熔连接后,采用螺纹连接的方式连接金属管材、管件,严禁在塑料管上套丝连接。

(2) 管材截取后,必须清除毛边、毛刺,管材、管件连接面必须清洁、干燥、无油。

图 3-19　热熔焊接机

(3) 同种材质的 PP-R 管材和管件之间,应采用热熔连接或电熔连接。熔接时应使用专用的热熔或电熔焊接机具,如图 3-19 所示。直埋在墙体内或地面内的管道,必须采用热(电)熔连接,不得采用螺纹或法兰连接。螺纹或法兰连接的接口必须明露。

(4) PP-R 管材与金属管件相连接时,应采用带金属嵌件的 PP-R 管件作为过渡,该管件与 PP-R 管材采用热(电)熔连接,与金属管件或卫生洁具的五金配件采用螺纹连接,如图 3-20 所示。

2. 质量要求

PP-R 管道连接的质量要求如下。

(1) 应无旋转地将管材的管端插入加热套内,并插入所标志的连接深度;同时,无旋转地把管件推到加热头上,并达到规定深度的标志处。熔接弯头或三通等有安装方向的管件时,应按图纸要求注意其方向,提前在管件和管材上做好标志,保证安装角度正确,调正、调直时,不应使管材和管件旋转,保持管材与轴线垂直,使其处于同一轴线上。

(2) 达到规定的加热时间后,必须立即将管材与管件从加热套和加热头上同时取下,迅速无旋转地沿管材与管件的轴向直线均匀地插入所标志的深度,使接缝处形成均匀的凸缘,如图 3-21 所示。

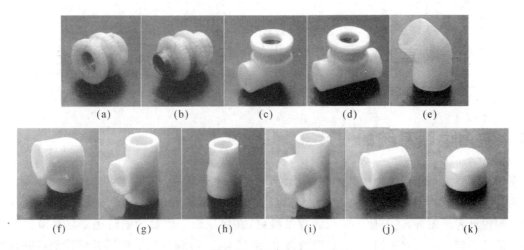

图 3-20　各种连接管

(a)连接套管 F；(b)连接套管 M；(c)连接弯管 F；(d)T 形套管 F；(e)熔接弯管(45 ℃)；
(f)熔接弯管(90 ℃)；(g)T 形熔接管；(h)异径管节；(i)T 形异径管节；(j)熔接弯管；(k)末端包管

图 3-21　PP-R 管道连接过程

【思考题】

3-1　钢管调直和切断的主要工具有哪些？

3-2　螺纹连接常用工具有哪些？

3-3　螺纹连接安装应当注意哪些问题？

3-4　PP-R 管道连接采用的工具是什么？安装要求有哪些？

3-5　UPVC 管道粘接的质量要求是什么？

第4章 室内供暖、供热水系统安装

4.1 室内供暖系统的安装

室内供暖系统是指建筑物内部的供暖设施,它包括供热管路和附属器具、散热设备等。供暖的目的是在冬季保持室内一定的温度,为人们提供正常的生活和工作环境。安装供暖系统时,除了要实现设计者意图外,还要便于运行管理及维修,在保证施工质量的同时还要尽量节约原材料和人工消耗。施工前应熟悉图纸,做好图纸会审,编制人工、材料及施工机具进场计划,同时,施工现场及水源、电源等临时设施应满足施工要求。

4.1.1 供暖管道及附属器具的安装

供暖管道及附属器具的安装,即按照施工图样、施工验收规范和质量检验评定标准的要求,将散热器安装就位并与管道连接,组成满足生活和生产要求的采暖供热系统。同时为了使室内供暖系统运行正常,调节管理方便,还必须设置一些附属器具,从而使供热系统运行更为可靠。

1. 安装内容

供暖管道及附件的安装内容:预制加工—支、吊架安装—套管安装—干管安装—立管安装—支管安装—附属器具安装。

2. 具体要求

(1)预制加工。

根据施工方案及施工草图将管道、管件及支、吊架等进行预制加工,加工好的成品应编号并分类码放,以便使用。

(2)支、吊架安装。

采暖管道安装应按设计或规范规定设置支、吊架,特别是活动支架、固定支架。安装吊架、托架时要根据设计图纸先放线,定位后再把预制的吊杆按坡向、顺序依次放在型钢上。要保证安装的支、吊架准确和牢固。

(3)套管安装。

①管道穿过墙壁和楼板应设置套管,穿外墙时要加防水套管。套管内壁应做防腐处理,套管管径比穿管大两号。穿墙套管两端与装饰面相平。安装在楼板内的套管,其顶部应高出装饰地面20 mm,安装在卫生间、厨房内的套管其顶部应高出装饰面50 mm,底部应与楼板地面相平。

②穿过楼板的套管与管道之间的缝隙应用阻燃密实材料和防水油膏填实,端面光滑。穿墙套管与管道之间应用阻燃密实材料填实。

③套管应埋设平直,管接口不得设在套管内,出地面高度应保持一致。套管的做法如图 4-1所示。

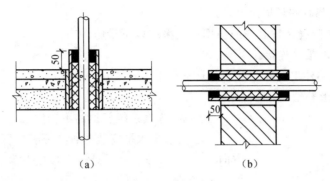

图 4-1　套管做法

(a)穿越地板、楼板、隔墙；(b)穿越承重墙基础

（4）干管安装。

①干管一般从进户或分路点开始安装，管径不小于 32 mm 时，采用焊接或法兰连接；小于 32 mm 时，采用螺纹连接。

②安装前应对管道进行清理、除锈；焊口、丝接头等应清理干净。

③立干管分支宜用方形补偿器连接，如图 4-2 所示。

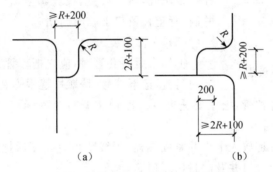

图 4-2　干管与水平分支管的连接方式

(a)水平连接；(b)垂直连接

④集气罐不得装在门厅和吊顶内。集气罐的进出水口应开在偏下约罐高的 1/3 处，进水管不能小于管径 DN20。集气罐排气管应固定牢固，排气管应引至附近厨房、卫生间的水池或地漏处，管口距池地面不大于 50 mm；排气管上的阀门安装高度不得低于 2.2 m。

⑤管道最高点应装排气装置，最低点应装泄水装置。应在自动排气阀前面装手动控制阀，以便自动排气阀失灵时检修更换。

⑥系统中设有伸缩器时，安装前应做预拉伸试验，并填记录表。安装型号、规格、位置应按设计要求进行。管道热伸量的计算式为：

$$\Delta L = \alpha L(T_2 - T_1) \tag{4-1}$$

式中　ΔL——管道热伸量，mm；

　　　α——管材的线膨胀系数（钢管的线膨胀系数为 0.012 mm/(m·℃)）；

　　　L——管道长度（两固定支架之间的实际长度），m；

　　　T_2——热媒温度，℃；

T_1——管道安装时的环境温度,℃。

⑦穿过伸缩缝、沉降缝及抗震缝应根据情况采取以下措施。

a. 在墙体两侧采取柔性连接。

b. 在管道或保温层外皮上部及下部留有不小于 150 mm 的净空距。

c. 在穿墙处设方形补偿器,水平安装。

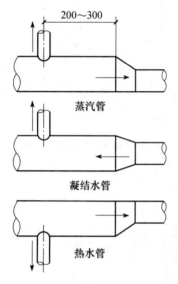

图 4-3　干管变径和分支做法

⑧热水、蒸汽系统管道的不同做法。

a. 蒸汽系统水平安装的管道要有坡度,当坡度与蒸汽流动方向一致时,坡度 $i=0.3\%$,当坡度与蒸汽流动方向相反时,坡度 $i=0.5\%\sim1\%$。干管的翻身处及末端应设置疏水器。

b. 蒸汽、热水干管的变径:蒸汽供汽管应为下平安装,蒸汽回水管的变径为同心安装,热水管应为上平安装。干管变径的做法如图 4-3 所示。

c. 管径不小于 DN65 时,支管距变径管焊口的长度 L 为 300 mm;小于 DN65 时,L 为 200 mm。

⑨管道安装完毕,应检查坐标、标高、预留口位置和管道变径是否正确,然后调直、找坡调整,合格后再固定卡架,填堵管井洞,管道预留口加临时封堵。

(5) 立管安装。

①如果后装套管时,应先把套管套在管上,然后把立管(装上阀门盖,记下编号)按顺序逐根安装,涂铅油、缠麻,将立管对准接口转动入口,咬住管件拧管,松紧要适度。对准预装调直时的标记,并认真检查甩口标高、方向、灯叉弯、元宝弯位置是否准确。

②将立管卡松开,把管道放入卡内并紧固螺栓,用线坠吊直找正后把立管卡固定好,每层立管安装完后,清理干净管道和接口并及时封堵甩口。

(6) 支管安装。

①先检查散热器安装位置,进出口与立管甩口是否一致,坡度是否正确,然后准确量出支管(含灯叉弯、元宝弯)的尺寸进行支管加工。

②支管安装必须满足坡度要求,支管长度超过 1.5 m 或有 2 个以上转弯时应加支架。立支管管径小于 DN20 时应使用煨制弯。变径应使用变径管箍或焊接大小头。

③支管安装完毕应及时检查校对支管坡度、距墙尺寸。初装修厨房、卫生间立支管要留出距装饰面的余量。

(7) 附属器具安装。

①方形补偿器。

a. 安装前应检查补偿器是否符合设计要求,补偿器的三个臂是否在水平面上。

b. 补偿器预拉可用千斤顶将补偿器的两臂撑开或用拉管器进行冷拉。

c. 补偿器宜用整根管弯制。如需要接口,其焊口位置应设在垂直臂的中间。方形补偿器预拉长度应按设计要求拉伸,无要求时为其伸长量的 1/2。

②套筒补偿器。

a. 套筒补偿器应安装在固定支架附近,并将外套管一端朝向管道的固定支架,内套管一端与产生热膨胀的管道相连。

b. 为保证补偿器正常工作,安装时必须保证管道和补偿器中心线一致,并在补偿器前设置 1 个或 2 个导向滑动支架。

c. 套筒补偿器的拉伸长度应按设计要求,预拉时先将补偿器的填料压盖松开,将内套管拉出预拉伸长度,然后再将压盖紧固。拉伸长度设计未要求时,按表 4-1 选用。

表 4-1　套筒补偿器预拉伸长度表　　　　　　　　　　　　　单位:mm

补偿器规格	15	20	25	32	40	50	65	75	80	100	125
拉伸长度	0	20	30	30	40	40	56	56	59	59	59

③波形补偿器。

a. 波形补偿器的波节数量由设计确定,一般为 1~4 节,每个波节的补偿能力由设计确定。

b. 安装前应了解出厂前是否已做预拉伸,若已做,厂商应提供拉伸资料及产品合格证。

c. 安装前管道两侧应先安装好固定卡架,安装管道时应将补偿器的位置让出,在管道两端各焊一个法兰盘,焊接时法兰盘应垂直于管道的中心线,法兰与补偿器表面相互平行,加垫后衬垫受力应均匀。

④减压阀。

a. 减压阀安装时,减压阀前的管径应与阀体的直径一致,减压阀后的管径可比阀前管径大 1~2 号。

b. 减压阀的阀体必须垂直安装在水平管路上,阀体上的箭头必须与介质流向一致。减压阀两侧应采用法兰阀门。

c. 减压阀前应装有过滤器,带有均压管的薄膜式减压阀,其均压管接到低压管道的一侧。

d. 为便于减压阀的调整,阀前的高压管道和阀后的低压管道上都应安装压力表。阀后的低压管道上应安装安全阀,安全阀排气管应接至室外安全地点,其截面积不应小于安全阀出口的截面积。安全阀定压值按照设计要求确定。

⑤疏水器。

a. 疏水器应安装在便于检修的地方,并应尽量靠近用热设备凝结水排出口下,应安装在排水管的最低点。

b. 疏水器安装应按设计设置旁通管、冲洗管、检查管、止回阀和除污器。用气设备应分别安装疏水器,几台设备不能合用一个疏水器。

c. 疏水器旁通管做法见相关通用图集。

⑥除污器。

除污器一般设在用户引入口和循环泵进水口处,方向不能装反。常见的有 Y 形除污器和立式除污器,如图 4-4、图 4-5 所示。其中,立式除污器多配有排污阀,可定期清理除污器内部的污物。

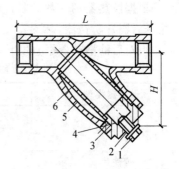

图 4-4　Y 形除污器

1—螺栓;2、3—垫片;
4—封盖;5—阀体;6—过滤网

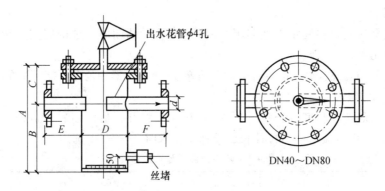

图 4-5 立式除污器

⑦膨胀水箱。

a.膨胀水箱有方形和圆形两种,应设在供暖系统最高点,如设在非采暖房间内应进行保温处理。

b.膨胀水箱的膨胀管和循环管一般连接在循环水泵前的回水总管上,循环管、膨胀管不得装设阀门。

4.1.2 散热器安装

散热器是室内采暖系统的散热设备,热媒通过它向室内传递热量。散热器的种类很多,不同的散热器有不同的安装方法,现介绍较为常见的铸铁式散热器的安装。

1. 安装内容

散热器的安装内容:散热器组对—散热器单组试压—支、托架安装—散热器安装。

2. 具体要求

(1) 散热器组对。

用钢丝刷对散热器进行除污,刷净口表面及对丝内外的铁锈。散热器 14 片以下用 2 个足片,15~24 片用 3 个足片,组对时摆好第一片,拧上对丝一扣,套上耐热橡胶垫,将第二片反扣对准对丝,找正后扶住炉片,将对丝钥匙插入对丝内径,同时缓慢、均匀拧紧。

①根据散热器的片数和长度,选择圆钢直径和加工尺寸,切断后进行调直,两端收头套好螺纹,除锈后刷好防锈漆。

②组对后的散热器平直度允许偏差应符合表 4-2 的要求。

表 4-2 组对后的散热器平直度允许偏差

散热器类型	片 数	允许偏差/mm
长翼型	2~4	4
	5~7	6
铸铁片式	13~15	4
钢制片式	16~25	6

（2）散热器单组试压。

①将散热器抬到试压台上，用管钳上好临时炉堵、临时补芯及放气门，连接试压泵。

②试压时打开进水阀门，向散热器内注水，同时打开放气门排净空气，待水满后关闭放气门。

③当设计无要求时，试验压力应为工作压力的 1.5 倍，且不小于 0.6 MPa，关闭进水阀门，持续 2～3 min，观察每个接口，不渗、不漏为合格。

④打开泄水阀门，拆掉临时堵头和临时补芯，泄净水后将散热器运到集中地点。

（3）支、托架安装。

①柱式带腿散热器固定卡安装。

15 片以下的双数片散热器的固定卡位置，从地面到散热器总高的 3/4 处画水平线，画好与散热器中心线交点的印记，此后单数片向一侧错过半片厚度。16 片以上者应设 2 个固定卡，高度仍为 3/4 的水平线上。从散热器两端各进去 4～6 片的地方栽入。柱式散热器托钩的布置如图 4-6 所示。散热器托钩形状及安装示意如图 4-7 所示。

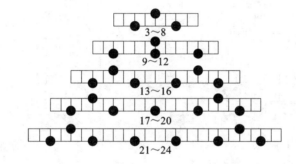

图 4-6　柱式散热器托钩的布置示意图

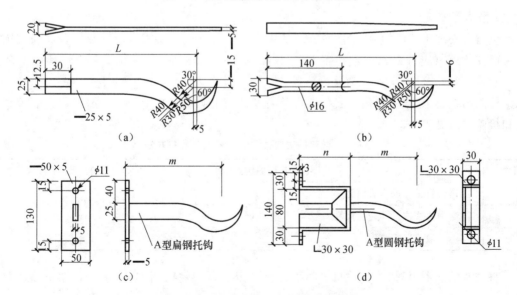

图 4-7　散热器托钩形状及安装示意图

（a）A 型扁钢托钩；（b）A 型圆钢托钩；（c）B 型扁钢托钩；（d）B 型圆钢托钩

②挂装柱式散热器。

托钩高度按设计要求并从散热器距地高度上返 45 mm 画水平线。托钩水平位置采用画线尺来确定,画线尺横担上刻有散热器的刻度。画出托钩安装位置的中心线,为确定挂装散热器的固定卡高度,从托钩中心上返散热器总高的 3/4 画水平线,其位置和安装数量与带腿散热器相同。

③当散热器挂在混凝土墙面上时,用錾子或冲击钻在墙上按画出的位置打孔洞。固定卡孔洞的深度不小于 80 mm,托钩孔洞的深度不小于 120 mm,现浇混凝土墙的深度为 100 mm(如用膨胀螺栓应按胀栓的要求确定深度)。用水冲净洞内杂物,填入 M20 水泥砂浆到洞深的 1/2 时,将固定卡插入洞内塞紧,用画线尺放在托钩上,用水平尺找平、找正,填满砂浆、捣实抹平。当散热器挂在轻质隔板墙上时,用冲击钻穿透隔板墙,内置不小于 $\phi12$ 的圆钢,两端固定预埋铁,支、托架稳固于预埋铁上,固定牢固。散热器卡子安装和托钩安装如图 4-8 所示。

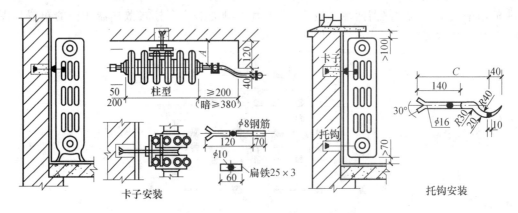

图 4-8　散热器卡子安装和托钩安装示意图

(4)散热器安装。

散热器宜安装于外墙的窗下,散热器组的中心线要与外窗中心重合。散热器背面与装饰后的墙内表面安装距离应符合设计或产品说明书要求,如设计未注明,应为 30 mm,具体安装要点如下。

①按照图纸要求,根据散热器安装位置及高度在墙上画出安装中心线。散热器安装位置允许偏差和检验方法见表 4-3。

表 4-3　散热器安装位置允许偏差与检验方法

项次	项　目	允许偏差/mm	检 验 方 法
1	散热器背面与墙内表面距离	30	尺量
2	与窗中心线或设计定位尺寸	20	
3	散热器垂直度	3	吊线和尺量

②将柱式散热器(包括铸铁、钢制)和辐射对流散热器的炉堵和炉补芯抹油,加耐热橡胶垫后拧紧。

③把散热器轻轻抬起,带腿散热器立稳,找平找正,距墙尺寸准确后,将卡架上紧托牢。

④散热器与支管连接紧密牢固。

⑤放风门安装。

在炉堵上钻孔攻丝,将炉堵抹好铅油,加好石棉橡胶垫,在散热器上用管钳上紧。在放风门螺纹上抹铅油、缠麻丝,拧在炉堵上,用扳手上到适度。放风孔应向外斜 45°,并在系统试压前安装完毕。

4.1.3　试压和调试

室内供暖系统安装完毕后,正式运行前必须进行试压。试压的目的是检查管路的机械强度与严密性。为了便于查找泄漏之处,一般采用水压试验,在室外气温过低时,也可采用气压试验。室内供暖系统试压可以分段也可按整个系统进行,试验压力按设计要求确定。同时,为保证整个供热系统的正常运行,水压试验完成后应对供热系统进行清洗和调试工作。

1. 调试内容

调试内容:系统试压—系统冲洗—系统通热调试—系统验收。

2. 具体要求

(1)系统试压。

①系统试压前应进行全面检查,核对已安装好的管道、管件、阀门、紧固件、支架等质量是否符合设计要求及有关技术规范的规定。同时检查附件是否齐全,螺栓是否紧固,焊接质量是否合格。

②系统试压前应将不宜和管道一起试压的阀门、配件等从管道上拆除。管道上的甩口应临时封堵。不宜连同管道一起试压的设备或高压系统与中、低压系统之间应加装盲板隔离,盲板处应有标记,以便试压后拆除。系统内的阀门应开启,系统的最高点应设置管径不小于 DN15 的排气阀,最低点应设置不小于 DN25 的泄水阀。

③试压前应装 2 块经校验合格的压力表,并应有铅封。压力表的满刻度为被测压力最大值的1.5～2 倍。压力表的精度等级不应低于 1.5 级,并安装在便于观察的位置。

④采暖系统安装完毕,管道保温前应进行水压试验。试验压力应符合设计要求,当设计未注明时,应符合下列规定。

a.蒸汽、热水采暖系统,应以系统顶点工作压力加 0.1 MPa 做水压试验。同时在系统顶点的试验压力不小于 0.3 MPa。

b.高温热水采暖系统,试验压力应为系统顶点工作压力加 0.4 MPa。

c.使用塑料管及复合管的热水采暖系统,应以系统顶点工作压力加 0.2 MPa 做水压试验。同时在系统顶点的试验压力不小于 0.4 MPa。

⑤应先关闭系统最低点的泄水阀,打开各分路进水阀和系统最高点排气阀,接通水源向系统内注水,边注水边排气,系统水满、空气排净后关闭排气阀。然后接通电源用电动试压泵或手动试压泵进行加压。系统加压应分阶段进行,第一次先加压到试验压力的1/2,停泵对管道、设备、附件进行一次检查,没有异常情况再继续升压。一般分 2 次或 3 次升到试验压力。当压力达到试验压力时保持规定时间和允许压力降,视为强度试验合格。然后把压力降至工作压力进行严密性试验。对管道进行全面检查,未发现渗漏等异常现象视为严密性试验合格。

(2)系统冲洗。

①系统冲洗在试压后进行。

②管道吹(冲)洗应根据管道输送的介质不同而定,选择正确合理的吹洗方法。

a.检查系统内阀件的关启状况是否符合要求。

b.热水采暖系统一般可用洁净的水进行冲洗,如果管道分支较多,可分段进行冲洗。冲洗时应以系统内可能达到的最大压力和流量进行,流速不应小于 1.5 m/s,反复冲洗至排出水与进水水质基本相同为合格。

c.蒸汽采暖系统采用蒸汽吹洗较好,也可采用压缩空气,吹洗时除把疏水器卸掉以外,其他程序与热水系统冲洗相同。

(3) 系统通热调试。

系统吹(冲)洗工作完成后,接通热源即可通暖调试,如果热源及其他条件尚不具备时,调试工作可延期。系统调试是对系统安装总体质量和供暖效果的最终检验,也是交工前必做的一项重要工作。

①调试内容及要求。

a.系统压差调试也称"压力平衡调试",主要是调节和测定供、回水的压力差,要求各环路的压力、流量、流速基本达到均衡一致。

b.系统温差调试也称"温度平衡调试",主要调节和测定系统供、回水的温差,要求供、回水的温差不能大于 20 ℃。由于供暖面积、管路长短不同决定其温差的大小,故应进行调节,使温差达到最佳状态,即 15～20 ℃。

系统理想供水温度为 75～85 ℃,回水温度为 55～65 ℃。如果系统回水温度低于 55 ℃,房间温度就不能得到保证,要想得到良好的供暖效果,系统回水温度应保持在 55 ℃以上。

c.房间温度调试,即各房间设计温度的调试,主要调节、测定各房间的实际温度,如居室设计温度为(18±2)℃,经调节后测定值在此允许范围内,即可认为满足设计温度要求。房间温度调试完后应绘制房间测温平面图,整个系统调试完成后应填写系统调试记录。

②调试过程。

a.初调:初调是为了保证各环路平衡运行的调节,通过调节各立支管的阀门,使各环路上的阻力、流量达到平衡,观察立支管及入口处的温差、压差是否正常。

b.试调:系统的试运行调节是根据室外气候条件的变化,采用质调节、量调节和间歇调节等方式进行调试。

(4) 系统验收。

系统试压、冲洗、调试完成后,应分别及时办理验收手续,为交工使用创造条件。

4.2 低温热水地板辐射供暖系统的安装

低温热水辐射供暖是指加热的管子埋设在建筑物构件与围护结构内的热水辐射供暖系统,一般有三种形式:墙壁式、天棚式和地面式。国内广泛应用的是低温热水地板辐射供暖系统,也称"地热供暖"。其系统供水温度不超过 60 ℃,供回水温差一般控制在 10 ℃,系统的最大压力为 0.8 MPa,一般控制在 0.6 MPa。低温热水地板辐射供暖的结构由楼板基础层、保温层、细石混凝土层、砂浆找平层和地面层等组成,如图 4-9 所示。从图 4-9 可以看出,埋管均设在建筑施工的细石混凝土层中,或设在水泥砂浆层中,在埋管与楼板结构层的砂浆找平层之间,设置保温层,在覆盖层设置伸缩缝。安装效果如图 4-10 所示。

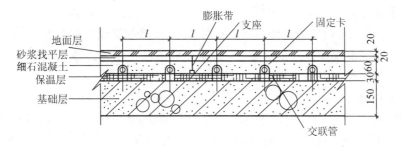

图 4-9　安装结构图

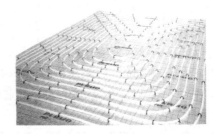

图 4-10　安装效果图

4.2.1　安装内容

低温热水地板辐射供暖系统的安装工艺流程如图 4-11 所示。

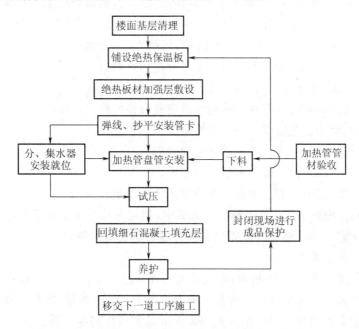

图 4-11　低温热水地板辐射供暖系统安装工艺流程

4.2.2　具体要求

1. 楼地面基层清理

凡采用地板辐射供暖的工程在楼地面施工时,必须严格控制表面的平整度,仔细压抹,其平整度允许误差应符合混凝土或砂浆地面要求,在保温板铺设前应清除楼地面上的垃圾、浮灰、附着物,特别是油漆、涂料、油污等有机物必须清除干净。

2. 绝热板材铺设

(1) 绝热板应清洁、无破损,在楼地面上应铺设平整、搭接严密。绝热板拼接紧凑,间隙为 10 mm,错缝敷设,板接缝处全部用胶带粘接,胶带宽度为 40 mm。

(2) 房间周围边墙、柱的交接处应设绝热板保温带,其高度要高于细石混凝土回填层。

(3) 房间面积过大时,应以 6000 mm×6000 mm 为方格留伸缩缝,缝宽 10 mm。伸缩缝处,用厚度为 10 mm 的绝热板立放,高度与细石混凝土层平齐。

3. 绝热板材加固层的施工(以低碳钢丝网为例)

(1) 钢丝网规格为方格边长不大于 200 mm,在采暖房间满布,拼接处应绑扎连接。

(2) 钢丝网在伸缩缝处应不能断开,铺设应平整,无锐刺及翘起的边角。

4. 加热盘管敷设

(1) 加热盘管在钢丝网上面敷设,管长应根据工程上各回路长度酌情定尺,一个回路尽可能用一盘整管,应最大限度地减小材料损耗,填充层内不允许有接头。

(2) 加热管应按照设计图纸标定的管间距和走向敷设,加热管应保持平直,管间距的安装误差不应大于 10 mm。加热管敷设前,应对照施工图纸核定加热管的选型、管径、壁厚,并应检查加热管外观质量,管内部不得有杂质。加热管安装间断或完毕时,敞口处应随时封堵。

(3) 安装时将管的轴线位置用墨线弹在绝热板上,抄标高、设置管卡,按管的弯曲半径不小于 $10D$(D 指管外径)计算管的下料长度,其尺寸偏差控制在 ±5% 以内。必须用专用剪刀切割,管口应垂直于断面处的管轴线。严禁用手工锯等工具分割加热管。

(4) 加热管应设固定装置。可采用下列方法之一固定。

① 用固定卡将加热管直接固定在绝热板或设有复合面层的绝热板上。

② 用扎带将加热管固定在铺设绝热层的网格上。

③ 直接卡在铺设于绝热层表面的专用管架或管卡上。

④ 直接固定于绝热层表面凸起间形成的凹槽内。

加热管弯头两端宜设固定卡。加热管直管段固定点间距宜为 0.5~0.7 m,弯曲管段固定点间距宜为 0.2~0.3 m。按测出的轴线及标高垫好管卡,用尼龙扎带将加热管绑扎在绝热板加强层钢丝网上,或者用固定管卡将加热管直接固定在敷有复合面层的绝热板上。同一通路的加热管应保持水平,确保管顶平整度为 ±5 mm。

(5) 加热管安装时应防止管道扭曲;弯曲管道时,圆弧的顶部应加以限制,并用管卡进行固定,不得出现“死折”;塑料及铝塑复合管的弯曲半径不宜小于 6 倍管外径,铜管的弯曲半径不宜小于 5 倍管外径,加热管固定点的弯头处间距不大于 300 mm,直线段间距不大于 600 mm。

(6) 在过门、过伸缩缝、过沉降缝时,应加装套管,套管长度不小于 150 mm。套管比盘管大两号,内填保温边角余料。

(7) 加热管出地面至分水器、集水器连接处,弯管部分不宜露出地面装饰层。加热管出地面至分水器、集水器下部球阀接口之间的明装管段,外部应加装塑料套管。套管应高出装饰面 150～200 mm。

(8) 加热管与分水器、集水器连接,应采用卡套式、卡压式挤压方式夹紧连接;连接件材料宜为铜质;铜质连接件与 PP-R 管或 PP-B 管直接接触的表面必须镀镍。

(9) 加热管的环路布置不宜穿越填充层内的伸缩缝。必须穿越时,伸缩缝处应设长度不小于 200 mm 的柔性套管。

(10) 伸缩缝的设置应符合下列规定。

①在与内外墙、柱等垂直构件交接处应留不间断的伸缩缝,伸缩缝填充材料应采用搭接方式连接,搭接宽度不应小于 10 mm;伸缩缝填充材料与墙、柱应有可固定措施,地面绝热层连接应紧密,伸缩缝宽度不宜小于 10 mm。伸缩缝填充材料宜采用高发泡聚乙烯泡沫塑料。

②当地面面积超过 30 m² 或边长超过 6 m 时,应按不大于 6 m 的间距设置伸缩缝,伸缩缝宽度不应小于 8 mm。伸缩缝宜采用高发泡聚乙烯泡沫塑料或满填弹性膨胀膏。

③伸缩缝应从绝热层的上边缘做到填充层的上边缘。

5. 分、集水器安装

(1) 分、集水器可在加热管敷设前安装,也可在敷设管道回填细石混凝土后与阀门、水表一起安装。安装必须平直、牢固,在细石混凝土回填前安装须做水压试验。

(2) 当水平安装时,一般宜将分水器安装在上,集水器安装在下,中心距宜为 200 mm,且集水器中心距地面不小于 300 mm。

(3) 当垂直安装时,分、集水器下端距地面应不小于 150 mm。

(4) 加热管始末端出地面至连接配件的管段,应设置在硬质套管内。加热管与分、集水器分路阀门的连接,应采用专用卡套式连接件或插接式连接件。

6. 填充层施工

(1) 在加热管系统试压合格后方能进行细石混凝土层回填施工。细石混凝土层施工应遵循土建工程施工规定,优化配合比设计,选出强度符合要求、施工性能良好、体积收缩稳定性好的配合比。强度等级应不小于 C15,卵石粒径不宜大于 12 mm,并宜掺入适量防止龟裂的添加剂。

(2) 敷设细石混凝土前,必须将敷设完管道后的工作面上的杂物、灰渣清除干净(宜用小型空压机清理)。在过门、过沉降缝、过分格缝部位宜嵌双玻璃条分格(玻璃条用 3 mm 玻璃裁划,比细石混凝土面低 1～2 mm),其安装方法同水磨石嵌条。

(3) 细石混凝土在盘管加压(工作压力或试验压力,不小于 0.4 MPa)状态下铺设,回填层凝固后方可泄压,填充时应轻轻捣固,铺设时不得在盘管上行走、踩踏,不得有尖锐物件损伤盘管和保温层,要防止盘管上浮,应小心下料、拍实、找平。

(4) 细石混凝土接近初凝时,应在表面进行二次拍实、压抹,以防止顺管轴线出现塑性沉缩裂缝。表面压抹后应保湿养护 14 d 以上。

7. 面层施工

(1) 面层施工时,不得剔、凿、割、钻和钉填充层,不得向填充层内揿入任何物件。

（2）面层的施工，应在填充层达到要求强度后才能进行。

（3）在石材、面砖与内外墙、柱等垂直构件交接处，应留 10 mm 伸缩缝；木地板铺设时，应留不小于 14 mm 的伸缩缝。

伸缩缝应从填充层的上边缘做到高出装饰层上表面 10～20 mm。装饰层敷设完毕后，应裁去多余部分。伸缩缝填充材料宜采用高发泡聚乙烯泡沫塑料。

（4）以木地板作为面层时，木材应经干燥处理，且应在填充层和找平层完全干燥后，才能进行地板施工。

（5）瓷砖、大理石、花岗石面层施工时，在伸缩缝处宜采用干贴。

8. 检验、调试和竣工验收

（1）检验。

①中间验收。

地板辐射供暖系统应根据工程施工特点进行中间验收。中间验收过程从加热管道敷设和热媒分、集水器装置安装完毕进行试压起，至混凝土填充层养护期满再次进行试压止，由施工单位会同监理单位进行。

②水压试验。

浇捣混凝土填充层之前和混凝土填充层养护期满之后，应分别进行系统水压试验。水压试验应符合下列要求。

a. 水压试验之前，应对试压管道和构件采取安全有效的固定和养护措施。

b. 试验压力应不小于系统静压加 0.3 MPa，且不得低于 0.6 MPa。

c. 冬季进行水压试验时，应采取可靠的防冻措施。

③水压试验步骤。

水压试验应按下列步骤进行。

a. 经分水器缓慢注水，同时将管道内空气排出。

b. 充满水后，进行水密性检查。

c. 采用手动泵缓慢升压，升压时间不得少于 15 min。

d. 升压至规定试验压力后，停止加压 1 h，观察有无漏水现象。

e. 稳压 1 h 后，补压至规定试验压力值，15 min 内的压力降不超过 0.05 MPa，无渗漏为合格。

（2）调试。

①系统调试条件。

供回水管水压试验全部完毕，符合标准；管道上的阀门、过滤器、水表经检查确认安装的方向和位置均正确，阀门启闭灵活；水泵进出口压力表、温度计安装完毕。

②系统调试。

热源引进机房通过恒温罐及采暖水泵向系统管网供水。调试阶段，系统供热起始温度为常温，在 25～30 ℃范围内运行 24 h，然后缓慢升温，每 24 h 升温不超过 5 ℃，在 38 ℃恒定一段时间，随着室外温度不断降低再逐步升温，直至达到设计水温，并调节每一通路水温直至达到正常范围。

（3）竣工验收。

符合以下规定，方可通过竣工验收。

①工程质量符合设计要求和施工验收规范的有关规定。

②填充层表面不应有明显裂缝。

③管道和构件无渗漏。

④阀门开启灵活、关闭严密。

4.3　供热水系统的安装

供热水系统运行方式按照加热方法分为热媒与被加热水直接混合的直接加热方式和通过热媒管道的间接加热方式;按照回水管有无循环管道分为全循环、半循环和非循环方式;按照循环方式分为机械循环和自然循环两种;按照干管在建筑内布置位置分为下行上给和上行下给两种方式。

4.3.1　热水管道及配件安装

热水管道布置的基本原则是在满足使用需求和便于维修管理的情况下使管线最短。热水干管根据所选定的方式可以敷设在室内地沟、地下室顶部、建筑物最高层或专用设备技术层内。一般建筑物的热水管放置在预留沟槽、管道竖井内。明装管道尽可能布置在卫生间或非居住房间。

1. 安装内容

热水管道及配件安装的内容:准备工作—预制加工—支架安装—管道安装—配件安装—管道冲洗—防腐保温—综合调试。

2. 安装要求

(1)准备工作。

①复核预留孔洞、预埋件的尺寸、位置、标高。

②根据设计图纸画出管路分布的走向,管径,变径,甩口的坐标,标高,坡度坡向,以及支、吊架和卡件的位置,画出系统节点图。

(2)预制加工。

①根据图纸和现场实际测量的管段尺寸,画出草图,按草图计算管道长度并下料,在管段上画出所需的分段尺寸后,将管道垂直切断,处理管口、套丝,调直。

②将预制加工好的管段编号,放到适当位置,待安装。

(3)支架安装。

①支架的安装应符合下列规定。

a.位置正确,埋设应平整牢固。

b.固定支架与管道接触应紧密,固定应牢靠。

c.滑动支架应灵活,滑托与滑槽两侧间应留有 3~5 mm 的间隙,纵向移动量应符合设计要求。

d.有热伸长的管道的支架应向热膨胀的反方向偏移。

e.固定在建筑结构上的管道支架不得影响结构的安全。

②镀锌钢管水平安装的支架间距不应大于表 4-4 的规定。

表 4-4　镀锌钢管管道支架的最大间距

公称直径/mm		15	20	25	32	40	50	70	80	100	125	150
支架的最大间距/m	保温管	2	2.5	2.5	2.5	3	3	4	4	4.5	6	7
	不保温管	2.5	3	3.5	4	4.5	5	6	6	6.5	7	8

③铜管垂直和水平安装的支架间距应符合表 4-5 的规定。

表 4-5　铜管管道支架最大间距

公称直径/mm		15	20	25	32	40	50	65	80	100	125	150	200
支架的最大间距/m	垂直管	1.8	2.4	2.4	3.0	3.0	3.0	3.5	3.5	3.5	3.5	4.0	4.0
	水平管	1.2	1.8	1.8	2.4	2.4	2.4	3.0	3.0	3.0	3.0	3.5	3.5

④复合管垂直或水平安装的支架间距应符合表 4-6 的规定。采用金属制作的管道支架,应在管道与支架间加衬非金属垫或套管。

表 4-6　复合管管道支架的最大间距

管径/mm			12	14	16	18	20	25	32	40	50	63	75	90	100
最大间距/m	立管		0.5	0.6	0.7	0.8	0.9	1.0	1.1	1.3	1.6	1.8	2.0	2.2	2.4
	水平管	冷水管	0.4	0.4	0.5	0.5	0.6	0.7	0.8	0.9	1.0	1.1	1.2	1.35	1.55
		热水管	0.2	0.2	0.25	0.3	0.3	0.35	0.4	0.5	0.6	0.7	0.8	—	—

（4）管道安装。

管道安装按管道的材质可分为铜管安装、镀锌钢管安装、复合管安装。

①铜管连接可采用专用接头或焊接。当管径小于 22 mm 时,宜采用承插或套管焊接,承口应朝介质流向安装;当管径不小于 22 mm 时,采用对口焊接。铜管连接一般包括铜管卡套连接、铜管冷压连接、铜管法兰式连接和铜管钎焊连接等方式。

②镀锌钢管安装要求参见室内金属给水管道及配件安装要求。

③复合管安装要求参见低温热水地板辐射供暖系统安装要求。

④热水管道安装注意事项如下。

a.管道的穿墙及楼板处均按要求加套管及固定支架。安装伸缩器前按规定做好预拉伸,待管道固定卡件安装完毕后,除去预拉伸的支撑物,调整好坡度,翻身处高点要有放风装置、低点要有泄水装置。

b.热水立管和装有三个或三个以上配水点的支管始端,以及阀门后面按水流方向均应设置可装拆的连接件。热水立管每层设管卡,距地面 1.5～1.8 m。

c.热水支管安装前核定各用水器具热水预留口高度、位置。当冷、热水管或冷、热水龙头并行安装时,应符合下列规定。

上下平行安装时,热水管在冷水管上方安装。

左右平行安装时,热水管在冷水管的左侧安装。

在卫生器具上安装冷、热水龙头,热水龙头安装在左侧。

冷（热）水管的上下、左右间距,设计未要求时,宜为 100～120 mm。

d.热水横管坡度应大于 0.003,坡向与水流方向相反,以便于排气和泄水。在上分式系统配水干管的最高点应设排气装置(自动排气阀或集气罐、膨胀水箱),最低点应设泄水装置(泄水阀或丝堵)或利用最低处水龙头泄水。下分式系统回水立管应在最高配水点以下 0.5 m 处与配水立管连接,以防热气被循环水带走。为避免干管伸缩时对立管的影响,立管与水平干管连接时立管应加弯管,如图 4-12 所示。

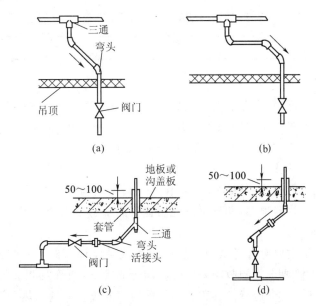

图 4-12　热水立管与水平干管的连接方法

(a)方式 1;(b)方式 2;(c)方式 3;(d)方式 4

e.热水管道应设固定支架或活动导向支架,固定支架间距应满足管段的热伸长量不大于伸缩器允许的补偿量。

f.容积式水加热器或贮水器上接出的热水供水管应从设备顶部接出。当热水供给系统为自然循环时,回水管一般在设备顶部以下 1/4 高度接入,机械循环时,回水管则从设备底部接入。热媒为热水时,进水管应在设备顶部以下 1/4 处接入,回水管应从设备底部接入。

g.热水配水管、回水管、加热器、贮水器、热媒管道及阀门等应进行保温,保温之前应进行防腐处理,保温层外表面加保护层(壳),转弯处保温应做伸缩缝,缝内填柔性材料。

(5)配件安装。

①阀门安装。

a.热水管道的阀门种类、规格、型号必须符合规范及设计要求。

b.阀门进行强度和严密性试验,按批次抽查 10%,且不少于 1 个,合格才可安装。对于安装在主干管上起切断作用的阀门,应逐个做强度及严密性试验。

c.阀门的强度试验:试验压力应为公称压力的 1.5 倍,阀体和填料处无渗漏为合格。严密性试验:试验压力为公称压力的 1.1 倍,阀芯密封面不漏为合格。

d.阀门试压的试验持续时间不少于表 4-7 的规定。

表 4-7 阀门试验持续时间

公称直径/mm	最短试验持续时间/s		
	严密性试验		强度试验
	金属密封	非金属密封	
≤50	15	15	15
65～200	30	15	60
250～450	60	30	180

②安全阀安装。

闭式热水供给系统中,热媒为蒸汽或温度大于 90 ℃的热水时,加热器除安装安全阀(宜用微启式弹簧安全阀)外,还设膨胀罐或膨胀管。开式热水供给系统的加热器可不装安全阀。安全阀的开启压力一般为加热器工作压力的 1.1 倍,但不得大于加热器的设计压力(一般有 0.59 MPa、0.98 MPa、1.57 MPa 三种规格)。

安全阀的直径应比计算值大一级,一般可取安全阀阀座内径比加热器热水出水管管径小一号。安全阀直立安装在加热器顶部,其排出口应用管将热水引至安全地点。在安全阀与设备间不得装吸水管、引气管或阀门。

③温度自动调节装置主要有自动式、电动式、电磁式温度调节阀。安装前应将感温包放在热水中试验,应符合产品性能要求。调节阀安装时应加旁通管,旁通管及调节阀前后应加装阀门,调节阀前装截污器,以保证其正常运行。容积式加热器的感温包宜靠近加热盘管上部安装。

④管道伸缩补偿装置。金属管道随热水温度升高会伸长,并会出现弯曲、位移、接头开裂等现象,因此,在较长的直线热水管路上,每隔一定距离应设伸缩器。常用伸缩器主要有 L 形或 Z 形自然补偿器、n 形伸缩器、套管伸缩器、波纹管伸缩器等。

⑤疏水器。用蒸汽作热媒间接加热的加热器凝结水用水管上应装设疏水器,凝结水出水温度不高于 80 ℃的可不装设。蒸汽管下凹处的下部、蒸汽主管底部也应设疏水器,以及时排除管中的凝结水。疏水器前应设过滤器,但一般不设旁通阀。当疏水器后有背压、凝结水管抬高或不同压力的凝结水接在一根母管上时,疏水器后应设止回阀。

⑥排气装置。闭式上行下给热水供给系统中可装自动排气阀,在下行上给式系统中可利用立管上最高处水龙头排气。

⑦仪表。温度计的刻度范围应为工作温度范围的 2 倍。压力表的精度不应低于 2.5 级,表盘直径不小于 100 mm,刻度极限值宜为工作压力的 2 倍。冷水供水管上装冷水表,热水供水管或供水点上装热水表。

4.3.2 试压和调试

在整个系统安装完毕后,应当按照规范要求对整个系统进行试压,试压合格后完成系统的清洗和调试工作。

1. 调试内容

调试步骤:管道试压—管道冲洗—综合调试—系统验收。

2. 具体要求

（1）管道试压。

热水管道试压一般分分段试压和系统试压两次进行。

①管网注水点应设在管段的最低处，由低向高将各个用水的管端封堵，关闭入口总阀门和所有泄水阀门及低处泄水阀门，打开各分路及主管阀门，水压试验时不连接配水器具。注水时打开系统排气阀，排净空气后将其关闭。

②充满水后进行加压，升压采用电动打压泵，升压时间不应小于 10 min，也不应大于 15 min。当设计未注明时，热水供应系统水压试验压力应为系统顶点的工作压力加 0.1 MPa，同时在系统顶点的试验压力不小于 0.3 MPa。

③当压力升到设计规定试验值时停止加压，进行检查，持续观测 10 min，观察其压力降不大于 0.02 MPa，然后将压力降至工作压力进行检查，压力不降低且不渗不漏即为合格。检查全部系统，如有漏水则在该处做好标记，进行修理，修好后再充满水进行试压，试压合格后由有关人员验收签认，办理相关手续。

④水压试验合格后把水泄净，管道做好防腐保温处理，再进行下一道工序。

（2）管道冲洗。

热水管道在系统运行前必须进行冲洗。热水管道试压完成后即可进行冲洗，冲洗应用自来水连续进行，要求以系统最大设计流量或不小于 1.5 m/s 的流速进行冲洗，以出水口的水色和透明度与进水目测一致为合格。

（3）综合调试。

①检查热水系统阀门是否全部打开。

②开启热水系统的加压设备向各个配水点送水，将管端与配水件接通，并以管网的设计工作压力供水，将配水件分批开启，各配水点的出水应通畅；高点放气阀反复开闭几次，将系统中的空气排净。检查热水系统全部管道及阀件有无渗漏、热水管道的保温质量等，遇有问题处应先查明原因，解决后再按照上述程序运行。

③开启系统各个配水点，检查通水情况，记录热水系统的供回水温度及压差，待系统正常运行后，做好系统试运行记录，办理验收手续。

【思考题】

4-1　套管安装要求有哪些？

4-2　散热器安装是如何组对的？

4-3　低温热水地板辐射供暖系统安装的水压试验具体要求是什么？

4-4　热水支管安装应当注意哪些问题？

第 5 章　给排水及消防系统安装

5.1　室内给水管道和附件安装

　　室内给水系统,根据给水性质和要求不同,基本上可分为三类:生活给水系统、生产给水系统、消防给水系统。实际上室内给水系统往往不是单一用途给水系统,而是组合成生活-生产、生产-消防、生活-消防或生活-生产-消防合并的给水系统。这些室内给水系统,除了用水点设备不同,其系统组成基本上是相同的。

5.1.1　室内给水系统的组成

　　如图 5-1 所示,室内给水系统由以下几个基本部分组成。

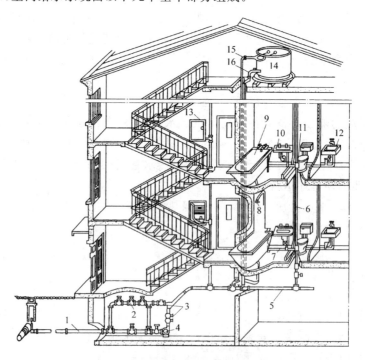

图 5-1　室内给水系统基本组成

1—引入管;2—水表;3—止回阀;4—水泵;5—水平干管;6—立管;7—支管;8—淋浴器;

9—浴盆;10—洗脸盆;11—大便器;12—洗涤盆;13—消火栓;14—水箱;15—进水管;16—出水管

　　(1)引入管。对单幢建筑物而言,引入管是室外给水管网与室内给水管网之间的联络管段,也称"进户管"。给水系统的引入管指总进水管。

　　(2)水表节点。水表节点是引入管上装设的水表及其前后设置的闸门、泄水装置的总称。

（3）配水管网。配水管网是室内给水水平或垂直干管、立管、配水支管等组成的管道系统。

（4）用水设备。用水设备指卫生器具、生产用水设备和消防设备等。

（5）给水管道附件。给水管道附件指管路上的闸门、止回阀、安全阀和减压阀等。

（6）增压和贮水设备。当城市管网压力不足或建筑对安全供水、水压稳定有要求时，应设置水箱、水泵、气压装置、水池等增压和贮水设备。

5.1.2　室内金属给水管道和附件安装

1. 安装内容

室内金属给水管道和附件安装内容：测量放线—预制加工—支、吊架安装—干管安装—立管安装—支管安装—管道试压—管道保温—管道冲洗、通水试验—管道消毒。

2. 具体要求

（1）测量放线。

根据施工图纸进行测量放线，在实际安装的结构位置做好标记，确定管道支、吊架位置。

（2）预制加工。

①按设计图纸画出管道分路、管径、变径、预留管口及阀门位置等施工草图，按标记分段量出实际安装的准确尺寸，记录在施工草图上，然后按草图测得的尺寸预制组装。

②未做防腐处理的金属管道及型钢应及时做好防腐处理。

③在管道正式安装前，根据草图做好预制组装工作。

④沟槽加工应按厂家操作规程执行。

（3）支、吊架安装。

①按不同管径和要求设置相应管卡，位置应准确，埋设应平整。管卡与管道接触紧密，但不得损伤管道表面。

②固定支、吊架应有足够的刚度和强度，不得产生弯曲变形等缺陷。

③钢管水平安装的支架的间距不得大于表 5-1 的规定。

表 5-1　钢管管道支架最大间距

公称直径/mm		15	20	25	32	40	50	70	80	100	125	150	200	250	300
支架最大间距/m	保温管	2	2.5	2.5	2.5	3	3	4	4	4.5	6	7	7	8	8.5
	不保温管	2.5	3	3.5	4	4.5	5	6	6	6.5	7	8	9.5	11	12

④三通、弯头、末端、大中型附件，应设可靠的支架，用作补偿管道伸缩变形的自由臂不得固定。

（4）干管安装。

①给水铸铁管道安装。

a. 清扫管腔并除掉承口内侧、插口外侧端头的防腐材料及污物，承口朝来水方向顺序排列，连接的对口间隙应不小于 1 mm，找平后固定管道。管道拐弯和始端处应固定，防止捻口时轴向移动，管口随时封堵好。

b. 水泥接口、捻麻时将油麻绳拧成麻花状，用麻钎捻入承口内，承口周围间隙应保持均匀，一般捻口两圈半,约为承口深度的 1/3。将油麻捻实后进行捻灰(水泥强度等级为 32.5 级、水灰比为1:9),用捻凿将灰填入承口,随填随捣,直至将承口打满,承口捻完后应用湿土覆盖或用麻绳等物缠住接口进行养护,并定时浇水,一般养护 48 h。

c.给水铸铁管与镀锌钢管连接时应按图 5-2 所示的方法安装。

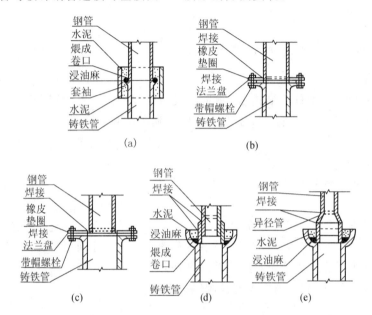

图 5-2 给水铸铁管与镀锌钢管连接方法
(a)套袖;(b)(c)法兰盘;(d)直套管;(e)异径管
注:(a)(b)为同管径铸铁管与钢管的接头;(c)(d)(e)为不同管径铸铁管与钢管的接头。

②镀锌管安装。

a.螺纹连接。管道缠好生料带或抹上铅油缠好麻,用管钳按编号依次拧紧,螺纹外露 2~3 扣,安装完后找直、找正,复核甩口的位置、方向及变径无误,清除麻头,做好防腐,所有管口要做好临时封堵。

b.管道法兰连接。管径不大于 100 mm 时,宜用螺纹法兰;若管径大于 100 mm,则应采用焊接法兰,二次镀锌。安装时法兰盘的连接螺栓直径、长度应符合规范要求,紧固法兰螺栓时要对称拧紧,紧固好的螺栓外露螺纹应为 2~3 扣。法兰盘连接衬垫,一般给水管(冷水)采用橡胶垫,生活热水管道采用耐热橡胶垫,垫片要与管径同心,不得多垫。

c.沟槽连接。胶圈安装前除去管口端密封处的泥沙和污物,胶圈套在其中一根管的一端,然后使另一根钢管的一端与该管口对齐、同轴,两端要求留一定的间隙,再移动胶圈,使胶圈与两侧钢管的沟槽距离相等。胶圈外表面涂上专用润滑剂或肥皂水,将两瓣卡箍卧进沟槽内,再穿入螺栓,并均匀地拧紧螺母。

d.螺纹外露及管道镀锌表面损伤部分做好防腐。

③铜管安装。

a.安装前先对管道进行调直,冷调法适用于外径不大于 108 mm 的管道,热调法适用于外径大于 108 mm 的管道。调直后不应有凹陷、破损等现象。

　　b.当用铜管直接弯制弯头时,可按管道的实际走向预先弯制成所需弯曲半径的弯头,多根管道平行敷设时,要排列整齐,管间距要一致,整齐美观。

　　c.薄壁铜管可采用承插式钎焊接口、卡套式接口和压接式接口;厚壁铜管可采用螺纹接口、沟槽式接口、法兰式接口。

　　钎焊连接:钎焊强度小,一般焊口采用插接形式。插接长度为管壁厚的 $6 \sim 8$ 倍,管道外径不大于 28 mm 时,插接长度为 $(1.2 \sim 1.5)D$。当铜管与铜合金管件或铜合金管件与铜合金管件间焊接时,应在铜合金管件焊接处使用助焊剂,并在焊接完成后清除管外壁的残余熔剂。

　　卡套式连接:管口断面应垂直平整,且应使用专用工具将其整圆或扩口,安装时应使用专用扳手,严禁使用管钳旋紧螺母。

　　压接式接口:应用专用压接工具,管材插入管件的过程中,密封圈不得扭曲变形,压接时卡钳端面应与管件轴线垂直,达到规定压力时延时 $1 \sim 2$ s。

　　螺纹连接、沟槽连接和法兰连接方法同镀锌钢管。黄铜配件与附件螺纹连接时,宜采用聚四氟乙烯带,法兰连接时垫片可采用耐热橡胶板或铜垫片。

　　(5)立管安装。

　　①立管明装。

　　每层从上至下统一吊线安装卡件,先画出横线,再用线坠吊在立管的位置上,在墙上弹出或画出垂直线,并根据立管卡的高度在垂直线上确定出立管卡的位置并画好横线,然后再根据所画横线和垂直线的交点打洞栽卡件。将预制好的立管按编号分层排开,顺序安装,对好调直时的印记,校核甩口的高度、方向是否正确。立管阀门安装的朝向应便于操作和维修。安装立管的管卡,当层高不大于 5 m 时,每层应安装 1 个;当层高大于 5 m 时,每层不得少于 2 个管卡,安装高度应距地面为 $1.5 \sim 1.8$ m;2 个以上的管卡应均匀安装,成排管道或同一房间的立管卡和阀门等的安装高度应保持一致。

　　②立管暗装。

　　竖井内立管安装的卡件应按设计和规范要求设置。安装在墙内的立管宜在结构施工中预留管槽,立管安装时吊直找正,用卡件固定,支管的甩口应明露并做好临时封堵。

　　③立管管外皮距墙面(装饰面)间距见表 5-2。

表 5-2　立管管外皮距墙面(装饰面)间距　　　　　　　　　　　单位:mm

管径	<32	$32 \sim 50$	$70 \sim 100$	$125 \sim 150$
间距	$20 \sim 25$	$25 \sim 30$	$30 \sim 50$	60

　　(6)支管安装。

　　①支管明管安装。安装前应配合土建正确预留孔洞和预埋套管,先按立管上预留的管口在墙面上画出(或弹出)水平支管安装位置的横线,并在横线上按图纸要求画出各分支线或给水配件的位置中心线,再根据横线中心线测出各支管的实际尺寸进行编号记录,根据记录尺寸进行预制和组装(组装长度以方便上管为宜),检查调直后进行安装。

　　②管道嵌墙、直埋敷设时,宜在砌墙时预留凹槽。凹槽尺寸:深度等于 D_e+20 mm;宽度为 $D_e+(40 \sim 60)$ mm,D_e 为管外径。凹槽表面必须平整,不得有尖角等突出物,管道安装、固定、试压合格后,凹槽用 M7.5 级水泥砂浆填补密实。若在墙上凿槽,应先确定墙体强度,强度不足或墙体不

允许凿槽时不得凿槽,只能在墙面上固定敷设后用 M7.5 水泥砂浆抹平或加贴侧砖加厚墙体。

③管道在楼(地)坪面层内直埋时,预留的管槽深度应不小于 D_e+20 mm,管槽宽度宜为 D_e+40 mm。管道安装、固定、试压合格后,管槽用与地坪层相同强度等级的水泥砂浆填补密实。

④管道穿墙时可预留孔洞,墙管或孔洞内径宜为 D_e+50 mm。

⑤支管管外皮距墙面(装饰面)留有操作空间。

(7)管道试压。

①管道试验压力应为管道系统工作压力的 1.5 倍,但不得小于 0.6 MPa。

②管道水压试验应符合下列规定。

a.水压试验之前,管道应固定牢固,接头须明露。室内不能安装各配水设备(如水嘴、浮球阀等),支管不宜连通卫生器具配水件。

b.加压宜用手压泵,泵和测量压力的压力表应装设在管道系统的底部最低点(不在最低点时应折算几何高差的压力值),压力表精度为 0.01 MPa,量程为试压值的 1.5 倍。

c.管道注满水后,排出管内空气,封堵各排气出口,进行严密性检查。

d.缓慢升压,升至规定试验压力,10 min 内压力降不得超过 0.02 MPa,然后降至工作压力检查,压力应不降,且不渗、不漏。

e.直埋在地坪面层和墙体内的管道,分段进行水压试验,试验合格后土建方可继续施工(试压工作必须在面层浇筑或封闭前进行)。

(8)管道保温。

①给水管道明装、暗装的保温有三种形式:管道防冻保温、管道防热损失保温、管道防结露保温。保温层材质及厚度应按设计要求执行,质量应达到国家规定标准。

②管道保温应在水压试验合格后进行,如需先保温或预先做保温层,应将管道连接处和焊缝留出,待水压试验合格后,再将连接处保温。

③管道法兰、阀门等应按设计要求保温。

(9)管道冲洗、通水试验。

①管道系统在验收前必须进行冲洗,冲洗水应采用生活饮用水,流速不得小于 1.5 m/s。冲洗应连续进行,保证充足的水量,出水水质和进水水质透明度一致为合格。

②系统冲洗完毕后应进行通水试验,将给水系统 1/3 的配水点同时开放,各排水点通畅,接口处无渗漏。

(10)管道消毒。

①管道冲洗、通水后,将管道内的水放空,各配水点与配水件连接后,进行管道消毒,向管道系统内灌注消毒溶液,浸泡 24 h 以上。消毒结束后,放空管道内的消毒液,再用生活饮用水冲洗管道,至各末端配水件出水水质经水质部门检验合格为止。

②管道消毒完后打开进水阀向管道供水,打开配水点龙头适当放水,在管网最远点取水样,经卫生监督部门检验合格后方可交付使用。

5.1.3 室内非金属给水管道及附件安装

1. 安装内容

室内非金属给水管道及附件安装内容:测量放线—预制加工—管道敷设—管道连接—管道固

定—压力试验—冲洗、消毒。

2. 具体要求

以无规共聚聚丙烯(PP-R)给水管道及附件安装为例。

(1) 测量放线。

①管道安装应测量好管道坐标、标高、坡度线。

②管道安装时(热水、采暖管道埋地不应有接头),应复核冷、热水管的公称压力、等级和使用场合。管道的标志应面向外侧,处于明显位置。

(2) 预制加工。

①管材切割前,必须正确测量和计算好所需长度,用铅笔在管表面画出切割线和热熔连接深度线,连接深度应符合表 5-3 的规定。

表 5-3　热熔连接深度及时间

公称外径/mm	热熔深度/mm	加热时间/s	加工时间/s	冷却时间/min
20	14	5	4	3
25	16	7	4	3
32	20	8	4	4
40	21	12	6	4
50	22.5	18	6	5
63	24	24	6	6
75	26	30	10	6
90	32	40	10	8
110	38.5	50	15	10

注:本表加热时间应按热熔机具产品说明书及施工环境温度调整。若环境温度低于 5 ℃,加热时间应延长 50%。

②切割管材时必须使端面垂直于管轴线。管材切割应使用管子剪、断管器或管道切割机,不宜用钢锯锯断管材。若使用时,应用刮刀清除管材锯口的毛边和毛刺。

③管材与管件的连接端面和熔接面必须清洁、干燥、无油污。

④熔接弯头或三通等管件时,应注意管道的走向。宜先进行预装,校正好方向,用铅笔画出轴向定位线。

(3) 管道敷设。

①管道嵌墙、直埋敷设时,宜在砌墙时预留凹槽。凹槽尺寸:深度等于 D_e+20 mm;宽度为 $D_e+(40\sim60)$mm。凹槽表面必须平整,不得有尖角等突出物,管道安装、固定、试压合格后,凹槽用 M7.5 级水泥砂浆填补密实。

②管道在楼(地)坪面层内直埋时,预留的管槽深度不应小于 D_e+20 mm,管槽宽度宜为 D_e+40 mm。管道安装、固定、试压合格后,管槽用与地坪层相同强度等级的水泥砂浆填补密实。

③管道安装时,不得有轴向扭曲。穿墙或穿楼板时,不宜强制校正。给水 PP-R 管道与其他金属管道平行敷设时,应有一定的保护距离,净距离不宜小于 100 mm,且 PP-R 管宜在金属管道的内侧。

④室内明装管道,宜在土建初装完毕后进行,安装前应配合土建正确预留孔洞和预埋套管。

⑤管道穿越楼板时,应设置硬质套管(内径＝D_e＋(30～40)mm),套管高出地面 20～50 mm。管道穿越屋面时,应采取严格的防水措施。

⑥管道穿墙时,应配合土建设置硬质套管,套管两端应与墙的装饰面持平。

⑦直埋式敷设在楼(地)坪面层及墙体管槽内的管道,应在封闭前做好试压和隐蔽工程验收工作。

⑧建筑物埋地引入管或室内埋地管道的铺设要求如下。

a.室内地坪±0.000 以下管道铺设宜分两个阶段进行。先进行室内段的铺设,至基础墙外壁 500 mm 为止;待土建施工结束,且具备管道施工条件后,再进行户外管道的铺设。

b.室内地坪以下管道的铺设,应在土建工程回填土夯实以后,重新开挖管沟,将管道铺设在管沟内。严禁在回填土之前或在未经夯实的土层中敷设管道。

c.管沟底应平整,不得有突出的尖硬物体,必要时可铺 100 mm 的砂垫层。

d.管沟回填时,管道周围 100 mm 以内的回填土不得夹杂尖硬物体。应先用砂土或过筛的颗粒不大于 12 mm 的泥土,回填至管顶以上 100 mm 处,经洒水夯实后再用原土回填至管沟顶面。室内埋地管道的埋深不宜小于 300 mm。

e.管道出地坪处,应设置保护套管,其高度应高出地坪 100 mm。

f.管道在穿越基础墙处,应设置金属套管。套管顶与基础墙预留孔的孔顶之间的净空高度,应按建筑物的沉降量确定,且不应小于 100 mm。

g.管道在穿越车行道时,覆土厚度不应小于 700 mm,达不到此厚度时,应采取相应的保护措施。

(4) 管道连接。

①PP-R 管材与金属管材、管件、设备连接时,应采用带金属嵌件的过渡管件或专用转换管件,在塑料管热熔连接后,螺纹连接金属管材、管件。严禁在塑料管上套丝连接。

②管材截取后,必须清除毛边、毛刺,管材、管件连接面必须清洁、干燥、无油。

③同种材质的 PP-R 管材和管件之间,应采用热熔连接或电熔连接。熔接时应使用专用的热熔或电熔焊接机具。直埋在墙体内或地面内的管道,必须采用热(电)熔连接,不得采用螺纹或法兰连接。螺纹或法兰连接的接口必须明露。

④PP-R 管材与金属管件相连接时,应采用带金属嵌件的 PP-R 管件作为过渡,该管件与 PP-R 管材采用热(电)熔连接,与金属管件或卫生洁具的五金配件采用螺纹连接。

⑤便携式热熔焊机适用于公称外径(D_e)不大于 63 mm 的管道焊接,台式热熔焊机适用于公称外径(D_e)不小于 75 mm 的管道焊接。

⑥热熔连接应按下列步骤进行。

a.热熔工具接通电源,待达到工作温度(指示灯亮)后,方能开始热熔。

b.加热时,应无旋转地将管材管端插入加热套内,插入所标志的连接深度;同时,无旋转地把管件推到加热头上,并达到规定深度的标志处。熔接弯头或三通等有安装方向的管件时,应按图纸要求注意其方向,提前在管件和管材上做好标志,保证安装角度正确,调正、调直时,不应使管材和管件旋转,保持管材与轴线垂直,使其处于同一轴线上。加热时间必须符合表 5-3 的规定(或见热熔焊机的使用说明)。

c.达到规定的加热时间后,必须立即将管材与管件从加热套和加热头上同时取下,迅速无旋转地沿管材与管件的轴向直线均匀地插入所标志的深度,使接缝处形成均匀的凸缘。

d.在规定的加工时间内(见表 5-3),刚熔接的接头允许立即校正,但严禁旋转。

e.在规定的冷却时间内(见表 5-3),应扶好管材、管件,使其不受扭、弯和拉伸。

(5)管道固定。

①管道安装时,宜选用管材生产厂家的配套管卡。

②管道安装时必须按不同管径和要求设置支架、吊架或管卡,位置应准确,埋设应平整牢固。管卡与管道接触紧密,但不得损伤管道表面。

③采用金属支架、吊架或管卡时,宜采用扁铁制作的鞍形管卡,并在管卡与管道间采用柔软材料进行隔离,不宜采用圆钢制作的 U 形管卡。

④固定支架、吊架应有足够的刚度,不得产生弯曲变形等缺陷。

⑤PP-R 管道与金属管配件连接部位,管卡或支架、吊架应设在金属管配件一端。

⑥立管和横管支架、吊架或管卡的间距,不得大于表 5-4 和表 5-5 的规定,允许偏差项目见表5-6。

表 5-4 冷水管支架、吊架最大间距

公称外径/mm	20	25	32	40	50	63	75	90	110
横管/m	0.40	0.50	0.65	0.80	1.00	1.20	1.30	1.50	1.80
立管/m	0.70	0.80	0.90	1.20	1.40	1.60	1.80	2.00	2.20

表 5-5 热水管支架、吊架最大间距

公称外径/mm	20	25	32	40	50	63	75	90	110
横管/m	0.30	0.40	0.50	0.65	0.70	0.80	1.00	1.10	1.20
立管/m	0.60	0.70	0.80	0.90	1.10	1.20	1.40	1.60	1.80

注:冷、热水管共用支架、吊架时,按热水管的间距确定。直埋式管道的管卡间距,冷、热水管均可用 1.00~1.50 m。

表 5-6 管道安装的允许偏差和检验方法

项 目		允许偏差/mm	检 验 方 法
水平管道纵横方向弯曲	每米	15	用水平尺、直尺、拉线和尺量检查
	全长(25 m 以上)	≤25	
立管垂直度	每米	2	吊线和尺量检查
	全长(5 m 以上)	≤8	

⑦三通、弯头、接配水点的端头、阀门、穿墙(楼板)等部位,应设可靠的固定支架。用作补偿管道伸缩变形的自由臂不得固定。

(6)压力试验。

①冷水管道试验压力应为管道系统设计工作压力的 1.5 倍,且不得小于1.0 MPa。

②热水管道试验压力应为管道系统设计工作压力的 2.0 倍,且不得小于1.5 MPa。

(7)冲洗、消毒。

①管道系统在验收前应进行通水冲洗,至冲洗水水质经有关水质部门检验合格为止。冲洗水总流量可按系统进水口处的管内流速 1.5 m/s 计,从下向上逐层打开配水点龙头或进水阀进行放水冲洗,放水时间不小于 1 min,同时放水的龙头或进水阀的计算当量不应大于该管段的计算当量的 1/4,冲洗至出水口水质与进水口水质相同时为止。放水冲洗后切断进水,打开系统最低点的排水口将管道内的水放空。

②管道冲洗后,用游离氯含量 20~30 mg/L 的水灌满管道,对管道进行消毒。消毒水滞留 24 h 后排空。

③管道消毒后打开进水阀向管道供水,打开配水点龙头适当放水,在管网最远配水点取水样,经卫生监督部门检验合格后方可交付使用。

3. 铝塑复合给水管道安装

(1)预制加工。

①检查管材、管件是否符合设计要求和质量标准。

②管材切割前,根据施工草图复核管道管径及长度。

③管道调直。

管径不大于 20 mm 的铝塑复合管可直接用手调直;管径不小于 25 mm 的铝塑复合管调直一般在较为平整的地面进行,固定管端,滚动管盘向前延伸,压住管道调直。

④管道弯曲。

管径不大于 25 mm 的管道可在管内放置专用弹簧用手加力直接弯曲;管径大于 32 mm 的管道宜采用专用弯管器弯曲。

⑤管道切断。

管道切断应使用专用管剪、断管器或管道切割机,不宜使用钢锯断管,若使用时应用刮刀清除管材锯口的毛边和毛刺,切断管道必须使管断面垂直于管轴线。

⑥在条件许可时,可将管材、管件预制组对连接后再安装。

(2)管道敷设安装。

在室内敷设时,宜采用暗敷。暗敷方式包括直埋和非直埋两种。直埋敷设指嵌墙敷设和在楼(地)面内敷设,不得将管道直接埋设在结构内;非直埋敷设指将管道在管道井内、吊顶内、装饰板后敷设,以及在地坪的架空层内敷设。

①管道室内明装时应符合下列要求。

a.管道敷设部位应远离热源,与炉灶距离不小于 40 mm;不得在炉灶或火源的正上方敷设水平管。

b.管道不允许敷设在排水沟、烟道及风道内;不允许穿越大小便槽、橱窗、壁柜、木装修物;应避免穿越建筑物的沉降缝,如必须穿越时要采取相应措施。

c.室内明装管道,宜在土建粉刷或贴面装饰后进行,安装前应与土建密切配合,正确预留孔洞或预埋套管。

d.管道在有腐蚀性气体的空间明设时,应尽量避免在该空间配置连接件。若非配置不可时,应对连接件做防腐处理。

②管道在室内暗设时应符合下列要求。

a.直埋敷设的管道外径不宜大于 25 mm。嵌墙敷设的横管距地面的高度宜不大于 0.45 m,且应遵循热水管在上、冷水管在下的规定。

b.管道嵌墙暗装时,管材应设在凹槽内,并且用管码固定,用砂浆抹平,安装前配合土建预留凹槽,其尺寸设计无规定时,嵌墙暗管槽尺寸的深度为 D_e+20 mm,宽度为 $D_e+(40\sim60)$mm。凹槽表面必须平整,不得有尖角等突出物。阀门应明装以便操作。

c.管道安装敷设在地面砂浆找平层中时,应根据管道布置定出安装位置,由土建专业留槽。管道安装过程中槽底应平整无突出尖锐物;管道安装完毕试压合格后再做砂浆找平层,并绘制准确位置,做好标志,防止下道工序破坏。

d.在用水器具集中的卫生间,可采用分水器配水,并使各支管以最短距离到达各配水点。管道埋地敷设部分严禁有接头。

e.卫生间地面暗敷管道安装比较特殊。卫生间由土建专业先做防水,土建防水合格后,再安装管道,管道安装过程中不得破坏防水。

③铝塑管不能直接与金属箱(池)体焊接。只能用管接头与焊在箱体上的带螺纹的短管相连接,且不宜在防水套管内穿越管,可在两端用管接头与套管内的带管螺纹的金属穿越管相连接。

④管道安装时,与其他金属管道平行敷设时,应有一定的保护距离,净距离不宜小于 100 mm,且在金属管道的内侧。

⑤外径不大于 32 mm 的管道,在直埋或非直埋敷设时,均可不考虑管道轴向伸缩补偿。

⑥分、集水器的安装。

a.当分、集水器水平安装时,一般宜将分水器安装在上,集水器安装在下,中心距宜为 200 mm,集水器中心距地面应不小于 300 mm,当垂直安装时,分、集水器下端距地面应不小于 150 mm。

b.管道始末端出地面至连接配件的管段,应设置在硬质套管内。套管外皮不宜超出集配装置外皮的投影面。管道与集配装置分路阀门的连接,应采用专用卡套式连接件或插接式连接件。

⑦管道连接方式。

a.卡压式(冷压式):不锈钢接头,专用卡钳压紧,适用于各种管径的管道连接。

b.卡套式(螺纹压紧式):铸铜接头,采用螺纹压紧,可拆卸,适用于管径不大于 32 mm 的管道连接。

c.螺纹挤压式:铸铜接头,接头与管道之间加塑料密封层,采用锥形螺帽挤压形式密封,不得拆卸,适用于管径不大于 32 mm 的管道连接。

d.过渡连接:铝塑复合管与其他管材、卫生器具金属配件、阀门连接时,采用带铜内丝或铜外丝的过渡接头、管螺纹连接。

⑧管道连接前,应对材料的外观和接头的配件进行检查,并清除管道和管件内的污垢和杂物,使管材与管件的连接端面清洁、干燥、无油。

⑨螺纹连接。

螺纹连接步骤如图 5-3 所示。

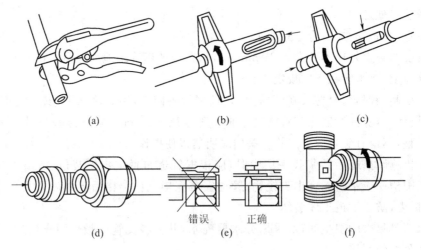

图 5-3 铝塑复合管连接示意图

　　a.按设计要求的管径和现场复核后的管道长度截断管道。检查管口,发现管口有毛刺、不平整或端面不垂直于管轴线时,应修正。

　　b.用专用刮刀将管口处的聚乙烯内层削坡口,坡角为 20°~30°,深度为 1.0~1.5 mm,且应用清洁的纸或布将坡口残屑擦干净。

　　c.将锁紧螺帽、C 形紧箍环套在管上,用整圆器将管口整圆;用力将管芯插入管内,至管口达管芯根部,同时完成管内圆倒角。整圆器按顺时针方向转动,对准管子内部口径。

　　d.将 C 形紧箍环移至距管口 0.5~1.5 mm 处,再将锁紧螺帽与管件本体拧紧。

　　e.用扳手将螺母拧紧。

　　⑩压力连接。

　　压制钳有电动压制工具与电池供电压制工具两种。当使用承压管件和螺丝管件时,将一个带有外压套筒的垫圈压制在管末端。用 O 形密封圈和内壁紧固起来。压制过程分两种:使用螺丝管件时,只需拧紧旋转螺丝;使用承压管件时,需用压制工具和钳子压接外层不锈钢套管。

　　(3)卡架固定。

　　①管道安装时,宜选用管材生产厂家的配套管卡。

　　②管道的最大支承间距见表 5-7。

　　③三通、弯头、阀门等管件和管道弯曲部位,应适当增设管码或支架,与配水点连接处应采取加固措施。

　　④管道安装时按不同管径和要求设置管卡或支架、吊架,位置应准确,埋设应平整牢固。管卡与管道接触紧密,不得损伤管道表面。

　　⑤采用金属管卡或金属支架、吊架时,不得损伤管壁;金属表面与管道之间应采用柔软材料进行隔离。

表 5-7 固定支架间距　　　　　　　　　　　　　　　　　　　　　　　　单位:mm

公称外径 D_e	立管支架间距	水平管支架间距	
		冷水管	热水管
16	700	500	250

续表

公称外径 D_e	立管支架间距	水平管支架间距	
		冷水管	热水管
20	900	600	300
25	1000	700	350
32	1100	800	400
40	1300	1000	500
50	1600	1200	600

注:当 $D_e \leqslant 32$ mm 时,暗装管段滑动支承间距可适当放宽。

(4)压力试验。

①水压试验之前,应检查系统固定、接口及末端封闭情况,支管不宜连通用水设备。

②试验压力为管道系统工作压力的 1.5 倍,且不小于 0.6 MPa。

③水压试验步骤如下。

a.向系统缓慢注水,同时将管道内空气排出。

b.管道充满水后,进行外观检查,观察有无渗漏现象。

c.对系统加压,加压应采用手压泵缓慢升压。

d.升压至规定的试验压力后,停止加压,稳压 10 min,压力降不应大于 0.02 MPa,然后降至工作压力进行检查,应无渗漏。

④直埋在地坪面层和墙体内的管道,可分支管或分楼层进行水压试验,试压合格后方可进行下道工序。

⑤土建隐蔽管道时,要求系统保持不小于 0.4 MPa 的压力。

(5)冲洗消毒。

生活饮用水管道试压合格后,在竣工验收前应进行冲洗、消毒。冲洗水应采用生活饮用水,流速不得小于 1.5 m/s。冲洗后将管道内的水放空,各配水点与配水件连接后,进行管道消毒,向管道系统内灌注消毒溶液,浸泡 24 h 以上。消毒结束后,放空管道内的消毒液,再用生活饮用水冲洗管道,至各末端配水口出水水质经有关部门检验合格止。

5.2 室内排水管道和附件安装

室内排水系统的任务是按满足污水排放标准的要求,把居住建筑、公共建筑和生产建筑内各用水点所产生的污水排入室外排水管网中去。按所排除污水的性质,室内排水系统可分为生活污水排水系统、工业污(废)水排水系统以及雨水、雪水排水系统。

5.2.1 室内排水系统的组成

如图 5-4 所示,室内排水系统由下列部分组成。

(1)卫生器具或生产设备受水器。

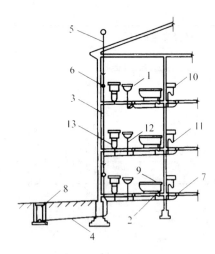

图 5-4　室内排水系统示意图

1—卫生器具；2—横支管；3—立管；
4—排出管；5—通气管；6—检查口；
7—清扫口；8—检查井；9—浴盆；
10—洗涤盆；11—存水弯；
12—器具排水管；13—大便器

（2）排水系统。排水系统由器具排水管（连接卫生器具的横支管之间的一段短管，坐式大便器除外）、有一定坡度的横支管、立管、埋设在室内地下的总支管和排到室外的排出管等组成。

（3）通气管系统。通气管系统有如下三个作用。

①向排水管系统补给空气，使水流畅通，更重要的是降低排水管道内气压变化幅度，防止卫生器具水封被破坏。

②使室内外排水管道中散发的臭气等能排到大气中去。

③管道内经常有新鲜空气流通，可减轻管道内废气对管道的危害。

一般对层数不高、卫生器具不多的建筑物，将排水立管上端延伸出屋面即可，此段（自最高层立管检查口算起）称为"通气管"。

（4）清通设备。室内排水管道的清通设备主要是指检查口、清扫口和检查井，如图 5-5 所示。

检查口为一带螺栓盖板的短管，立管上检查口之间的距离不宜大于 10 m，但在建筑物最低层和设有卫生器具的二层以上坡顶建筑物最高层，必须设置检查口。平顶建筑可用通气管顶口代替检查口。当立管上有乙字管时，在该层乙字管的上部应设检查口。检查口的设置高度，从地面至检查口中心宜为 1.0 m，并应高于该层卫生器具上边缘 0.15 m。检查井设在厂房内管道的转弯、变径和接支管处。生活污水管道不宜在建筑物内设检查井，当必须设置时，应采取密闭措施。排水管与室外排水管道连接处，应设检查井。检查井中心至建筑物外墙的距离，不宜小于 3.0 m。

（5）抽升设备。民用建筑中的地下室、人防建筑物、高层建筑的地下室、某些工业企业车间地下或半地下室、地下铁道等地下建筑物内的污（废）水不能自流排至室外时，必须设置污水抽升设备。

5.2.2　室内金属排水管道及附件安装

1. 安装内容

室内金属排水管道及附件安装的内容：管道预制—排水干管托、吊架安装—排水干管安装—排水立管安装—排水支管安装—排水附件安装—通球试验—灌水试验—管道防结露—室内排水管道通水能力试验。

2. 安装要求

（1）管道预制。

管道预制前，应先做好除锈和防腐处理。

①排水立管预制。

根据建筑设计层高及各层地面做法厚度，按照设计要求确定排水立管检查口及排水支管甩口

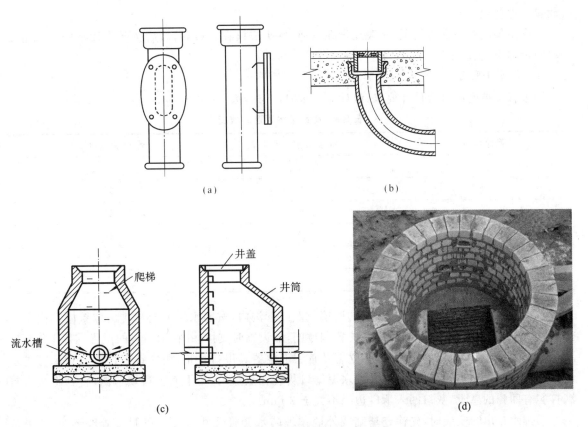

图 5-5　检查口、清扫口、检查井示意图
(a)检查口；(b)清扫口；(c)(d)检查井

标高中心线,绘制加工预制草图;一般立管检查口中心距建筑地面为 1.1 m,排水支管甩口应保证支管坡度,使支管最末端承口距离楼板不小于 100 mm;使用合格的管材进行下料,预制好的管段应做好编号,码放在平坦的场地,管段下面用方木垫实。应尽量增加立管的预制管段长度。

②排水横支管预制。

按照每个卫生器具的排水管中心到立管甩口及到排水横支管的垂直距离绘制大样图,然后根据实量尺寸结合大样图排列、配管。

③预制管段的养护。

捻好灰口的预制管段,应用湿麻绳缠绕灰口,浇水养护,保持湿润,常温下 24～48 h 后才能运至现场安装。

(2) 排水干管托、吊架安装。

①排水干管在设备层安装,先根据设计图纸的要求将每根排水干管管道中心线弹到顶板上,然后安装托、吊架,吊架根部一般采用槽钢形式。

②排水管道支、吊架间距:横管不大于 2 m,立管不大于 3 m。楼层高度不大于 4 m 时,立管可安装 1 个固定件。

③高层排水立管与干管连接处应加设托架,并在首层安装立管卡子,高层建筑立管托架可隔

层设置落地托架。

④支吊架应考虑受力情况,一般加设在三通、弯头或放在承口后,然后按照设计及施工规范要求的间距加设支、吊架。

(3)排水干管安装。

排水管道坡度应符合设计要求,设计无要求时应符合表 5-8 的规定。

表 5-8 铸铁排水管道的坡度

管径/mm	标准坡度/(‰)	最小坡度/(‰)
50	35	25
75	25	15
100	20	12
125	15	10
150	10	7
200	8	5

①将预制好的管段放到已经夯实的回填土上或管沟内,按照水流方向从排出位置向室内顺序排列,根据施工图纸的坐标、标高调整位置和坡度,加设临时支撑,并在承插口的位置挖好工作坑。

②在捻口之前,先将管段调直,各立管及首层卫生器具甩口找正,用麻钎把拧紧的青麻打进承口,一般为两圈半,将水灰比为 1∶9 的水泥捻口灰装在灰盘内,自下而上边填边捣,直到将灰口打满打实有回弹的感觉,灰口凹入承口边缘不大于 2 mm。

③排水排出管安装时,先检查基础或外墙预埋防水套管尺寸、标高,将洞口清理干净,然后从墙边使用双 45°弯头或弯曲半径不小于 4 倍管径的 90°弯头,与室内排水管连接,再与室外排水管连接,伸出室外。

④排水排出管穿基础应预留好基础下沉量。

⑤管道铺设好后,按照首层地面标高将立管及卫生器具的连接短管接至规定高度,给预留的甩口做好临时封闭。

(4)排水立管安装。

①安装立管前,应先在顶层立管预留洞口吊线,找准立管中心位置,在每层地面上或墙面上安装立管支架。

②将预制好的管段移至现场,安装立管时,两人上下配合,一人在楼板上从预留洞中甩下绳头,下面一人用绳子将立管上部拴牢,然后两人配合将立管插入承口中,用支架将立管固定,然后进行接口的连接。高层建筑铸铁排水立管接口形式有两种(材质均为机制铸铁管):W 型无承口连接和 A 型柔性接口,其他建筑一般采用水泥捻口承插连接。

(5)排水支管安装。

①安装支管前,应先按照管道走向,支、吊架间距要求栽好吊架,并按照坡度要求量好吊杆尺寸,将预制好的管段套好吊环,把吊环、吊杆与螺栓连接牢固,将支管插入立管预留承口中,打麻、捻灰。

②在地面防水前应将卫生器具或排水配件的预留管安装到位,如果器具或配件的排水接口为

螺纹接口,预留管可采用钢管。

(6) 排水附件安装。

①地漏安装。

根据土建弹出的建筑标高线计算出地漏的安装高度,地漏箅子与周围 5 mm 内的装饰地面不得抹死。地漏水封高度应不小于 50 mm,地漏扣碗及地漏内壁和箅子应刷防锈漆。

②清扫口安装。

a.在连接 2 个及 2 个以上大便器或 1 个以上卫生器具的排水横管时应设清扫口或地漏;排水管在楼板下悬吊敷设时,如将清扫口设在上一层的地面上,清扫口与墙面的垂直距离不小于 200 mm;排水管起点安装堵头代替清扫口时,与墙面距离不小于 400 mm。

b.排水横管直线管段超长应加设清扫口。

③检查口安装。

立管检查口应每隔一层设置 1 个,但在最低层和有卫生器具的最高层必须设置,如为两层建筑,可在底层设检查口;如有乙字管,则在乙字管上部设置检查口。暗装立管,在检查口处应安装检修门。

④透气帽安装。

a.经常有人逗留的屋面上透气帽应高出净屋面 2 m,并设置防雷装置;非上人屋面应高出屋面 300 mm,但必须大于本地区最大积雪厚度。

b.在透气帽周围 4 m 内有门窗时,透气帽应高出门窗顶 600 mm 或引向无门窗一侧。

(7) 通球试验。

①立管、干管安装完后,必须做通球试验。

②根据立管直径选择可击碎小球,球径为管径的 2/3,从立管顶端投入小球,并用小线系住小球,在干管检查口或室外排水口处观察,发现小球为合格。

③干管通球试验要求。从干管起始端投入塑料小球,并向干管内通水,在户外的第一个检查井处观察,发现小球流出为合格。

(8) 灌水试验。

①试验时,先将排出管末端用气囊堵严,从管道最高点灌水,但灌水高度不能超过 8 m,对试验管段进行外观检查,若无渗漏则认为试验合格。灌水试验合格后,经建设单位有关人员验收,方可隐蔽或回填,回填土必须分层进行,每层 0.15 m,埋地管道、设备层的管道隐蔽前必须做灌水试验。灌水高度不低于卫生器具的上边缘或地面高度,待满水 15 min 水面下降后,再灌满观察 5 min,液面不降、管道接口无渗漏为合格。楼层管道可打开排水立管上的检查口,选用球胆充气作为塞子堵住检查口上端试验管段,分层进行试验,不渗、不漏为合格。

②埋地排水干管安装完毕后,应做好沥青防腐。防腐层从结构上分为三种:普通防腐层、加强防腐层和特加强防腐层。设计对埋地铸铁排水管道防腐无要求时,一般做普通防腐层即可。

③暗装或铺设于垫层中及吊顶内的排水支管安装完毕后,在隐蔽之前应做灌水试验,高层建筑应分区、分段、再分层试验。试验时,打开立管检查口,测量好检查口至水平支管下皮的距离,在胶管上做好记号;将胶囊由检查口放入立管中,到达标记后向气囊中充气,当表压升到 0.07 MPa 时即可;向立管连接的第一个卫生器具内灌水,灌到器具边沿下 5 mm 处,15 min 后再灌满观察 5

min,液面不降为合格,如图 5-6 所示。

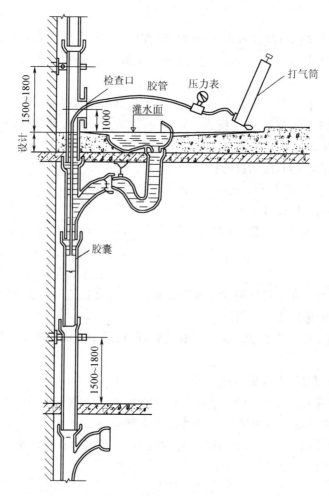

图 5-6 灌水试验装置

(9) 管道防结露。

管道安装、灌水试验完毕后,对于隐蔽在吊顶、管沟、管井内的排水管道应根据设计要求对管道进行防冻和防结露保温。

防结露保温适用于管井、吊顶内、门厅上方及公共卫生间内的排水横干、支管道等。

(10) 室内排水管道通水能力试验。

工程结束验收应做系统通水能力试验。室内排水系统,将给水系统的配水点开放,检查各排水点是否畅通,接口处有无渗漏。畅通且不渗漏为合格。

5.2.3 室内非金属排水管道及附件安装

1. 安装内容

室内非金属排水管道及附件安装内容:安装准备—预制加工—干管安装—立管安装—支管安

装—附件安装—支架安装—通球试验—灌水试验—管道防结露。

2. 安装要求

（1）安装准备。

①认真熟悉图纸，配合土建施工进度，做好预留预埋工作。

②按设计图纸画出施工草图，标注管路及管件的位置、管径、变径、预留洞、坡度、卡架位置等。

（2）预制加工。

①根据图纸要求并结合实际情况和测量尺寸绘制加工草图。

②根据实测小样图和各连接管件的尺寸量好管道长度，采用细齿锯、砂轮机进行配管和断管。断口要平齐，用铣刀或刮刀除掉断口内外飞刺，外棱铣出 15°～30°角，完成后应将残屑清除干净。

③支管及管件较多的部位应先进行预制加工，码放整齐，注意成品保护。

（3）干管安装。

①非金属排水管一般采用承插粘接连接方式。

②承插粘接方法。

将配好的管材与配件按表 5-9 的规定试插，使承口插入的深度符合要求，不得过紧或过松，同时还要测定管端插入承口的深度，并在其表面画出标记，使管端插入承口的深度符合表 5-9 的规定。

试插合格后，用干布将承插口需粘接部位的水分、灰尘全部擦拭干净。如有油污需用丙酮除掉。用毛刷涂抹胶黏剂，先涂抹承口后涂抹插口，随即用力垂直插入，插入粘接时将插口转动 90°，以利胶黏剂分布均匀，30 s 至 1 min 即可粘接牢固。粘牢后立即将挤出的胶黏剂擦拭干净。多口粘连时应注意预留口方向。

表 5-9 管材插入的深度

公称外径/mm	承口深度/mm	插入深度/mm
50	25	19
75	40	30
110	50	38
150	60	45

③埋入地下时，按设计坐标、标高、坡向、坡度开挖槽沟并夯实。

④采用托吊管安装时，应按设计坐标、标高、坡向做好托、吊架。

⑤施工条件具备时，将预制加工好的管段，按编号运至安装部位进行安装。

⑥管道的坡度应符合设计要求，若设计无要求，可参照表 5-10。

表 5-10 生活污水塑料管的坡度

管径/mm	标准坡度/(‰)	最小坡度/(‰)
50	25	12
75	15	8
110	12	6

管径/mm	标准坡度/(‰)	最小坡度/(‰)
125	10	5
160	7	4

⑦用于室内排水的水平管道与水平管道、水平管道与立管的连接,应采用 45°三通或 45°四通和 90°斜三通或 90°斜四通。立管与排出管端部的连接,应采用 2 个 45°弯头或曲率半径不小于 4 倍管径的 90°弯头。

⑧通向室外的排水管,穿过墙壁或基础应采用 45°三通和 45°弯头连接,并应在垂直管段的顶部设置清扫口。

⑨埋地管穿越地下室的外墙时,应采用防水套管。

（4）立管安装。

①按设计坐标、标高要求校核预留孔洞,洞口尺寸可比管材外径大 50～100 mm,不可损伤受力钢筋。安装前清理场地,根据需要支搭操作平台。

②清理已预留的伸缩节,将锁母拧下,取出橡胶圈,清理杂物。立管插入前应先计算插入长度,做好标记,然后涂上肥皂液,套上锁母及橡胶圈,将管端插入标记处锁紧锁母。

③安装时先将立管上端伸入上一层洞口内,垂直用力插入至标记为止。合适后用 U 形抱卡紧固,找正找直,三通口中心符合要求,有防水要求的须安装止水环,保证止水环在孔洞中的位置,止水环可用成品或自制,即可堵洞,临时封堵各个管口。

④排水立管距墙面距离为 100～120 mm,立管距灶边净距不得小于 400 mm,与供暖管道的净距不得小于 200 mm,且不得因热辐射使管外壁温度高于 40 ℃。

⑤管道穿越楼板处为非固定支承点时,应加装金属或塑料套管,套管内径可比穿越管外径大两号,厕、厨间套管高出地面不得小于 50 mm,居室为 20 mm。

⑥排水塑料管与铸铁管连接时,宜采用专用配件。当采用水泥捻口连接时,应先将塑料管插入承口部分的外侧,用砂纸打毛或涂刷胶黏剂滚粘干燥的粗黄砂;插入后应用油麻丝填嵌均匀,用水泥捻口。

⑦地下埋设管道及出屋顶透气立管如不采用 UPVC 排水管件而采用下水铸铁管件,可采用水泥捻口。为防止渗漏,塑料管插接处用粗砂纸将塑料管横向打磨粗糙。

（5）支管安装。

①按设计坐标、标高要求,校核预留孔洞,孔洞的修整尺寸应大于管径 40～50 mm。

②清理场地,按需要支搭操作平台。将预制好的支管按编号运至现场。清除各粘接部位及管道内的污物和水分。

③将支管初步水平吊起,涂抹胶黏剂,用力推入预留管口。

④连接卫生器具的短管一般伸出净地面 10 mm,地漏甩口低于净地面 5 mm。

⑤根据管段长度调整好坡度。合适后固定卡架,封闭各预留管口和堵洞。

（6）附件安装。

①干管清扫口和检查口设置。

a.在连接 2 个及 2 个以上大便器或 3 个及 3 个以上卫生器具的污水横管上应设置清扫装置。

当污水管在楼板下悬吊敷设时,如清扫口设在上一层楼地面上,经常有人活动场所应使用铜制清扫口,污水管起点的清扫口和与管道相垂直的墙面距离不得小于 200 mm;若污水管起点设置堵头代替清扫口,与墙面距离不得小于 400 mm。

b. 在转角小于 135°的污水横管上,应设置地漏或清扫口。

c. 污水横管的直线管段,应按设计要求的距离设置检查口或清扫口。

d. 横管的直线管段上设置的检查口(清扫口)之间的最大距离不宜大于表 5-11 的规定值。

表 5-11　检查口(清扫口)之间的最大距离

管径/mm	污水性质			清通装置的种类
	假定净水	生活粪便水和成分近似生活粪便水的污水	含大量悬浮物的污水	
	间距/m			
50～75	15	12	10	检查口
50～75	10	8	6	清扫口
100～150	20	15	12	检查口
100～150	15	10	8	清扫口
200	25	20	15	检查口

e. 设置在吊顶内的横管,在其检查口或清扫口的位置应设检修门。

f. 安装在地面上的清扫口顶面必须与净地面相平。

②伸缩节设置。

a. 管端插入伸缩节处预留的间隙:夏季,5～10 mm;冬季,15～20 mm。

b. 如立管连接件本身具有伸缩功能,可不再设伸缩节。

c. 排水支管在楼板下方接入时,伸缩节应设置于水流汇合管件之下;排水支管在楼板上方接入时,伸缩节应设置于水流汇合管件之上;立管上无排水支管时,伸缩节可设置于任何部位;污水横支管超过 2 m 时,应设置伸缩节,但伸缩节最大间距不得超过 4 m,横管上设置伸缩节应设于水流汇合管件的上游端。

d. 当层高不大于 4 m 时,污水管和通气立管应每层设一伸缩节;当层高大于 4 m 时,应根据管道设计伸缩量和伸缩节最大允许伸缩量确定伸缩节设置。伸缩节设置应靠近水流汇合管件(如三通、四通)。同时,伸缩节承口端(有橡胶圈的一端)应逆水流方向,朝向管路的上流侧(伸缩节承口端内压橡胶圈的压圈外侧应涂胶黏剂与伸缩节粘接)。

e. 立管在穿越楼层处固定时,在伸缩节处不得固定;在伸缩节固定时,立管穿越楼层处不得固定。

③高层建筑明敷管道阻火圈或防火套管的安装。

a. 立管管径不小于 110 mm 时,在楼板贯穿部位应设置阻火圈或长度不小于 500 mm 的防火套管。

b. 管径不小于 110 mm 的横支管与暗设立管相连时,墙体贯穿部位应设置阻火圈或长度不小于 300 mm 的防火套管,且防火套管的明露部分长度不宜小于 200 mm。

c.横干管穿越防火分区隔墙时,管道穿越墙体的两侧应设置阻火圈或长度不小于 500 mm 的防火套管。

（7）支架安装。

①立管穿越楼板处可按固定支座设计;管道井内的立管固定支座,应支承在每层楼板处或井内设置的刚性平台和综合支架上。

②层高不大于 4 m 时,立管每层可设一个滑动支座;层高不小于 4 m 时,滑动支座间距不宜大于 2 m。

③横管上设置伸缩节时,每个伸缩节应按要求设置固定支座。

④横管穿越承重墙处可按固定支架设计。

⑤固定支座的支架应用型钢制作,并锚固在墙或柱上;悬吊在楼板、梁或屋架下的横管的固定支座的吊架应用型钢制作,并锚固在承重结构上。

⑥悬吊在地下室的架空排出管,在立管底部肘管处应设置托、吊架,消除管内落水时的冲击影响。

⑦排水塑料管道支、吊架间距应符合表 5-12 的规定。

表 5-12　排水塑料管道支、吊架间距

管径/mm	50	75	110	125	160
间距(立管)/m	1.2	1.5	2.0	2.0	2.0
间距(横管)/m	0.5	0.75	1.10	1.30	1.6

（8）通球试验。

①卫生洁具安装后,排水系统管道的立管、主干管,应进行通球试验。

②立管通球试验应由屋顶透气口处投入直径不小于管径 2/3 的试验球,在室外第一个检查井内临时设网截住试验球,用水冲动试验球至室外第一个检查井,取出试验球为合格。

③干管通球试验要求:从干管起始端投入塑料小球,并向干管内通水,在户外的第一个检查井处观察,发现小球流出为合格。

（9）灌水试验。

①排水管道安装完成后,应按施工规范要求进行闭水试验。暗装的干管、立管、支管必须进行闭水试验。

②闭水试验应分层分段进行。试验标准是将排出管外端及底层地面各承接口堵严,然后以一层楼高为标准往管内灌水,满水至地面高度,保持 15 min,再延续 5 min,液面不下降,检查全部满水管段管件、接口,无渗漏为合格。

（10）管道防结露。

根据设计要求做好排水管道吊顶内横支管防结露保温。

5.3　室内消防系统概述

室内消防系统主要用于控制和扑灭建筑物内部的初期火灾,是保护人民生命和国家财产安全的重要设施。随着建筑物的规模不断扩大,一旦发生火灾,火势蔓延快,人员疏散困难,扑救困难,造成火灾的危害性进一步扩大,因此我们必须更加重视消防系统的布设。

建筑物内的消防系统主要分为消火栓系统和自动喷水灭火系统。消火栓系统是一种常用的消防系统,需要人工操作,反应速度较慢,而采用自动喷水灭火系统可大大提高初期火灾的灭火成功率。

5.3.1 消火栓系统

1. 消火栓系统的组成

(1)消防水池,是消防系统的水源,供消防水泵吸水。消防水池的有效容积必须满足火灾延续时间内的消防用水量要求。

(2)消防水泵,是提升装置,在发生火灾时用于向管道加压供水。

(3)消防管道,用于输送水流。消防管道同给水系统一样可分为干管、立管、支管等。

(4)消防设备,是用于灭火的装置,包括消火栓、水龙带、水枪、消火栓箱、消防卷盘(又称消防水喉)等。

2. 消火栓系统管道施工

(1)施工准备。

①原材料要求。

a.消火栓系统所用管材应根据设计要求选用,一般采用镀锌钢管、镀锌无缝钢管、焊接钢管、铸铁管,管材不得有弯曲、锈蚀及凹凸不平等缺陷。

b.消火栓箱体的规格、类型应符合设计要求。箱体表面平整、光洁;金属箱体无锈蚀、划伤;箱门开启灵活;箱体方正,箱内配件齐全;栓阀外形规整,无裂纹,启闭灵活,关闭严密,密封填料完好;有产品出厂合格证。

c.防腐材料,包括沥青、汽油、沥青漆、防腐漆、银粉漆、玻璃丝布、22 号镀锌铁丝等,其规格和质量应符合要求。

d.其他材料,包括聚四氟乙烯生料带、铅油、麻丝、机油、电焊条、型钢、螺栓、螺母、氧气、乙炔气、锯条、破布(干净)等,其规格和质量应符合要求。

②主要施工机具。

a.套丝机、无齿锯、台钻、电锤、手砂轮、手电钻、电焊机、电动试压泵等机械。

b.套丝板、管钳、台钳、压力钳、链钳、手锤、钢锯、扳手、射钉枪、倒链等工具。

(2)操作工艺。

①工艺流程。

消火栓系统管道施工的主要工艺流程:安装准备,干管安装,消防立管、支管安装,消防水泵、高位水箱和消防水泵接合器安装,消火栓配件安装,管道试压,管道冲洗。

②操作细则。

a.安装准备。认真熟悉图纸,结合现场情况复核管道的坐标、标高是否正确,如有问题,及时与设计人员研究解决。检查预留孔洞及预埋件的位置是否正确,临时剔凿应与设计、土建部门协调好。检查设备材料是否符合设计要求和质量标准。安排合理的施工顺序,避免工种交叉作业形成相互干扰,影响施工。

b.干管安装。室内消防管道一般采用镀锌钢管、螺纹连接,接口材料为聚四氟乙烯生料带或铅油加麻丝。管道安装前进行外观检查,合格后方能使用。供水干管如果埋地铺设,先检查挖好的管沟或砌好的地沟,应满足管道安装的要求。设在地下室、技术层或顶棚的水平干管,按管道的直径、坐标、标高及坡度制作安装好管道支架、吊架。

　　c.消防立管、支管安装。消防立管一般敷设在管道井内,安装时从下向上顺序安装,安装过程中要及时固定好已安装的立管管段,并按测绘草图上的位置、标高标出各层消火栓水平支管接头位置。安装连接消火栓的水平支管时,将管道安放到消火栓箱位置处。

　　d.消防水泵、高位水箱和消防水泵接合器安装。

　　消防水泵、高位水箱和消防水泵接合器安装参见相关施工工艺标准和产品说明书。

　　消防水泵接合器安装。采用地上式水泵接合器(见图 5-7)时,阀件采用法兰连接,其安装位置应有明显标志,附近不得有障碍物,止回阀安装方向应准确。

　　e.消火栓配件安装。

　　消火栓安装方法有明装、暗装(含半暗装)之分。明装消火栓是将消火栓箱设在墙面上。暗装或半暗装消火栓是将消火栓箱置入预留好的墙洞内。消火栓箱按消防水带可分为挂置式、盘卷式、卷置式和泡沫式等几种类型,如图 5-8～图 5-11 所示。

图 5-7　地上式水泵接合器

图 5-8　挂置式消火栓箱

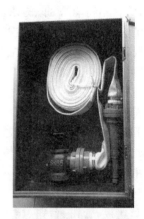

图 5-9　盘卷式消火栓箱

图 5-10　卷置式消火栓箱

图 5-11　泡沫式消火栓箱

　　单出口消火栓(见图 5-12)的水平支管自箱的端部经箱底由下而上引入,消火栓中心距地面 1.1 m,栓口朝外。双出口消火栓(见图 5-13)的水平支管可从箱的中部经箱底由下而上引入,其双栓出口方向与墙面成 45°角。

图 5-12　单出口消火栓

图 5-13　双出口消火栓

　　进行消火栓箱安装操作时,先取下箱内水枪、消防水带等部件。安装时严禁用钢钎撬、手锤打的方法,应将消火栓塞进预留孔洞。消火栓箱体安装在轻体隔墙上时,应采取加固措施。

　　f.管道试压。消火栓管道安装后,按设计压力进行水压试验。如设计无要求,一般工作压力在 1.0 MPa 以下,试压压力为 1.4 MPa 。工作压力在 1 MPa 以上时,试压压力为工作压力加 0.4 MPa,稳压 30 min,以无渗漏为合格。为配合装修,试压可分段进行。

　　g.管道冲洗。消火栓系统管道试压完,可进行冲洗工作。冲洗时,管内水流量应满足设计要求,进出水口水质一致时方可结束。

　　(3) 应注意的质量问题。

　　①消火栓箱门关闭不严,原因是安装未找正或箱门强度不够产生变形。

　　②消火栓阀门关闭不严,原因是管道未冲洗干净、阀座有杂物。

　　③消火栓箱进深短(小于 240 mm),消火栓口无法朝外,原因是消火栓箱型号不对。

　　④消火栓阀门中心标高不准、接口处油麻不净,原因是安装标高未核对准确,油麻未随手清理干净。

　　⑤消防水泵吸水管上的阀门自行关闭或闭小,原因是安装时使用了蝶阀。

　　(4) 成品保护。

　　①消防管道安装完毕后,严禁攀登、碰撞、重压,防止接口松脱造成漏水。

　　②消火栓箱内清理干净,按规定将部件摆放整齐,箱门关好,不准随意开启乱动。

　　③室内进行装饰粉刷时,应对消火栓箱和管道进行遮盖保护,防止污染或损坏。

5.3.2　自动喷水灭火系统

1. 自动喷水灭火系统的组成和工作流程

　　(1)自动喷水灭火系统的组成。

　　①消防水池,是消防系统的水源,供消防水泵吸水。消防水池的有效容积必须满足火灾延续时间内的消防用水量要求。

　　②消防水泵,同消火栓系统。

　　③自喷管道,用于输送水流,布置在楼层的天花板上或顶棚内。

　　④报警阀,是控制水源、启动系统、启动水力警铃等报警装置的专用阀门。一般按用途和功能划分为湿式报警阀、干式报警阀和雨淋阀,如图 5-14 所示。

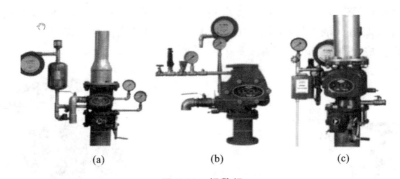

图 5-14 报警阀

(a)湿式报警阀；(b)干式报警阀；(c)雨淋阀

⑤报警联动装置，用于报警和电气联动，包括以下配件。

a.水力警铃。当报警阀打开消防水源后，具有一定压力的水流冲动叶轮打击报警。水力警铃不得用电动报警装置代替。

b.压力开关。在水力警铃报警的同时，通过警铃管内水压的升高自动接通电触点，完成电动警铃报警，并向消防控制室传送电信号或启动消防水泵。

c.水流指示器。当某个喷头开启喷水时，水流指示器能监测到管道中的水流动，并产生电信号告知控制室该区域发生火灾，如图 5-15 所示。

图 5-15 水流指示器

(a)马鞍型；(b)法兰型；(c)螺纹型；(d)焊接型

d.延时器。延时器用于防止由于水压波动引起报警阀开启而导致的误报。报警阀开启后，水流需经过 30 s 左右充满延迟器后方可冲打水力警铃。

e.信号阀。信号阀是用于防止阀门误关闭的装置。当阀门被误关闭 25%（全开度的 1/4）时，信号阀通过电信号装置输出被误关闭的信号到消防控制中心。水流指示器前宜设信号阀。

f.喷头。喷头是自动喷水灭火系统中的关键部件，起着探测火灾、喷水灭火的作用。喷头由喷头架、溅水盘、喷水口堵水支撑等组成。喷头按结构可分为闭式喷头和开式喷头，按用途分为开式洒水喷头、水幕喷头、喷雾喷头等，如图 5-16 所示。

g.消防水箱，同消火栓系统。

h.末端实验装置。末端实验装置是用于管道安装完毕后进行管道检验的实验装置，布置在最不利点喷头的末端。

图 5-16 喷头

（2）自动喷水灭火系统的工作流程。

自动喷水灭火系统的工作流程,如图 5-17 所示。

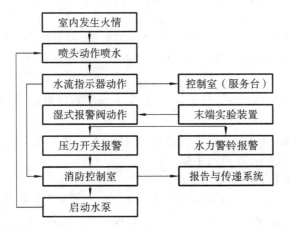

图 5-17 自动喷水灭火系统的工作流程

2. 自动喷水灭火系统安装

（1）施工准备。

①原材料、半成品的检验及验收。

a. 自动喷水灭火系统的报警阀、作用阀、控制阀、延时器、水流指示器、水泵接合器等主要组件的规格、型号应符合设计要求，配件齐全，铸造规矩，表面光洁，无裂纹，启闭灵活，应为经相关部门检测合格的产品，具有材料合格证和质量证明书，否则不准进入施工现场。

b. 管材、管件的外观应符合下列要求：表面无裂纹、缩孔、夹渣、折叠和重皮；镀锌钢管内外表面的镀锌层完整，不得有镀锌层脱落、锈蚀现象；法兰密封面应完整光洁，不得有毛刺及径向沟槽。

c. 喷头应符合下列要求：喷头的型号、规格应符合设计要求；喷头的商标、型号、公称动作温度、制造厂商及生产日期等标志齐全；喷头外观应无加工缺陷和机械损伤；喷头螺纹密封面应完整、光滑，不得有伤痕、毛刺，不得有缺丝或断丝的现象。

②主要工机具。

a. 套丝机、砂轮锯、台钻、电锤、手砂轮、手电钻、电焊机、电动试压泵等机械。

b. 套丝板、管钳、台钳、压力钳、链钳、手锤、钢锯、扳手、射钉枪、倒链、电气焊等工具。

③作业条件。

a. 施工现场已安排好适当的现场工作场地、工作棚、料具库，在管道层、地下室、地沟内操作时，要接通低压照明灯。

b. 配合土建施工进度做好预留孔洞、管槽，稳栽各种型钢托、吊架，安装好预埋套管。

c. 在进行管道施工前，要根据施工图纸及材料计划将需用的已经确认规格、型号、质量、数量的材料、设备运到现场。

d. 主体结构已验收，现场已清理干净。

e. 管道安装所需要的基准线应测定并标明，如吊顶标高、地面标高、内隔墙位置线等。

f. 安装管道所需的操作架应由专业人员搭设完毕。

g. 吊顶龙骨安装完，按吊顶材料厚度确定喷头的标高。封吊顶时，按喷头预留口位置在顶板上开孔，以便按建筑装修图确定的位置安装喷头。

（2）操作工艺。

①工艺流程。自动喷水灭火系统安装的主要工艺流程：安装准备、干管安装、立管安装、消防分层干支管安装、管道试压、管道冲洗、喷头等配件安装、系统通水调试。

②安装准备。

a. 认真熟悉图纸，根据施工方案、施工技术、安全交底的具体措施选用材料、测量尺寸、绘制草图，进行预制加工。

b. 核对有关专业图纸，查看各种管道的坐标、标高是否有交叉或排列位置是否正确，如有问题应及时与设计人员研究解决，办理洽商手续。

c. 检查预埋件和预留孔洞位置是否准确。

d. 检查管材、管件、阀门、设备及组件等是否符合设计要求和质量标准。

e. 要安排合理的施工顺序，避免工种交叉作业形成干扰，影响施工。

f. 在管网安装前，应校直管道，清除其内外杂物，安装中应随时注意清除已安装管道内部的杂物。

③干管安装。

a.喷洒管道一般要求使用镀锌管件(干管直径在 100 mm 以上,无镀锌管件时采用焊接法兰连接,试完压后做好标记,拆下来加工镀锌)。需要镀锌加工的管道应选用碳素钢管或无缝钢管,在镀锌加工前不允许刷油和污染管道。需要拆装镀锌的管道应先安排施工。

b.喷洒干管用法兰连接,每根配管长度不宜超过 6 m,直管段可把几根管道连接在一起,使用倒链安装,但不宜过长。也可调直后进行编号,依次顺序吊装。吊装时,应先吊起管道一端,待稳定后再吊起另一端。

c.报警阀安装。报警阀应设在明显、易于操作的位置,距地高度宜为 1 m 左右。报警阀处的地面应有排水设施,环境温度不应低于 5 ℃。报警阀应按产品说明书和设计要求组装。控制阀应有启闭指示装置,并使阀门处于常开状态。

④立管安装。

a.立管暗装在竖井内时,在管井内预埋铁件上安装卡件固定,立管底部的支架、吊架安装要牢固,防止立管下坠。

b.立管明装时,每层楼板要预留孔洞,立管可随结构穿入,以减少立管接口。

⑤消防分层干支管安装。

a.镀锌管安装时,切口加工要平齐,丝扣套要规整、光洁,不得有毛刺、断丝现象,缺丝不得超过全扣数的 10%。镀锌管安装过程中还要注意不要损坏镀锌层。需要加工镀锌的管道在其他管道未安装前,试压、拆除、镀锌后进行二次安装。

b.不同管径的喷洒管道连接时,不宜采用补心,应采用异径管箍,弯头上不得用补心,应采用异径弯头,三通上最多用一个补心,四通上最多用两个补心。走廊吊顶内的管道安装与通风道的位置要协调好。

c.管道安装位置应符合设计要求,管道中心与梁、柱、顶棚等的最小距离应符合表 5-13 的规定。

表 5-13　管道中心与梁、柱、顶棚等的最小距离

公称直径 /mm	25	32	40	50	65	80	100	125	150	200
距离/mm	40	40	50	60	70	80	100	125	150	200

d.管道的支、吊架安装应符合表 5-14 的要求。

表 5-14　管道支、吊架的间距

公称直径 /mm	25	32	40	50	65	80	100	125	150	200	250	300
距离/m	3.5	4	4.5	5	6	6	6.5	7	8	9.5	11	12

e.相邻两喷头之间的管段上至少应设支(吊)架一个,当喷头间距小于 1.8 m 时,可隔段设置,但支(吊)架的间距不应大于 3.6 m。

f.为了防止喷水时管道沿管线方向晃动,应在下列部位设防晃支架:配水管一般在中点设一个(管径不大于 50 mm 时可不设);配水干管及支管的长度超过 15 m,每 15 m 长度内最少设一个(管径不大于 40 mm 时可不设);管径不大于 50 mm 的管道拐弯处(包括三通及四通位置)应设一个;

应在竖管始端、终端设防晃支架，或用管卡固定，其安装位置为距地面或楼面 1.5～1.8 m；水平干管穿越多层建筑应隔层设一个防晃支架。

g.管道的分支预留口在吊装前应先预制好，丝接的用三通定位预留口，焊接可在干管上开口，焊上熟铁管箍，调直后吊装。所有预留口均加好临时封堵。

h.管道法兰安装要垂直于管道，两片法兰连接螺栓要能够自由穿入，不得强力连接。

⑥喷头安装。

a.喷头安装应在系统管网试压、冲洗合格后进行。

b.安装喷头时不得对喷头进行拆装、改动，并严禁给喷头附加任何装饰性涂层。

c.喷头安装应使用专用扳手，严禁利用喷头的框架拧紧喷头；喷头的框架、溅水盘变形或释放原件损伤时应更换喷头，且应与原喷头规格、型号相同。

d.向上喷的喷洒头有条件的可与分支干管一起顺序安装好。其他管道安装完后不易操作的位置，也应先安装好向上喷的喷洒头。

⑦水流指示器安装。

水流指示器一般安装在每层的水平分支干管或某区域的分支干管上。水流指示器应水平立装，倾斜度不宜过大，保证叶片活动灵敏。水流指示器前后应保持 5 倍安装管径长度的直管段，安装时注意水流方向与指示器的箭头方向一致。水流指示器适于在直径为 50～150 mm 的管道上安装。

⑧喷洒头支管安装。

喷洒头支管指吊顶型喷洒头末端的一段支管，这段管道不能与分支干管同时顺序安装完成，要与吊顶装修同步进行。吊顶龙骨装完，根据吊顶材料厚度定出喷洒头的预留口标高，按吊顶装修图确定喷洒头的坐标，使支管预留口做到位置准确。支管管径一律为 25 mm，末端用 25 mm×15 mm 的异径管箍口，管箍口与吊顶装修层保持平齐，拉线安装。支管末端的弯头处 100 mm 以内应加卡件固定，防止喷头与吊顶接触不牢，上下错动。支管装完，预留口用丝堵拧紧，准备系统试压。

（3）质量标准。

①主控项目。

系统末端、每一分区系统末端或每一层系统末端应设置的末端试水装置应符合设计要求，如图 5-18 所示。

检验方法：实地实验检查。

②一般项目。

a.配水支管、配水管、配水干管处设置的支、吊架间距应符合表 5-14 的规定。

检验方法：尺量检查。

b.报警阀组的验收应符合下列要求：报警阀的各组件应符合产品质量要求；打开放水试验阀，测试流量、压力，应符合设计要求；水力警铃的设置位置应正确，测试时，水力警铃喷嘴处压力不应小于 0.05 MPa，且距水力警铃 3 m 处警铃声音强不应小于 70 dB；手动放水阀或电磁阀组动作应可靠；控制阀均应锁定在正常开的位置；与空气压缩机或火灾报警系统联动的程序，应符合设计要求。

检验方法：观察和尺量检查。

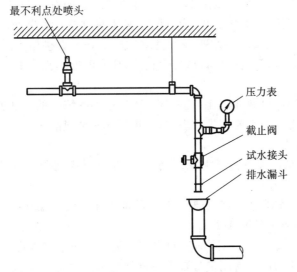

图 5-18　末端试水装置

（4）需注意的质量问题。

①镀锌层被破坏：在被破坏处加刷防锈漆以防止锈蚀。

②立管不垂直或调直后未及时堵洞造成移位：立管施工过程中按要求调直并及时进行封堵。

③支架、托架、吊卡不牢固或安装位置不正确。在安装支架过程中严格按图纸及相关规定进行安装。

④阀门方向装反：根据水流方向安装好阀门。

⑤同一房间内几个卡子高度不一致：同一房间内的卡子安装高度应保持一致。

⑥安装过程中未加装临时封堵，造成堵塞：安装过程中对于外露管头要及时加以封堵。

⑦装修中造成污染，清理时造成裹浆：管道安装完后要及时采取可靠的保护措施（如用塑料布缠好），出现管道污染要及时清理干净。

（5）成品保护。

①喷淋系统施工完毕后，各部位的设备组件要有保护措施，防止碰动造成漏水，损坏装修成品。现浇混凝土墙板应配合结构施工预留孔洞。

②凡预留孔洞的，剔洞的直径不允许超过所穿过管件直径的 1.5 倍，避免结构受损。

③已安装的各种管道均须在规定位置安装，支架、托架、吊卡调直后及时堵洞，防止管道移位，影响质量。

④已安装的管道，在装修时要有防污染措施，以免造成大面积污损，影响质量。

⑤喷淋系统管道安装与土建及其他管道发生矛盾时，不得私自拆改，要经过设计人员修正，办理变更手续，妥善解决。

5.3.3　管道系统试压、冲洗和通水调试

1. 管道系统试压

消防管道试压可分层分段进行。灌水时系统最高点要设有排气装置，在系统高低点各装一个

压力表。系统灌满水后检查管路有无渗漏,法兰、阀门等部位如有渗漏,应在加压前紧固,升压后有部位出现渗漏时做好标记,待泄压后再进行处理,必要时放净水后再处理。冬季试压时,环境温度不得低于 5 ℃,试完压后要及时将水排净。夏季试压最好不直接用室外给水管网中的水,以防止管外结露,试压标准与给水管道一致。试压合格后,应及时办理验收手续。

2. 管道系统冲洗

消防管道在试压完毕后可做冲洗工作。冲洗前应先将系统中的减压孔扳、过滤装置拆除,冲洗完毕后重新装好。冲洗出的水要有排放去向,不得损坏其他成品。

3. 管道系统通水调试

(1)在通水调试前,消防设备包括水泵、水泵接合器、节流装置等应安装完,水泵应做完单机调试工作。

(2)系统通水达到工作压力,在系统最不利点的消火栓处做试验,通过水泵接合器及消防水泵加压,消火栓喷放压力均应满足设计要求。

(3)消防系统通水调试应符合消防部门的规定。消防水泵应接通电源并已试运转,测试最不利点的喷头和屋顶消火栓的压力与流量是否满足设计要求。消防系统的调试、验收结果应由当地消防部门负责核定。

【思考题】

5-1　室内金属给水管道有哪些接口形式?

5-2　室内金属给水管道冲洗、通水试验包括哪些具体内容?

5-3　室内排水管道安装后应当如何检验,具体要求是什么?

5-4　消火栓系统安装应注意哪些质量问题?

5-5　简述自动喷水灭火系统的工作流程。

第6章 水暖卫生设备施工安装

6.1 水泵的安装

6.1.1 工艺流程

水泵安装的工艺流程:基础定位放线→基础的施工与验收→机组安装前的检查→水泵机组的安装→泵配管→泵体和管道的减振与防噪声→水泵机组的试运行。

6.1.2 安装工艺

1. 基础定位放线

根据设计图样的要求,定出水泵的纵、横中心线位置,再以中心线为准,按水泵机组基础的外形轮廓尺寸画出基础的边线。水泵基础的尺寸见表6-1。

表6-1 水泵基础的尺寸

基础尺寸/m		预留螺栓孔尺寸/mm		
带底座小型水泵机组	无底座中、大型水泵机组	螺栓孔中心距基础边缘最小距离		孔径
		螺栓直径>40	螺栓直径≤40	
长度 $L+(0.2\sim0.3)$	$L+(0.4\sim0.6)$	>300	>150~200	80~200
宽度 $B+0.3$	$B+(0.4\sim0.6)$			
高度 $H+(0.1\sim0.15)$	$H+(0.1\sim0.15)$			

注:对于带底座小型水泵机组,L、B为水泵底座的长和宽,H为地脚螺栓埋入深度。对于无底座中、大型水泵机组,L、B为水泵或电动机的长和宽,H为地脚螺栓埋入深度。

2. 基础的施工与验收

为了减小振动并牢固地支撑水泵机组,水泵基础应具有足够的强度和尺寸,基础自身的重量应为水泵机组总重量的3倍以上。水泵基础的施工一般由土建施工单位完成,其施工的基本步骤如下。

(1)基础应按画出的机组基础边线,根据基础埋深的要求开挖。

(2)在基坑开挖处理后进行模板支设。模板支设时,应使模板的内表面与基础的边线对齐,模板的高度应根据基础的高度来确定。

(3)混凝土的浇筑。混凝土的浇筑方法分为一次浇筑法和二次浇筑法两种。一次浇筑法是在支设模板的同时,在模板上方设置地脚螺栓的地方设横木,并将地脚螺栓固定在横木上进行定位,然后一次将混凝土浇筑完成。这种方法要求地脚螺栓的定位准确,否则,在安装水泵机组时不能穿入螺栓孔。二次浇筑法是将地脚螺栓的定位栽埋与基础的浇筑分两步完成,即在基础浇筑时先预留地脚螺栓孔的位置,在机组安装定位后再栽埋固定地脚螺栓。

(4) 基础的验收。

①基础混凝土的强度等级符合设计要求。

②基础的验收主要是校核基础的外形尺寸、中心线位置、标高,以及预留地脚螺栓孔的位置、数量、深度、大小和孔的中心距基础边缘的尺寸等,水泵基础高出地面的高度一般不应小于 0.1 m,并做好相关质量记录。

3. 机组安装前的检查

水泵机组在安装之前,应先进行开箱检查。检查的内容如下。

(1) 有无产品说明书、合格证和装箱清单;设备的名称、型号、数量和规格等是否与设计要求相符。

(2) 按装箱清单和设备技术文件,检查设备所带备件、配件是否齐全有效。设备所带的资料和产品合格证应完备、准确。

(3) 设备的表面是否有缺损、锈蚀、受潮等现象。水泵手动盘车应灵活,无阻滞、卡滞现象,无异常声音。

4. 水泵机组的安装

水泵基础浇筑完成,强度达到设计强度的 75% 以上,经检验合格后方可安装水泵机组。

(1) 带底座水泵机组的安装。对于在铸铁底座上已安装好水泵和电动机的小型水泵机组,可不拆卸而直接进行安装。其安装顺序和方法如下。

①机组吊装就位。先把楔形垫铁上、下两块为一组斜面靠齐,平放于地脚螺栓孔的两侧及承受最大荷载的电动机端侧,然后将水泵的铸铁机座穿上地脚螺栓,带上螺母,抬放到基础上(压在垫铁上),并将地脚螺栓插入基础螺栓孔内。

每一组垫铁应尽量减少垫铁的块数,一般不超过 3 块。放置平垫铁时,最厚的放在下面,最薄的放在中间。每一组垫铁都应放置整齐平稳,接触良好。垫铁组在能放稳和不影响灌浆的情况下,应尽量靠近地脚螺栓,相邻两垫铁组间的距离,一般应为 500~1000 mm,且每个地脚螺栓近旁至少应有一组垫铁。每一组垫铁的面积应能足够承受设备的负荷。

②机组的找平、找正。调整底座位置,使水泵的轴心和基础的横向中心线重合,使其进出口中心与纵向中心线重合。用水平尺在底座的上表面测试机组的放置是否水平。方法是在泵座的各对角线上用水平尺测量,测量时水平尺应转动 180°。复测两次,直到调整至完全水平。同时用水准仪测量机组的标高。机组安装标高的允许偏差为单机组不大于 ±10 mm,多机组不大于 ±5 mm。

③水泵与电动机同心度的调整。方法是在电动机的吊环中心和泵壳中心两点间拉线测量,使测线完全落于泵轴的中心位置。调整时将水泵(或电动机)与底座的紧固螺栓松动,进行微调,调整后再将水泵(或电动机)紧固在底座上。

④二次浇灌。待机组找平、找正后,向地脚螺栓孔内灌注细石混凝土并捣实。细石混凝土的配合比为水泥、细砂、细石之比为 1:2:3。二次浇灌应保证地脚螺栓与基础结为一体。对底座与基础面之间的缝隙,应填满砂浆并和基础面一起抹平压光。砂浆的配合比为水泥、细砂之比为 1:2。

⑤紧固地脚螺栓。地脚螺栓孔浇灌完全硬结后(约两周),复测和校正水泵与电动机的同心度与水平度。确定各项指标达标后,拧紧地脚螺栓,将机组紧固在基础上。

⑥安装联轴器螺栓。水泵和电动机的同心度经检验无误后,将联轴器螺栓拧紧,并用手转动联轴器,轴能轻松转动,轴箱内、泵壳内无刮磨现象为安装合格。最后将水泵(或电动机)与底座之间的紧固螺栓拧紧。

(2)无底座水泵机组的安装。无底座水泵机组的安装顺序:基础的施工与验收、泵的拆卸与清洗、水泵的安装与校正、电动机与传动装置的安装、水泵与电动机安装同心度及水平度的检测、二次浇灌、复测同心度与水平度、拧紧地脚螺栓。

无底座水泵机组基础的施工要求等与带底座水泵机组的相同。

(3)水泵的安装。大型水泵吊装就位时钢丝绳不得系在法兰、轴承架或轴上。水泵就位后应进行找平、找正,其方法与带底座水泵机组的安装方法相同。

(4)电动机的安装。电动机的安装方法与水泵安装相同。当采用联轴器与水泵连接时,应将电动机的中心线调整到与已安装的水泵轴中心线处在同一直线上,通常通过检测联轴器的相对位置来确定,即把联轴器的两个端面调整到既同心又相互平行。

电动机找平、找正和联轴器的同心度检测合格后,即可拧紧联轴器的螺栓,并进行水泵与电动机地脚螺栓的二次浇灌。

(5)管道泵的安装。管道泵是用法兰连接的方法与管道相连接的。安装时泵体应设专用支架以支撑泵体的自重及运转动荷载。

5. 泵配管

(1)水平管段安装时,应设坡向水泵的适宜坡度。

(2)当采用变径管时,变径管的长度不应小于大小管径差的 5 倍。水泵出水口处的变径应采用同心变径,吸入口处应采用上平偏心变径。

(3)水泵出口阀门、止回阀、压力表的安装位置应朝向合理,便于观察,压力表下应设表弯。

(4)吸水端的底阀应设置滤水器或以铜丝网包缠,防止杂物吸入泵内。安装前应认真检查其启闭的灵敏度。考虑到水泵工作时水面的降落,底阀安装时应保证有足够的淹没深度。若在同一蓄水池内安装两根以上吸水管,其安装的最小间距应大于吸水底阀直径的 1.5 倍,以避免相互干扰。吸水管应尽可能减少弯头的数量,吸水管上应安装真空表,在压水管的适当部位应设置充水或排气装置。

(5)设备减振应满足设计要求,立式水泵不宜采用弹簧减振器。

(6)水泵吸入和输出管道的支架应单独埋设牢固,不得将荷载落在水泵上。

(7)管道与水泵连接后,不应在其上进行电气焊,如需要再焊接应采取保护措施。

(8)管道与水泵连接后,应复查水泵的原始精度,如因连管引起偏差应调整管道。

6. 泵体和管道的减振与防噪声

(1)泵体的减振。水泵和电动机的减振安装方法有橡胶减振器减振和弹簧减振器减振等,如图 6-1 所示。

橡胶减振器有 JG 型、JJQ 型两种型号。弹簧减振器的结构包括由弹簧钢丝制成的弹簧和护罩两部分。护罩由铸铁或塑料制成,弹簧置于护罩中。减振器底板下贴有厚 10 mm 的橡胶板,起

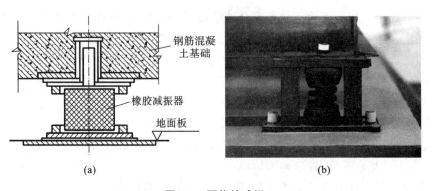

图 6-1　泵体的减振

(a)橡胶减振器减振；(b)弹簧减振器减振

一定的阻尼和消声作用。减振器配有地脚螺栓,可根据用户的需要,将减振器用地脚螺栓与地基、地面、楼面、屋面等连接,也可不用地脚螺栓,直接将减振器置于支承结构上。减振器用于室外时,可配置防雨罩。它具有结构简单、刚度低、坚固耐用等特点,使用环境温度为−35~60 ℃。

（2）水泵管道的减振。水泵的配管除采用挠性接头、伸缩接头等减振接头与泵体相连外,管道的支架还必须采用减振防噪声传播的方法安装。若管道沿楼顶、梁或桁架敷设并采用吊架固定,应采用如图 6-2 所示的减振方法进行安装。

图 6-2　水泵管道的减振

7. 水泵机组的试运行

水泵机组的试运行是交工验收中必不可少的重要工序。

（1）水泵启动前的检查。

①水泵与电动机同心度的复测。同心度无误是水泵机组安全运行的首要条件。

②水泵与电动机旋转方向的确认。水泵与电动机的旋转方向必须一致。若转向相反,将电动机的任意两根接线调换一下即可。

③检查轴箱内的润滑油或润滑脂的质量和油位。变脏了的要更换,使之保持清洁;润滑油必须达到规定的油位,润滑油应加到轴箱容积的 1/3~1/2 处。

④检查各部位螺栓是否安装完好,有无脱落、不全或松动现象。

⑤检查水泵的填料函冷却水阀是否打开,填料函压盖的松紧度是否合适。

⑥检查吸水池水位是否正常,吸水管膛是否已经清扫干净,吸水口附近的滤网是否完好,吸水管上的阀门是否打开,泵的出水管阀门是否已经关闭。

⑦检查管道上的压力表、真空表、止回阀、闸阀等附件是否安装正确、完好。

⑧用手转动联轴器,检查转动是否灵活。

(2) 水泵的启动。

①水泵机组在检查完毕之后、启动之前,应先向水泵内灌满水,同时打开排气阀进行排气,核实电动机的旋转方向,确认转向正确后,再进行连接。

②水泵启动时,吸水管上的阀门一定要处于全开状态,压水管上的阀门应处于全闭状态。安装于水中的电动泵,为了容易排除管内的残留空气,应在出口阀稍稍打开的状态下启动。

③水泵在初次启动时,不能采用 1 次使之达到额定转速的启动方法,而应在 2 次或 3 次反复启动和停止的操作后,再慢慢地增加到额定转速。达到额定转速后,应立即打开出水阀,以防止水在水泵内循环次数过多而引起汽化。

④机组启动时,机组周围不要站人,运行现场最好设有急停开关,以作应急之用。

(3) 水泵机组的试运行。水泵机组运行后,应注意以下事项。

①应经常巡回检查各种仪表的工作是否正常和稳定。检查水泵机组有无不正常的振动和噪声。

②检查轴箱内的油量及甩油环工作是否正常。水泵试运转的轴承温升必须符合设备说明书的规定,一般温度应保持在 40 ℃左右,不得超过 75 ℃。可用温度计实测检查或用手摸的方法进行检测,当感到烫手时,说明温度过高,应马上停机检查。

③应注意检查填料函压盖的温度和渗漏情况。若压盖温度高于 40 ℃,可把压盖螺栓放松,直到填料的松胀与油温适应时再拧紧一些。正常的渗漏为每分钟 10~20 滴。

④应注意检查水泵的排出压力、吸入压力、流量和电流等的工况。

⑤检查备用泵是否因止回阀不严密,而从并联运行管道中返回流体使泵产生逆转。

⑥运行中流量应用出水阀进行调节,而不要关闭进水阀。

⑦对和水箱、水塔连锁自动启闭的水泵,应注意泵的启动或停止的频率不应过大。

⑧水泵在设计负荷下连续运转不应少于 2 h,一般情况下,离心泵、轴流泵连续运转 8 h,深井泵连续运转 24 h,运行正常后方可验收。

(4) 水泵机组的停机。水泵机组在停机时应注意以下几点。

①停机时一般应先关闭出水阀,然后再停机。不能先关闭进水阀再停机。

②设有吸水底阀的水泵机组停机后,若长时间不运行,应注意打开真空破坏阀,使泵内水返回水池。

③长期停止运行的水泵机组,应排净泵内流体,并在轴承、轴、填料函压盖、联轴器等的加工面上涂油或防锈剂,以防锈蚀。

④在运行中因停电而停机时,应先切断电源,同时应关闭出水阀。

6.2 箱类罐类设备的安装

6.2.1 水箱及膨胀水箱安装

1. 工艺流程

水箱及膨胀水箱安装的工艺流程:水箱安装→配管安装→灌水试验→水箱的防腐处理。

2. 安装工艺

(1) 水箱安装。

①将水箱放在放好基准线的基础上,找平、找正,水箱之间及水箱与建筑结构之间的最小净距见表 6-2。

②水箱进水口应高于水箱溢流口且不得小于进水口管径的 2 倍。

表 6-2 水箱之间及水箱与建筑结构之间的最小净距

水箱形式	水箱壁与墙面之间的距离/m		水箱之间的距离/m	水箱顶至建筑结构最低点的距离/m
	有浮球阀一侧	无浮球阀一侧		
圆形	0.8	0.7	0.7	0.8
矩形	1.0	0.7	0.7	0.8

③水箱的安装应位置正确、平稳,所用支架、枕木等应符合设计和标准图规定。水箱底部所垫枕木需刷沥青漆处理,其断面尺寸、根数、安装间距必须符合要求。

④为了防止水箱漏水,不保温,夏、秋两季表面结露滴水等,对建筑物产生影响,水箱安装时,应在水箱底部设置接水底盘。接水底盘一般用木板制作,外包镀锌铁皮,再用角钢在外围做包箍紧固。底盘的边长(或直径)应比水箱大 100~200 mm,周边高 60~100 mm,并置于枕木之上,接水底盘下应装有 DN50 的排水管并引至溢水管或下水道。对于安装位置较低、容积较大的水箱,可不设接水底盘,但地面必须装排水地漏并引至排水管道。压力水箱的安装方法如图 6-3 所示。

图 6-3 压力水箱安装图

（2）配管安装。

水箱应设进水管、出水管、溢流管、泄水管，其配管如图 6-4 所示。

①进水管接自室内供水干管或水泵供水管，连接在水箱一侧距箱顶 200 mm 处，与箱内的浮球阀连通，并应设阀门以便于控制和调节。当利用城市给水管网的压力直接进水时，应设置自动水位控制阀，控制阀直径与进水管直径相同；当采用浮球阀时，不宜少于两个，且进水管标高应一致。当水箱采用水泵加压进水时，进水管不得设置自动水位控制阀，应设置据水箱水位自动控制水泵开、停的装置。

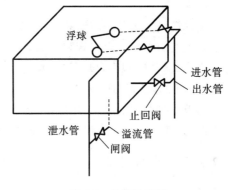

图 6-4　水箱的配管

②出水管位于水箱的一侧，从距箱底 150 mm 处接出，连于室内给水干管上，出水管上应装阀门。水箱的进出水管宜分别设置，当进水管和出水管连在一起，共用一根管道时，出水管的水平出口管段上应装止回阀。

③溢流管从水箱顶部以下 150 mm 处接出，直径应为进水管直径的 2 倍，不得装阀门，并将管道接至泄水管（但不得与泄水管直接连接）。溢流管宜采用水平喇叭口集水，喇叭口下的垂直管段长度不宜小于 4 倍溢流管管径。

④泄水管上应装控制阀，并和溢流管相连接。

⑤信号管设置高度应和溢流管相同，型号一般为 DN25，管路上不得设阀门，并将管路引至水泵房值班室内的污水盆上，以便随时发现水箱浮球阀设备失灵而能及时修理。当水泵与水箱采用连锁自动控制时，可不设信号管。

⑥水箱溢流管、泄水管不得与排水系统直接连接，溢流管出水口应设网罩，且溢流管上不得安装阀门。水箱进水管出流口淹没时，应设真空破坏装置。

⑦膨胀水箱一般安装在承重墙上的槽钢支架上，箱底和支架之间应垫上方木以防止滑动，箱底距地面高度应不小于 400 mm。安装在不采暖房间时，箱体应保温，保温材料及厚度由设计确定。

⑧水箱安装的质量要求如下。

a. 水箱的坐标允许偏差为 15 mm。

b. 水箱的标高允许偏差为 ±5 mm。

c. 水箱垂直度每米允许偏差为 1 mm。

d. 所有和水箱连接的管道，均应装有可拆卸的法兰盘或活接头，以便检修。

膨胀水箱配管时，膨胀管、循环管和溢流管上均不得装设阀门，排污管上必须装设阀门。当装有检查管时，应将检查管引到洗手盆上，并在末端装设阀门。膨胀管应连接到系统的回水干管上（机械循环系统）或供水干管上（自然循环系统），不得连接在某一支路的回水干管上，该连接点即为系统的恒压点（或定压点）。循环管就近安装在回水干管上，但膨胀管和循环管连接点之间的距离应不小于 2.0 m。溢流管和排污管应引至排水设备上。

（3）灌水试验。

各类水箱经加工制作或组装完成以后,均应进行灌水试验,以检查水箱接缝的严密性。试验的方法为先关闭水箱的出水管和泄水管,打开进水管,边放水边检查,灌满为止,然后静置 24 h(装配式水箱为 2~3 h)观察,以不渗不漏为合格。

（4）水箱的防腐处理。

由钢板焊接而成的水箱,经灌水试验合格后,应进行防腐处理,其方法为在水箱的内外刷两道防锈漆,若为露天安装的不保温水箱,还应在外表面刷银粉漆。

6.2.2 除污器的安装

除污器的安装原理如图 6-5 所示。

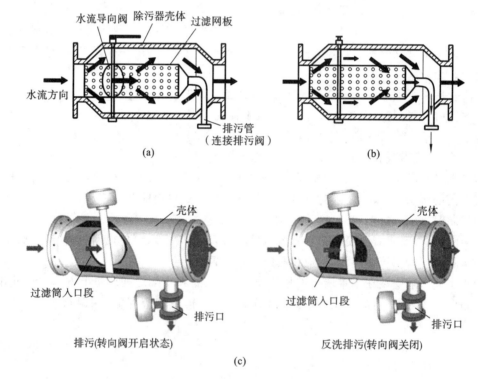

图 6-5 除污器安装原理图

(a)正常工作时状态(水流导向阀开启,排污管阀门关闭);(b)反冲排污时
状态(水流导向阀关闭,排污管阀门打开);(c)直角式自动反冲洗水过滤器原理

（1）除污器在加工制作完成后,必须经水压试验合格,内外表面涂两道防锈漆后,方可安装使用。

（2）安装除污器时,应设旁通管及旁通阀,以备在除污器发生故障或清除污物时,水流能从旁通管通过,不致中断系统的正常运行。

（3）除污器安装时应注意方向,不得装反,否则会使大量沉积物积聚在出水管内而堵塞水管。

（4）系统试压和冲洗完成后,应将除污器内的沉积物及时清除,以防止其影响系统的正常运行。

6.2.3　集气罐的安装

集气罐一般安装于系统的最高点处,安装时应有牢固的支架支撑,以保证安装平稳牢固。一般采用角钢栽埋于墙内作为横梁,再配以 $\phi12$ 的 U 形螺栓进行固定。卧式集气罐的连接管道应有不小于 $i=0.003$ 的坡度,以利于空气的积存。排气管应引至易于排气的操作高度,一般排气阀的安装高度以距地面 1.8 m 为宜。

疏水器安装时,应先根据设计要求或标准图的规定进行预组装,然后再与管道连接。

(1)疏水器宜安装在易于安装和便于检修处,并应接近用热设备且置于用热设备凝结水出口或管道的下部。

(2)疏水器与管道的连接可采用法兰连接或螺纹连接。若采用螺纹连接,应在疏水器的前后安装活接头等可拆卸件,以便于拆卸检修。

(3)疏水器安装应注意其方向性,不得装反。疏水器支架安装应平整、牢固。

(4)疏水器的水平连接管路应有坡度,以利于凝结水的排放,排水管与凝结水(回水)干管相连时,其接口应放在凝结水干管的上方。

6.2.4　冷却塔的安装

冷却塔必须安装在通风良好的场所,一般安装在冷冻站的屋顶上。

(1)安装时,冷却塔位置的选择应综合考虑下列因素确定。

①气流应畅通,湿热空气回流影响小,且应布置在建筑物的最小频率风向的上风侧。

②冷却塔不应布置在热源、烟气排放口附近,不宜布置在高大建筑物中间的狭长地带上。

③冷却塔与相邻建筑物之间的距离,除满足塔的通风要求外,还应考虑噪声、飘水等对建筑物的影响。

(2)冷却塔的布置,应符合下列要求。

①冷却塔宜单排布置,当需多排布置时,塔排之间的距离应保证塔排同时工作时的进风量。

②单侧进风塔的进风面宜面向夏季主导风向,双侧进风塔的进风面宜平行于夏季主导风向。

③冷却塔进风侧离建筑物的距离,宜大于塔进风口高度的 2 倍。冷却塔的四周除满足通风要求和管道安装位置的要求外,还应留有检修通道,通道的宽度不宜小于 1.0 m。

(3)冷却塔应设置在专用的基础上,不得直接设置在楼板或屋面上。

(4)薄膜式淋水装置的安装。薄膜式淋水装置有膜板式、纸蜂窝式、点波式等。膜板式淋水装置一般由木材、石棉水泥板或塑料板等材料制成。石棉水泥板安装在支架梁上,每 4 片连成一组,板间用塑料管及橡胶垫圈隔出一定间隙,中间用镀锌螺栓固定。

纸蜂窝式淋水装置安装时可直接架于角钢、扁钢支架上,或直接架于混凝土小支架梁上。

点波式淋水装置的安装方法有框架穿针法和粘接法两种。框架穿针法是用铜丝或镀锌铅丝正反串连点波片,组成整体,装入用角钢制成的框架内,并以框架为安装单元。粘接法是采用过氯乙烯清漆涂于点波的点上,再点对点粘好,在粘接 40～50 片后,用重物压 1～1.5 h 即可。点波的框架单元或粘接单元直接架设于支撑架或支撑梁上。

(5)布水装置的安装。布水装置有固定管式布水器和旋转管式布水器两种。

固定管式布水器的喷嘴按梅花形或方格形向下布置。一般喷嘴的间距按喷水角度和安装的高度来确定,要使每个喷嘴的水滴相互交叉,做到向淋水装置均匀布水。

(6)通风设备的安装。根据冷却塔的形式不同,通风设备有抽风式和鼓风式两种。

采用抽风式冷却塔,电动机盖及转子应有良好的防水措施。采用鼓风式冷却塔,为防止风机溅上水滴,风机与冷却塔的距离一般不小于 2 m。

6.2.5 稳压罐安装

(1)稳压罐的罐顶至建筑结构最低点的距离不得小于 1.0 m,罐与罐之间及罐壁与墙面的净距不宜小于 0.7 m。

(2)稳压罐应安放在平整的地面上,安装应牢固。

(3)稳压罐按图纸及设备说明书的要求安装设备附件。

(4)稳压罐压力试验:稳压罐安装前应做压力试验,以工作压力的 1.5 倍做水压试验,且不得小于 0.4 MPa,水压试验以在试验压力下 10 min 内无压降、不渗不漏为合格。

6.3 卫生器具及配件安装

6.3.1 卫生器具安装

1. 工艺流程

卫生器具安装的工艺流程:器具定位→支架安装→器具安装→器具调试。

2. 安装工艺

(1)器具定位。

①依据表 6-3 确定卫生器具安装高度。

表 6-3 卫生器具安装高度

卫生器具名称		安装高度/mm		备 注
		居住和公共建筑	幼儿园	
污水盆 (池)	架空式	800	800	
	落地式	500	500	
洗涤盆(池)		800	800	
洗脸盆、洗手盆(有塞、无塞)		800	500	自地面至器具上边缘
盥洗槽		800	500	
浴盆		≤520	—	
蹲式大便器	高水箱	1800	1800	自台阶面至高水箱底
	低水箱	900	900	自台阶面至低水箱底

续表

卫生器具名称			安装高度/mm		备　注
			居住和公共建筑	幼儿园	
坐式大便器	高水箱		1800	1800	自台阶面至高水箱底
	低水箱	外露排出管式	510	—	自地面至低水箱底
		虹吸喷射式	470	370	
小便器	挂式		600	450	自地面至下边缘
小便槽			200	150	自地面至台阶面
大便槽冲洗水箱			≥2000	—	自台阶至水箱底
妇女卫生盆			360	—	自地面至器具上边缘
化验盆			800	—	自地面至器具上边缘

②根据土建+0.5 m(或+1.0 m)水平控制线、建筑施工图及器具安装高度确定器具安装位置。

(2)支架安装。

①支架制作。

a. 支架采用型钢制作,螺栓孔不得使用电气焊开孔、扩孔或切割。

b. 坐便器固定螺栓尺寸不小于 M6,冲水箱固定螺栓尺寸不小于 M10,家具盆使用扁钢支架时,尺寸不小于 40 mm×3 mm,螺栓尺寸不小于 M8。

c. 支架制作应牢固、美观,孔眼及边缘应平整光滑,与器具接触面吻合。

d. 支架制作完成后应进行防腐处理。

②支架安装要点。

a. 钢筋混凝土墙:找好安装位置后,用墨线弹出准确坐标,打孔后直接使用膨胀螺栓固定支架。

b. 砖墙:用钻头直径不大于 20 mm 的冲击钻在已经弹出的坐标点上打出相应深度的孔,将洞内杂物清理干净,放入燕尾螺栓,用强度等级不小于 32.5 级的水泥密封牢固。

c. 轻钢龙骨墙:找好位置后,应采用加固措施。

d. 轻质隔板墙:固定支架时,应打透墙体,在墙的另一侧用薄钢板固定。薄钢板必须嵌入墙内,外表与土建装饰面持平。

③支架安装过程中应注意和土建防水工序的配合,如对防水构造造成破坏,应及时通知土建施工单位处理。

(3)器具安装。

①蹲便器、高低水箱安装。

a. 将胶皮碗套在蹲便器进水口上套正、套实后紧固。

b. 找出排水管口的中心线,并画在墙上,用水平尺(或线坠)找好竖线。

c. 将下水管承口内抹上油灰,蹲便器位置下铺垫白灰膏(白灰膏的厚度以蹲便器标高符合要求为准),然后将蹲便器排水口插入排水管承口内。

d. 将水平尺放在蹲便器上沿,纵横双向找平、找正,使蹲便器进水口对准墙上中心线。

e. 蹲便器两侧用砖砌好抹光,将蹲便器排水口与排水管承口接触处的油灰压实、抹光。然后将蹲便器排水口临时封堵。

f. 蹲便器装好之后,确定水箱出水口中心位置,向上测量出规定高度(箱底距台阶面 1.8 m)。

g. 根据高水箱固定孔与给水孔的距离确定固定螺栓高度,在墙上做好标识,安装支架及高水箱。

h. 安装多联蹲便器时,应先确定标准地面标高,向上测量好蹲便器需要的高度并找平,确定好与墙面的距离,然后按上述方法逐个进行安装。

i. 安装多联高低水箱应按上述做法先安装两端的水箱,然后挂线拉平找直,再安装中间水箱。

②背水箱坐便器安装。

a. 清理坐便器预留排水口,取下临时封堵,检查管内有无杂物。

b. 将坐便器出水口对准预留口放平、找正,在坐便器两侧固定螺栓孔处做好标识。

c. 在标识处剔 $\phi 20 \times 60$ 的孔洞,栽入螺栓,使固定螺栓与坐便器吻合,移开坐便器。在坐便器排水口及排水管口周围抹上油灰后,将坐便器对准螺栓放平、找正,进行安装。

d. 对准坐便器尾部中心,在墙上画好垂直线,在距地坪 800 mm 高度处画水平线。根据水箱背面固定孔眼的距离,在水平线上做好标识,栽入螺栓。将背水箱挂在螺栓上放平、找正,进行安装。

③洗脸盆安装。

a. 挂式洗脸盆安装。

燕尾支架安装:按照排水管中心在墙上画出竖线,由地面向上量出规定的高度,画出水平线,根据盆宽在水平线上做好标识,栽入支架,将脸盆置于支架上找平、找正后,将架钩钩在盆下固定孔内,拧紧盆架的固定螺栓,找平、找正。

铸铁架洗脸盆安装:按上述方法找好十字线,栽入支架,将活动架的固定螺栓松开,拉出活动架,将架钩钩在盆下固定孔内,拧紧盆架的固定螺栓,找平、找正。

b. 柱式洗脸盆安装。

按照排水管口中心画出竖线,立好支柱,将脸盆中心对准竖线放在立柱上,找平后在脸盆固定孔眼位置栽入支架。

在地面上做好支柱标识,并放好白灰膏,稳定支柱和脸盆,将固定螺栓加橡胶垫、垫圈并带上螺母拧至松紧适度。

脸盆面找平、支柱找直后,将支柱与脸盆接触处及支柱与地面接触处用白水泥勾缝抹光。

c. 台式洗脸盆安装。

待做好台面后,按照上述方法固定脸盆并找平、找正,盆与台面的缝隙处用密封膏封好,防止漏水。

洗脸盆就位并安装水嘴。将脸盆放在脸盆架上,脸盆水嘴垫胶皮垫后穿入脸盆的上水孔,然后加垫并用根母紧固。水嘴安装应端正、牢固。注意热水嘴一般装在左边。

安装排水栓。将排水栓加橡胶垫用根母紧固在脸盆的下水口上。注意使排水栓的保险口与脸盆的溢水口对正。

安装角阀。将角阀的入口端与预留的上水口相连接,另一端配短管与脸盆水嘴相连接,并用根母紧固。

安装存水弯。当采用 S 形存水弯时,缠上石棉绳、抹上油灰后与排水短管插接;当采用 P 形存水弯时,先穿上管压盖(与墙连接用的装饰件,俗称瓦线),插入墙内排水管口,用锡焊(或缠石棉绳、抹油灰)连接,再在接口处抹上油灰,压紧压盖。

④净身盆安装。

a.清理预留排水管口,取下临时封堵,装好排水三通下口铜管。

b.将净身盆排水管插入预留排水管口内,将净身盆找平、找正,做好固定螺栓孔和底座的标识,移开净身盆。

c.在固定螺栓孔标识处栽入支架,将净身盆孔眼对准螺栓放好,与原标识吻合后,再在净身盆下垫好白灰膏,排水铜管套上护口盘。净身盆找平、找正。净身盆底座与地面有缝隙之处,嵌入白水泥补齐、抹平。

⑤挂式小便器安装。

a.根据排水口位置画一条垂线,由地面向上量出规定的高度,画一水平线,根据小便器尺寸在横线上做好标识,再画出上下孔眼的位置。

b.在孔眼位置栽入支架,托起小便器挂在螺栓上。把胶垫、垫圈套入螺栓,将螺母拧至松紧适度。在小便器与墙面之间的缝隙中嵌入白水泥补齐、抹光。

c.将角阀安装在预留的给水管上,使护口盘紧靠墙壁面。用截好的小铜管(有时需做灯叉弯)背靠背地穿上铜碗和锁母,上端缠麻,抹好铅油插入角阀内,下端插入小便器的进水口内,用锁母与角阀锁紧,然后用铜碗压入油灰,使小便器进水口与小铜管间密封。

d.卸开存水弯锁母,把存水弯下端插入预留的排水管口内,上端套在已缠麻抹好铅油的小便器排水嘴上,然后把存水弯找正,锁母加垫后拧紧,最后把存水弯和排水管的间隙处用铅油麻丝缠绕塞严。

⑥立式小便器安装。

a.按照第⑤款的方法,根据排水口位置和小便器尺寸做好标识,栽入支架。

b.将下水管周围清理干净,取下临时封堵,抹好油灰,在立式小便器下铺垫水泥、白灰膏的混合物(配合比为 1∶5)。

c.将立式小便器找平、找正后装稳。立式小便器与墙面、地面之间的缝隙嵌入白水泥浆抹平、抹光。

⑦家具盆安装。

a.对盆架和家具盆进行试装,检查是否相符。

b.在冷热水预留管之间画一平分垂直线(只有冷水时,家具盆中心应对准给水管口)。由地面向上量出规定的高度,画出水平线,按照家具盆架的宽度做好标识,剔成 φ50×120 的孔眼,将盆架找平、找正后用水泥固定牢固。

c.将家具盆放于支架上,使之与支架吻合,家具盆靠墙一侧缝隙处嵌入白水泥浆勾缝、抹光。

⑧浴盆安装。

a.带腿的浴盆先将腿部的螺栓卸下,将拔销母插入浴盆底卧槽内,把腿扣在浴盆上并带好螺母拧紧、找平。

b.浴盆如砌砖腿,应配合土建把砖腿按标高砌好。将浴盆装于砖台上,找平、找正。浴盆与砖腿缝隙处用1:3水泥砂浆填充抹平。

c.浴盆排水装置安装。浴盆排水管部分包括盆端部的溢水管和盆底部的排水管,它们组成一套排水装置。安装时,先对溢水管、弯头、三通等进行预装配,量好并截取所需长度的管段,然后安装成套排水装置。安装排水管时,把浴盆排水栓加胶垫由浴盆底排水孔穿出,再加垫并用根母紧固,然后把弯头安装在已紧固好的排水栓上,弯头的另一端装上预制好的短管及三通。安装溢水管时,把弯头加垫安在溢水口上,然后用一端带长丝的短管把溢水口外的弯头和排水栓外的三通连接起来。将三通的另一端,接短管后直接插入存水弯内,存水弯的出口与下水道相连接。

d.冷热水管及其水嘴的安装。安装浴盆的冷热供水管,在预留管口装上引水管,用弯头、短节伸出墙面,装上水嘴。

⑨沐浴器的安装。

沐浴器有现场制作安装的管件沐浴器,也有成套供应的成品沐浴器。其安装一般按下述方法进行。

a.管件沐浴器的安装顺序:画线配管、安装管节及冷热水阀门、安装混合管及喷头、固定管卡。其具体做法为,管件沐浴器安装时,在墙上先画出管子垂直中心线和阀门水平中心线,然后按线配管,在热水管上安装短节和阀门,在冷水管上配抱弯再安装阀门。混合管的半圆弯用活接头与冷热水管的阀门相连接,最后装上混合管和喷头,混合管的上端应设一个单管卡。

b.成品沐浴器的安装较管件沐浴器的安装简单。安装时,将阀门下部短管丝扣缠麻后抹铅油,与预留管口连接,阀门上部混合水管抱弯用根母与阀门紧固,然后再用根母把混合水铜管紧固在冷热水混合口处,最后使混合水铜管上部护口盘与墙壁靠严,并用木螺丝固定于预埋在墙中的木砖上。

(4)器具调试。

①器具安装完成后,应进行满水和通水试验,试验前应检查地漏是否畅通、分户阀门是否关好,然后按层段分户、分房间逐一进行通水试验。

②试验时临时封堵排水口,将器具灌满水后检查各连接件不渗不漏;打开排水口,排水通畅为合格。

6.3.2 卫生器具配件安装

1. 工艺流程

卫生器具配件安装的工艺流程:配件安装→配件调整→配件试验。

2. 安装工艺

(1)配件安装。

①高水箱配件安装。

a.根据水箱进水口位置,确定进水弯头和阀门的安装位置。拆下水箱进水口的锁母,加上垫片。拆下水箱出水管根母,加上垫片。安装弹簧阀及浮球阀。组装虹吸管、天平架及拉链,拧紧根母。

b.固定好组装完毕的水箱,把冲洗管上端插入水箱底部并拧紧,下端与蹲便器的胶皮碗用16

号铜丝绑扎 3 道或 4 道。冲洗管找正、找平后用单立管卡子固定牢固。

②低水箱配件安装。

a. 根据低水箱固定高度及进水点位置,确定进水短管的长度。拆下水箱进水浮球阀根母及水箱冲洗管连接锁母,加上垫片。安装溢水管,把浮球拧在漂杆上,并与浮球阀连接好。调整挑杆的距离,挑杆另一端与扳把连接。

b. 冲洗管的安装方法与高水箱冲洗管的相同。

③连体式背水箱配件安装。

a. 在进水浮球阀与水箱连接处的孔眼加垫片,适度拧紧。根据水箱高度与预留给水管的位置,确定进水短管的长度,再与进水角阀连接。

b. 在水箱排水孔处加胶圈,把排水阀与水箱出水口用根母拧紧,盖上水箱盖,调整把手,与排水阀上端连接。

c. 皮碗式冲洗水箱,在排水阀与水箱出水口连接紧固后,根据把手到水箱底部的距离,确定连接挑杆与皮碗的尼龙线的距离并连接好,使挑杆活动自如。

④分体式水箱配件安装。

分体式水箱配件安装的原理和连体式水箱相同,分体式水箱的箱体和坐便器通过冲洗管连接。拆下水箱出水口的根母,加上胶圈,把冲洗管的一端插入根母中,另一端插入坐便器的进水口橡胶碗内,拧牢压盖。安装紧固后的冲洗管的直立端应垂直,横装端应水平或稍倾向坐便器。

⑤延时自闭冲洗阀的安装。

根据冲洗阀中心距地面的高度和冲洗阀至胶皮碗的距离,断好 90°弯的冲洗管,使两端吻合,将冲洗阀锁母和胶圈卸下,套在冲洗管直管段上,将弯管的下端插入胶皮腕内 40~50 mm,固定牢固。将上端插入冲洗阀内,推上胶圈,调直、找正,将锁母适度拧紧。扳把式冲洗阀的扳手应朝向右侧,按钮式冲洗阀的按钮应朝向正面。

⑥脸盆水龙头安装。

将水龙头根母、锁母卸下,插入脸盆给水孔眼,下面再套上橡胶垫圈,带上根母后将锁母拧至松紧适度。

⑦浴盆混合水龙头的安装。

冷热水管口找平、找正后,将混合水龙头转向对丝缠生料带,戴好护口盘,用自制扳手插入转向对丝内,分别拧入冷热水预留管口并校好尺寸,找平、找正,使护口盘与墙面吻合。然后将混合水龙头对正转向对丝并加上垫片,拧紧锁母找平、找正后,用扳手拧至松紧适度。

⑧给水软管安装。

量好尺寸,配好短管,一端装上角阀。将短管另一端丝扣处缠生料带后在预留给水管口拧至松紧适度(暗装管道戴护口盘,要先将护口盘套在短节上,短管安装完后,将护口盘内填满油灰,向墙面找平、压实并清理外溢油灰)。将角阀与水龙头的锁母卸下,背靠背套在短管上,分别加好紧固垫(料),上端插入水龙头根部,下端插入角阀,找直、找正后分别拧好上下锁母至松紧适度。

⑨小便器配件安装。

a. 在小便器角式长柄截止阀的丝扣上缠好生料带。

b. 压盖与给水预留口连接,用扳手适度紧固,压盖内加油灰并与墙面吻合严密。

c.角阀的出口对准喷水鸭嘴,确定短管长度,压盖与锁母插入喷水鸭嘴和角阀。

⑩净身盆配件安装。

a.卸下混合阀门及冷热水阀门的阀盖,调整根母。在混合开关的四通下口装上预装好的喷嘴转心阀门。在混合阀门四通横管处套上冷热水阀门的出口锁母,加上胶圈组装在一起,拧紧锁母。在三个阀门门颈处加上胶垫、垫圈,戴好根母。混合阀门上加角型胶垫及少许油灰,扣上长方形镀铬护口盘,戴好根母,将混合阀门上根母拧紧至松紧适度,能使转心阀门盖转动30°,再将冷热水阀门的上根母对称拧紧。分别装好三个阀门的阀盖,拧紧固定螺丝。

b.喷嘴安装。在喷嘴靠瓷面处加1 mm厚的胶垫。抹少许油灰。把铜管的一端与喷嘴连接,另一端与混合阀门四通下的转心阀门连接。拧紧锁母,转心阀门须朝向与四通平行的一侧,以免影响手提拉杆的安装。

c.排水口安装。将排水口加上胶垫后,穿入净身盆排水孔眼,拧入排水三通上口。使排水口与净身盆排水孔眼的凹面相吻合后,在排水口圆盘下加抹油灰,外面加胶垫垫圈,用自制扳手卡入排水口内十字筋,使溢水口对准净身盆溢水孔眼,拧入排水三通上口。

d.手提拉杆安装。在排水三通中口装入挑杆弹簧珠,拧锁母至松紧适度,将手提拉杆插入空心螺栓,用卡具与横桃杆连接,调整定位,使手提拉杆活动自如。

⑪淋浴器安装。

a.镀铬淋浴器安装。

暗装管道时,将冷热水预留管口加试管找平、找正后量好短管尺寸,断管、套丝、缠生料带,装好短管弯头。

明装管道时按规定标高煨好元宝弯,上好管箍。

在淋浴器锁母外丝丝头处缠生料带并拧入弯头或管箍内,再将淋浴器对准锁母外丝,将锁母拧紧。

将固定圆盘上的孔眼找平、找正后做好标识,卸下淋浴器,在标识处栽好铅皮卷。

将锁母外丝口加上垫片,对准淋浴器拧至松紧适度,再将固定圆盘与墙面靠严并固定在墙上。

将淋浴器上部铜管预装在三通口上,使立管垂直,固定圆盘与墙面贴实,孔眼平正,做好标识并栽入铅皮卷,锁母外加上垫片,将锁母拧至松紧适度。

b.铁管淋浴器的组装。由地面向上量出1.15 m,画出阀门中心标高线,再画出冷热阀门中心位置,测量尺寸,预制短管,按顺序组装。立管、喷头找正后栽固定立管卡,将喷头卡住。

⑫排水栓的安装。

a.卸下排水栓根母,放在家具盆排水孔眼内,将一端套好丝扣的短管涂油、缠麻拧上存水弯,外露2~3扣。

b.量出排水孔眼到排水预留管口的尺寸,断好短管并做扳边处理,在排水栓圆盘下加1 mm厚胶垫或垫圈,带上根母。

c.在排水栓丝扣处缠生料带后,使排水栓溢水眼和家具盆溢水孔对准,拧紧根母至松紧适度并调直、找正。

⑬S形存水弯的连接。

a.应采用带检查口型的S形存水弯,在脸盆排水栓丝扣下端缠生料带后将存水弯拧至松紧适度。

b.把存水弯下节的下端缠生料带后插在排水管口内,将胶垫放在存水弯的连接处,调直、找正后拧至松紧适度。

c.用油麻、油灰将下水管口塞严、抹平。

⑭P形存水弯的连接。

a.在脸盆排水口丝扣下端缠生料带后将存水弯拧至松紧适度。

b.把存水弯横节按需要的长度配好,将锁母和护口盘背靠背套在横节上,在端头套上橡胶圈,调整安装高度,然后把胶垫放在锁口内,将锁母拧至松紧适度。

c.在护口盘内填满油灰后找平、抹平,将外溢油灰清理干净。

⑮浴盆排水配件安装(见图 6-6)。

图 6-6　浴盆的排水

a.将浴盆配件中的弯头与短横管相连接,将短管另一端插入浴盆三通的口内,拧紧锁母。三通的下口插入竖直短管,竖管的下端插入排水管的预留甩口内。

b.将浴盆排水栓圆盘加胶垫,抹铅油,插进浴盆的排水孔眼里。在孔外加胶垫和垫圈,在丝扣上缠生料带,用扳手卡住排水口上的十字筋与弯头拧紧连接好。

c.溢水立管套上锁母,插入三通的上口,并缠紧油麻,对准浴盆溢水孔,拧紧锁母。将排出管接入水封存水弯或存水盒内。

⑯卫生器具给水配件的安装高度见表 6-4。

表 6-4　卫生器具给水配件的安装高度　　　　　　　　　　单位:mm

给水配件名称		配件中心距地面高度	冷热水龙头距离
架空式污水盆(池)水龙头		1000	—
落地式污水盆(池)水龙头		800	—
洗涤盆(池)水龙头		1000	150
住宅集中水龙头		1000	—
洗手盆水龙头		1000	—
洗脸盆	水龙头(上配水)	1000	150
	水龙头(下配水)	800	150
	角阀(下配水)	450	—
盥洗槽	水龙头	1000	150
	冷热水管上下并行,其中热水龙头	1100	150

续表

给水配件名称		配件中心距地面高度	冷热水龙头距离
浴盆	水龙头（上配水）	670	150
淋浴器	截止阀	1150	95
	混合阀	1150	—
	淋浴喷头下沿	2100	—
大便槽冲洗水箱截止阀（自台阶面算起）		≥2400	
立式小便器角阀		1130	—
挂式小便器角阀及截止阀		1050	—
小便槽多孔冲洗管		1100	
实验室化验水龙头		1000	
妇女卫生盆混合阀		360	
坐式大便器	高水箱角阀及截止阀	2040	—
	低水箱角阀	150	—
蹲式大便器（从台阶面算起）	高水箱角阀及截止阀	2040	
	低水箱角阀	250	
	手动式自闭冲洗阀	600	
	脚踏式自闭冲洗阀	150	
	拉管式自闭冲洗阀（从地面算起）	1600	
	带防污助冲器阀门（从地面算起）	900	

⑰地漏与下水管之间的连接（见图 6-7）。

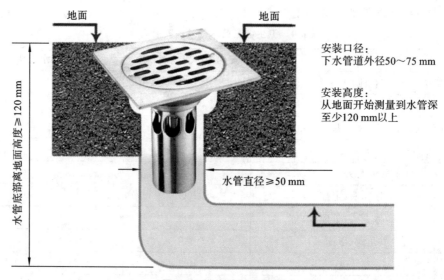

图 6-7　排水地漏安装图

地漏的排水管口直接插接在下水管道的承口中。由于接口结构形式和安装条件所限，一般无法开口，所以接口材料采用油泥子。安装时，在排水管承口内先抹好油泥子，厚度应与卫生器具排出口相适应，然后将卫生器具排出管插入，调整好卫生器具的水平度、垂直度，再将接口缝隙中的油泥子压实、抹平即可。

（2）配件调整。

配件安装完毕后，检查配件安装的牢固度，应开启方便、朝向合理，器具及配件周围做缝隙处理，抹平，清理干净。

（3）配件试验。

①满水试验。打开器具进水阀门，封堵排水口，观察器具及各连接件是否渗漏，溢水口溢流是否畅通。

②通水试验。器具满水后打开排水口，检查器具连接件，以不渗、不漏、排水通畅为合格。

【思考题】

6-1　简述水泵机组安装的主要内容。

6-2　除污器安装的要求是什么？

第7章　室外热力管网安装

7.1　室外热力管道的安装

热电站集中供热和区域供热,具有高效能、低热耗、减少环境污染等优点。由热电站或中心锅炉房到用户的热媒,往往要经过几千米或几万米的长距离运送,而且其管道的管径一般较大,热媒的压力较大,温度也较高,因此对于室外热力管道的施工安装、质量要求等都较为严格。室外热力管道的敷设,常采用地下敷设和架空敷设两种方式。地下敷设一般有可通行地沟敷设、半通行地沟敷设、不可通行地沟敷设和无地沟敷设等几种。

7.1.1　室外供热管道和支吊架安装

室外供热管道管径大、分支较少、管线较长,因此在施工时,应当注意管道各种支架的安装位置是否正确。热力管道支吊架的作用是支撑热力管道,并限制管道的侧向变形和位移。它要承受由热力管道传来的管内压力、外载负荷作用力(包括重力、摩擦力、风力等)以及温度变化时引起管道变形的弹性力,并将这些力传到支吊结构上去。

1. 安装内容

室外供热管道和支吊架安装的内容:定位放线—支架的形式—支架的安装—热力管道安装—防腐保温。

2. 安装要求

(1) 定位放线。

按照图纸要求,放出管道中心线,在管道水流方向改变的节点、阀门安装处、管道分支点等位置进行放线,并在变坡点放出标高线。

(2) 支架的形式。

管道支架的形式很多,按照对管道的制约情况,可分为固定支架和活动支架两类。

①活动支架。

热力管道活动支架的作用是直接承受热力管道及其保温结构的质量,并使管道在温度的作用下能沿管轴向自由伸缩。活动支架的结构形式有滑动支架、滚动支架、悬吊支架及导向支架四种。

a. 滑动支架。

滑动支架分为低位滑动支架和高位滑动支架两种。低位滑动支架如图 7-1 所示。它是用一定规格的槽钢段焊在管道下面作为支座,并利用此支座在混凝土底座上往复滑动。图 7-2 所示是另一种低位滑动支架,它是用一段弧形板代替上面的槽钢段焊在管道下面作为支座,故又称"弧形板滑动支架"。高位滑动支架的结构形式类似图 7-1 所示的低位滑动支架,只不过其托架高度高于保温层厚度,克服了低位滑动支架在支座周围不能保温的缺陷,因而管道热损失较小。如图 7-3、图

7-4 所示的曲面槽滑动支架和 T 形托架滑动支架,均为高位滑动支架。

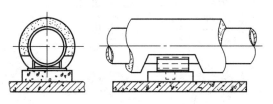

图 7-1　低位滑动支架

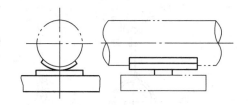

图 7-2　弧形板滑动支架

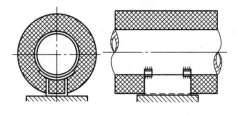

图 7-3　曲面槽滑动支架

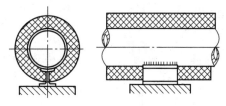

图 7-4　T 形托架滑动支架

b. 滚动支架。

滚动支架利用滚子的转动来减小管子移动时的摩擦力。其结构形式有滚轴支架(见图 7-5)和滚柱支架(见图 7-6)两种,结构较为复杂,一般只用于介质温度较高、管径较大的架空敷设的管道上。地下敷设,特别是不通行地沟敷设时,不宜采用滚动支架,这是因为滚动支架由于锈蚀不能转动时,会影响管道自由伸缩。

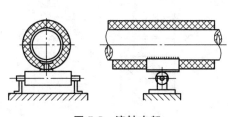

图 7-5　滚轴支架

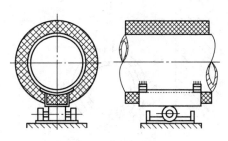

图 7-6　滚柱支架

c. 悬吊支架。

悬吊支架(吊架)结构简单,图 7-7 为几种常见的悬吊支架图。在热力管道有垂直位移的地方,常装设弹簧吊架,如图 7-8 所示。

设置悬吊支架时,应将它支承在可靠的结构上,应尽量生根在土建结构的梁、柱、钢架或砖墙上。悬吊支架的生根结构,一般采用插墙支承或与土建结构预埋件相焊接的方式。

d. 导向支架。

导向支架由导向板和滑动支架两部分组成,如图 7-9 所示。通常装在补偿器的两侧,其作用是使管道在支架上滑动时不致偏离管子中心线,即在水平供热管道上只允许管道沿轴向水平位移,导向板防止管道横向位移。

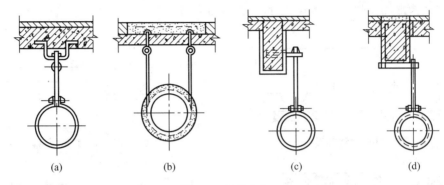

图 7-7 悬吊支架

(a)可在纵向及横向移动;(b)只能在纵向移动;
(c)焊接在钢筋混凝土构件里埋置的预埋件上;
(d)箍在钢筋混凝土梁上

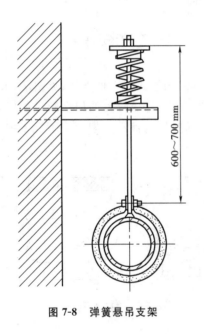

图 7-8 弹簧悬吊支架

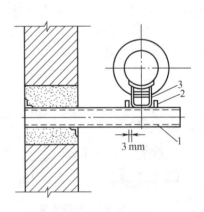

图 7-9 导向支架

1—支梁;2—导向板;3—支座

②固定支架。

热力管道固定支架的作用如下。

a.在有分支管路与之相连接的供热管网的干管上,或与供热管网干管相连接的分支管路上,在其节点处设置固定支架,以防止由于供热管道的轴向位移使其连接点受到破坏。

b.在安装阀门处的供热管道上设置固定支架,以防止供热管道的水平推力作用在阀门上造成破坏或影响阀门的开启、关断及其严密性。

c.在各补偿器的中间设置固定支架,均匀分配供热管道的热伸长量,保证热补偿器安全可靠地工作。因为固定支架不但承受活动支架摩擦反力、补偿器反力等很大的轴向作用力,而且要承受管道内部压力的反力,所以,固定支架的结构一般应经设计计算确定。

在供热工程中,常用的是金属结构的固定支架,采用焊接或螺栓连接的方法将供热管道固定在固定支架上。金属结构的固定支架形式很多,常用的有夹环式固定支架(见图 7-10)、焊接角钢固定支架(见图 7-11)、焊槽钢的固定支架(见图 7-12)和挡板式固定支架(见图 7-13)。

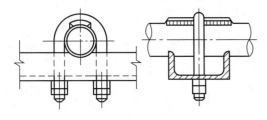

图 7-10　夹环式固定支架

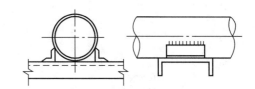

图 7-11　焊接角钢固定支架

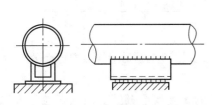

图 7-12　焊槽钢的固定支架

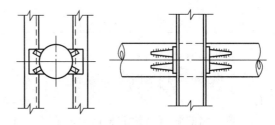

图 7-13　挡板式固定支架

夹环式固定支架和焊接角钢固定支架,常用在管径较小、轴向推力也较小的供热管道上,与弧形板滑动支架配合使用。

槽钢型活动支架的底面钢板与支承钢板相焊接,就成为固定支架。它所承受的轴向推力一般不超过 50 kN,轴向推力超过 50 kN,应采取挡板式固定支架。

(3) 支架的安装。

管道支架形式的确定要依据管道所处位置的约束性质来进行。若管道约束点不允许有位移,则应设置固定支架;若管道约束点处无垂直位移或垂直位移很小,则可设置活动支架。

活动支架的间距是由供热管道的允许跨距来决定的。供热管道允许跨距的确定,通常按强度及刚度两方面条件来计算,选取其中较小值作为供热管道活动支架的间距。表 7-1 为供热管道活动支架间距表。

表 7-1　活动支架间距表　　　　　单位:m

公称直径 DN/mm			40	50	65	80	100	125	150	200	250	300	350	400	450
活动支架间距	保温	架空敷设	3.5	4.0	5.0	5.0	6.5	7.5	7.5	10.0	12.0	12.0	12.0	13.0	14.0
		地沟敷设	2.5	3.0	3.5	4.0	4.5	5.5	5.5	7.0	8.0	8.5	8.5	9.0	9.0
	不保温	架空敷设	6.0	6.5	8.5	8.5	11.5	12.0	12.0	14.0	16.0	16.0	16.0	17.0	17.0
		地沟敷设	5.5	6.0	6.5	7.0	7.5	8.0	8.0	10.0	11.0	11.0	11.0	11.5	12.0

地沟敷设的供热管道活动支架间距,表 7-1 中所列数值较架空敷设的值小,这是因为在地沟中,当个别活动支架下沉时,会使供热管道间距增大,弯曲应力增大,而又不能及时发现、及时检修。因此,从安全角度考虑,地沟内活动支架的间距适当减小。

固定支架间的最大允许距离与所采用的热补偿器的形式及供热管道的敷设方式有关,通常参照表 7-2 选定。

表 7-2   固定支架最大间距表 　　　　　　　　　　　　　　　　　单位:m

补偿器类型	敷设方式	公称直径 DN/mm													
		25	32	40	50	65	80	100	125	150	200	250	300	350	400
方形补偿器	地沟与架空敷设	30	35	45	50	55	60	65	70	80	90	100	115	130	145
	直埋敷设	—	—	45	50	55	60	65	70	70	90	90	110	110	110
套筒型补偿器	地沟与架空敷设	—	—	—	—	—	—	—	50	55	60	70	80	90	100
	直埋敷设								30	35	50	60	65	65	70

支架安装一般要求如下。

①支架横梁应牢固地固定在墙、柱子或其他结构上,横梁长度方向应水平,顶面应与管子中心线平行。

②无热位移的管道吊架的吊杆应垂直于管子轴线,吊杆的长度要能调节。两根热位移方向相反或位移值不等的管道,除设计有规定外,不得使用同一杆件。

③固定支架承受着管道内压力的反力及补偿器的反力,因此固定支架必须严格安装在设计规定的位置,并应使管子牢固地固定在支架上。在无补偿装置、有位移的直管段上,不得安装一个以上的固定支架。

④活动支架不应妨碍管道由于热膨胀所引起的移动。保温层不得妨碍热位移。管道在支架横梁或支座的金属垫块上滑动时,支架不应偏斜或使滑托卡住。

⑤补偿器的两侧应安装 1 个或 2 个导向支架,使管道在支架上伸缩时不至于偏移中心线。在保温管道中不宜采用过多的导向支架,以免妨碍管道的自由伸缩。

⑥支架的受力部件,如横梁、吊杆及螺栓等的规格应符合设计和有关标准的规定。

⑦支架应使管道中心离墙的距离符合设计要求,一般保温管道的保温层表面离墙或柱子表面的净距离不应小于 60 mm。

另外,管道支架的形式多种多样,安装要求也不尽一致。支架安装时,除满足上面的基本要求外,还需满足设计要求及相关标准和图集对支架安装的具体要求。

(4)热力管道安装。

①有地沟敷设管道的安装。

a.可通行和半通行地沟内管道安装。

这两种地沟内的管道可以装设在地沟内一侧或两侧,管道支架一般都采用钢支架。一般在土建浇筑地沟基础和砌筑沟墙前,根据支架的间距及管道的坡度,确定支架的具体位置、标高,向土建施工人员提出预留安装支架孔洞的具体要求。若每个支架上安放的管子超过一根,则应按支架间最小间距来预埋或预留孔洞。

管道安装前,须检查支架的牢固性和标高。然后根据管道保温层表面与沟墙间的净距要求

(见表 7-3),在支架上标出管道的中心线,就可将管道就位。若同一地沟内设置多层管道,则最好在下层的管子安装、试压、保温完成后,再逐层向上进行安装。

表 7-3 地沟敷设有关尺寸
单位:m

地沟类型	地沟净高	人行通道宽	管道保温表面与沟壁净距	管道保温表面与沟顶净距	管道保温表面与沟底净距	管道保温表面间净距
可通行地沟	≥1.8	≥0.7	0.1~0.15	0.2~0.3	0.1~0.2	≥0.15
半通行地沟	≥1.2	≥0.6	0.1~0.15	0.2~0.3	0.1~0.2	≥0.15
不可通行地沟	—	—	0.15	0.05~0.1	0.1~0.3	0.2~0.3

b. 不可通行地沟内管道安装。

在不可通行地沟内,管道只设一层,且管道均安装在混凝土支墩上。支墩间距即为管道支架间距,其高度应根据支架高度和保温厚度参照表 7-3 确定。支墩可在浇筑地沟基础时一并筑出,且其表面须预埋支撑钢板。要求供回水管的支墩错开布置。

因不可通行地沟内的操作空间较狭小,故管道安装一般在地沟基础层打好后立即进行,待水压试验合格、防腐保温做完后,再砌筑墙和封顶。

②直埋敷设管道安装。

a. 沟槽开挖及沟基处理。

沟槽的开挖形式及尺寸是根据开挖处地形、土质、地下水位、管数及埋深确定的。沟槽的形式有直槽、梯形槽、混合槽和联合槽四种,如图 7-14 所示。

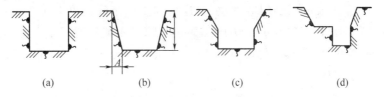

(a)　　　　　(b)　　　　　(c)　　　　　(d)

图 7-14 沟槽断面形式
(a)直槽;(b)梯形槽;(c)混合槽;(d)联合槽

直埋热力管道多采用梯形槽。梯形槽的沟深不超过 5 m,其边坡的坡度与土质有关。施工时,可参考表 7-4 所列数据选取。沟槽开挖时应不破坏槽底处的原土层。

表 7-4 梯形槽边坡

土 的 类 别	边坡($H : A$)	
	槽深<3 m	槽深 3~5 m
砂土	1:0.75	1:1.00
砂质粉土	1:0.67	1:0.67
粉质黏土	1:0.33	1:0.50
黏土	1:0.25	1:0.33
干黄土	1:0.20	1:0.25

因为管道直接坐落在土壤上,沟底管基的处理极为重要。原土层沟底,若土质坚实,可直接坐管;若土质较松软,应进行夯实。砾石沟底,应挖出 200 mm,用好土回填并夯实。

b.热力管道下管施工。

直埋热力管道保温层的做法有工厂预制法、现场浇灌法和沟槽填充法三种。

(a)工厂预制法:下管前,根据吊装设备的能力,预先把 2～4 根管子在地面上先组焊在一起,敞口处开好坡口,并在保温管外面包一层塑料保护膜;同时在沟内管道的接口处挖出操作坑,坑深为管底以下 200 mm,坑处沟壁距保温管外壁不小于 200 mm。

(b)现场浇灌法:采用聚氨基甲酸酯硬质泡沫塑料或聚异氰脲酸酯硬质泡沫塑料等,一段段地进行现场浇灌保温,然后按要求将保温层与沟底间孔隙填充砂层后,除去临时支撑,并将此处用同样的保温材料保温。

(c)沟槽填充法:将符合要求的保温材料,调成泥状直接填充至管道与沟周围的空隙间,且管顶的厚度应符合设计要求,最后进行回填土处理。

c.管道连接、焊口检查及接口保温。

管道就位后,即可进行焊接,然后按设计要求进行焊口检验,合格后可做接口保温工作。注意接口保温前,应先将接口需要保温的地方用钢刷和砂布打磨干净,然后采用与保温管道相同的保温材料将接口处保温,且与保温管道的保温材料间不留缝隙。

如果设计要求必须做水压试验,可在接口保温之前、焊口检验之后进行试压,合格后再做接口保温。

d.沟槽的回填。

回填时,最好先铺 70 mm 厚的粗砂枕层,然后用细土填至管顶以上 100 mm 处,再用厚土回填,要求回填土中不得含有直径 30 mm 以上的砖或石块,且不能用淤泥土和湿黏土回填。当填至管顶以上 0.5 m 时,应夯实后再填,每回填 0.2～0.3 m,夯击三遍,直到地面。回填后沟槽上的土面应略呈拱形,拱高一般取 150 mm。

7.1.2　室外热力管道附属器具安装

室外供热管网担负着向许多热用户供热的任务,为了均衡、安全、可靠地供热,室外供热管网中需要设置一些必要的附属器具。各种附属器具的结构、性能不同,作用也不同,施工时一定要注意它们的安装方法和安装要求,以保证它们工作可靠、维修工作方便。

1. 安装内容

附属器具安装内容:除污器安装—减压阀安装—疏水器安装—补偿器安装。

2. 安装要求

(1)除污器安装。

安装时设置专门支架,但不能妨碍排污,同时注意水流方向,不得装反。

(2)减压阀安装。

①减压阀只允许安装在水平干管上,阀体应垂直,并使介质流动方向与阀体上箭头所示方向一致。其两端应设置截止阀。

②减压装置配管时,减压阀前管段直径应与减压阀公称直径相同。但减压阀后的管道直径应

比减压阀的公称直径大 1～2 号。

③减压装置前后应安装压力表,减压装置后的管道上还应安装安全阀。安全阀的排气管应接至室外不影响人员安全处。

(3)补偿器安装。

①方形补偿器安装。

a.补偿器应在两固定支架间的管道安装完毕并固定牢固后进行安装。

b.吊装时,应使其受力均匀,起吊应平稳,防止变形。吊装就位后,必须将两臂预拉或预撑其补偿量的一半,偏差不应大于±10 mm,以充分利用其补偿能力。

c.预拉伸焊接位置应选择在距补偿器弯曲起点 2～2.5 m 处。方形补偿器的冷拉方法有千斤顶法、拉管器拉伸法、撑拉器拉伸法。

千斤顶法。千斤顶拉伸方形补偿器如图 7-15 所示。

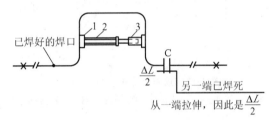

图 7-15　千斤顶拉伸方形补偿器
1—木板;2—槽钢;3—千斤顶;C—预留出的拉伸间隙

拉管器拉伸法。拉管器拉伸方形补偿器如图 7-16 所示。采用带螺栓的拉管器进行拉伸,是将一块厚度等于预拉伸量的木块或木垫圈放在冷拉接口间隙中,再在接口两侧的管壁上分别焊上挡环,然后把冷拉器的卡爪卡在挡环上,在拉爪孔内穿入加长双头螺栓,用螺母上紧,并将垫木块夹紧。待管道上其他部件全部安装好后,把冷拉口的木块或木垫圈拿掉,均匀地拧紧螺母,使接口间隙达到焊接时的对口要求。

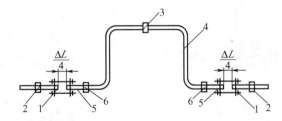

图 7-16　方形补偿器冷拉示意图
1—拉管器;2、6—活动管托;3—活动管托或弹簧吊架;4—补偿器;5—附加直管

撑拉器拉伸法。撑拉器拉伸方形补偿器,使用时只要旋动螺母,使其沿螺杆(见图 7-17)前进或后退就能使补偿器两臂拉紧或外伸。

d.补偿器与管道连接好后,为避免焊缝开裂,一定要注意待焊缝完全冷却后,方可将预拉器具拆除。

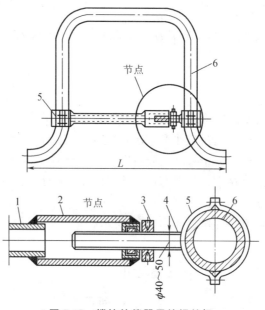

图 7-17 撑拉补偿器用的螺丝杆

1—撑杆;2—短管;3—螺母;4—螺杆;5—夹圈;6—补偿器的管段

②波纹管补偿器的安装。

波纹管补偿器如图 7-18 所示,波纹管断面形状如图 7-19 所示。波纹管是用薄壁不锈钢钢板通过液压或辊压制成波纹形状,然后与端管、内套管及法兰组对焊接成补偿器。波纹的形状有 U 形和 O 形两种。波形补偿器用于管径不大的低压供热管道。波纹管补偿器具有结构紧凑、承压能力强、工作性能好、配管简单、耐腐蚀、维修方便等优点。

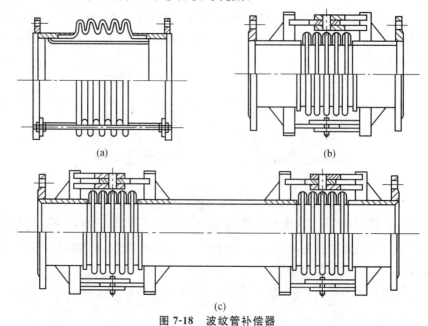

图 7-18 波纹管补偿器

(a)轴向型;(b)横向型;(c)角向型

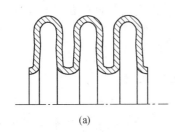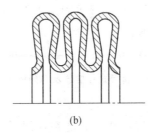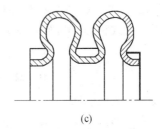

图 7-19　波纹管断面形式

(a)U 形；(b)S 形；(c)Ω 形

波形补偿器(或波纹管)都是用法兰连接,为避免补偿时产生的振动使螺栓松动,螺栓两端可加弹簧垫圈。波形补偿器一般为水平安装,其轴线应与管道轴线重合。可以单个安装,也可以两个以上串联组合安装。单独安装(不紧连阀门)时,应在补偿器两端设导向支架,如图 7-20 所示,使补偿器在运行时仅沿轴向运动,而不会径向移动。

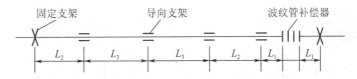

图 7-20　波纹管补偿器导向支架的设置

③套管式补偿器安装。

套管式补偿器又称"套筒式补偿器""填料式补偿器",如图 7-21 所示。它由套管、插管和密封填料三部分组成。它靠插管和套管的相对运动来补偿管道的热变形量。套管式补偿器按壳体的材料不同,分为铸铁制和钢制两种,按结构可分为单向和双向两种。

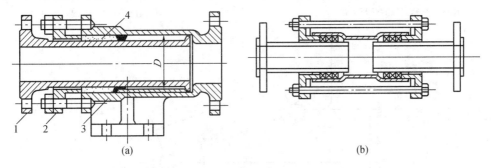

图 7-21　套管式补偿器

(a)单向活动的套管式补偿器；(b)高硅铁制双向活动的套管式补偿器

1—插管；2—填料压盖；3—套管；4—填料

套管式补偿器的特点是结构简单、紧凑,补偿能力大,占地面积小,施工安装方便；但这种补偿器的轴向推力大,易渗漏,需要经常维修和更换填料,管道稍有角向位移和径向位移,就会造成套管卡住现象,故单向套管式补偿器应安装在固定支架附近,双向套管式补偿器应安装在两固定支架中部,并应在补偿器前后设置导向支架。

套管式补偿器因其轴向推力较大,如果在一根较长的管路上安装两个或两个以上补偿器,相邻两个补偿器的安装方向应彼此相反。中间设置固定支架,一个固定支架两侧的补偿器至固定支架的间距应大致相等。如图 7-22 所示。

图 7-22　两个套管式补偿器及中间的固定支架示意

④球形补偿器安装。

球形补偿器由球体、壳体和密封圈构成。它能在空间任意方向转动,其结构如图 7-23 所示。管道敷设受环境条件限制,不能以同一标高和方向直线敷设时(见图 7-24),各段管子(A、B、C、D)的膨胀应力就不在同一中心线上,采用球形补偿器能够吸收由复杂力系产生的多方位应力,即球体以球心为旋转中心,能转动任意角度,靠转动变形吸收应力。球形补偿器的工作原理如图 7-25 所示。

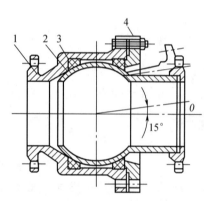

图 7-23　球形补偿器结构示意图

1—壳体;2—球体;3—密封圈;4—压紧法兰

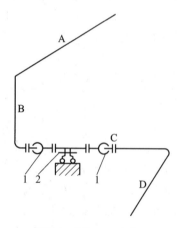

图 7-24　管道架设敷设时球形补偿器安装

1—球形补偿器;2—带方向节滚动支架

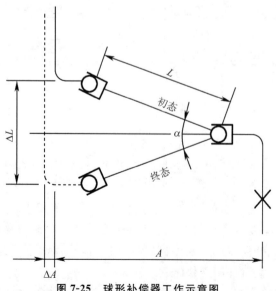

图 7-25　球形补偿器工作示意图

安装时,球形补偿器两端通过法兰盘与供热管道相连接。球面与壳管的间隙用密封圈填入,通过压紧法兰压紧密封圈,压紧法兰的螺母拧紧应适度,拧得过紧,会使密封圈弹性受损,缩短使用期。

球形补偿器安装注意事项如下。

a. 球形补偿器至少两个成对使用,才能收到较好效果。

b. 安装时两端管道中心线与球形补偿器中心线应重合,以利于球旋转。

c. 两边连接管管端宜用滑动支架,两球之间的管宜用带万向节的滚动支架。

d. 压紧法兰处必须露出一部分球体,当球体朝上安装时,球体部位应采取遮盖措施,防止落入和积存污物,影响球转动。

球形补偿器结构较复杂,造价较高,而且需要维修更换密封填料,承压和耐温方面均不及方形补偿器。

7.2　室外热力管道试压和清洗

7.2.1　室外热力管道试压

热力管道安装完后,必须进行强度与严密性试验。强度试验用试验压力试验管道,严密性试验用工作压力试验管道。热力管道一般采用水压试验。寒冷地区冬季试压也可以用气压进行试验。

1. 试压内容

室外热力管道试压内容:热力管道强度试验—热力管道严密性试验—热力管道清洗。

2. 试压要求

(1) 热力管道强度试验。

热力管道的直径较大,距离较长,一般试验时都是分段进行的。强度试验的试验压力为工作压力的 1.5 倍,且不得小于 0.6 MPa。

试验前,应将管路中的阀门全部打开,试验段与非试验段管路应隔断,管道敞口处要用盲板封堵严密;与室内管道连接处,应在从干线接出的支线上的第一个法兰中插入盲板。

经充水排气后关闭排气阀,若各接口无漏水现象就可缓慢加压。先升压至工作压力,全面检查管道,无渗漏时继续升压。当压力升至试验压力时,停止加压并观测 10 min,若压力降不大于 0.05 MPa,可认为系统强度试验合格。

另外,管网上用的预制三通、弯头等零件,在加工厂用 2 倍的工作压力试验,闸阀在安装前用 1.5 倍工作压力试验。

(2) 热力管道严密性试验。

严密性试验一般伴随强度试验进行,强度试验合格后将水压降至工作压力,用质量不大于 1.5 kg 的圆头铁锤,在距焊缝 150~200 mm 处沿焊缝方向轻轻敲击,各接口若无渗漏则管道系统严密性试验合格。

当室外温度为 -10~0 ℃仍采用水压试验时,水的温度应为 50 ℃左右。试验完毕后应立即将管内存水排放干净。有条件时最好用压缩空气冲净。

还应指出的是,对于架空敷设热力管道的试压,其手压泵及压力表如在地面上,则其试验压力应加上管道标高至压力表的静水压力。

7.2.2 室外热力管道清洗

热力管道的清洗应在试压合格后,用水或蒸汽进行。

1. 清洗内容

室外热力管道清洗内容:清洗前的准备—热力管道水力清洗—热力管道蒸汽吹洗。

2. 清洗要求

(1) 清洗前的准备。

①应将减压器、疏水器、流量计和流量孔板、滤网、调节阀芯、止回阀芯及温度计的插入管等拆下。

②把不应与管道同时清洗的设备、容器及仪表管等与需要清洗的管道隔开。

③支架的牢固程度能承受清洗时的冲击力,必要时应予以加固。

④排水管道应在水流末端的低点接至排水量可满足需要的排水井或其他允许排放的地点。排水管的截面积应按设计或根据水力计算确定,并能将脏物排出。

⑤蒸汽吹洗用排气管的管径应按设计或根据计算确定并能将脏物排出,管口的朝向、高度、倾角等应认真计算,排气管应较短,端部应有牢固的支撑。

⑥设备和容器应有单独的排水口,在清洗过程中管道中的脏物不得进入设备,设备中的脏物应单独排泄。

(2) 热力管道水力清洗。

①清洗应按主干线、支干线的次序分别进行,清洗前应充水浸泡管道。

②小口径管道中的脏物,在一般情况下不宜进入大口径管道中。

③在清洗用水量可以满足需要时,尽量扩大直接排水清洗的范围。

④水力冲洗应连续进行并尽量加大管道内的流量,一般情况下管内的平均流速不应低于 1.0 m/s。

⑤对于大口径管道,当冲洗水量不能满足要求时,宜采用密闭循环的水力清洗方式,管内流速应达到或接近管道正常运行时的流速。在循环清洗的水质较脏时,应更换循环水继续进行清洗。循环清洗的装置应在清洗方案中考虑和确定。

⑥管网清洗的合格标准:应以排水中全固形物的含量接近或等于清洗用水中全固形物的含量为合格;当设计无明确规定时,入口水与排水的透明度相同即为合格。

(3) 热力管道蒸汽吹洗。

输送蒸汽的管道宜用蒸汽吹洗。蒸汽吹洗按下列要求进行。

①吹洗前,应缓慢升温暖管,恒温 1 h 后进行吹洗。

②吹洗用蒸汽的压力和流量应按计算确定。一般情况下,吹洗压力应不大于管道工作压力的 75%。

③吹洗次数一般为 2 次或 3 次,每次的间隔时间为 2~4 h。

④蒸汽吹洗的检查方法:将刨光的洁净木板置于排气口前方,板上无铁锈、脏物即为合格。

清洗合格的管网应按照技术要求恢复拆下来的设施及部件,并应填写供热管网清洗记录。

【思考题】

7-1 室外供热管道支架有哪些类型?

7-2 固定支架和滑动支架的区别是什么?

7-3 固定支架包括哪些类型,具体特点是什么?

7-4 补偿器包括哪些类型,安装前应当采取哪些措施?

第8章　室外给水排水管道安装

8.1　室外给水管道安装

室外给水管道工程的施工,主要包括土方工程、室外给水管道安装以及安装质量验收。室外给水管线,一般多采用给水铸铁管,有时也采用热镀锌钢管、塑料管和塑料复合管。本节以给水铸铁管为例,介绍室外给水管道安装内容和安装要求。

8.1.1　安装内容

室外给水管道安装内容:挖槽—管道接口安装—管道安装—管道试压—管道冲洗、消毒—管沟回填。

8.1.2　安装要求

1. 挖槽

挖槽之前应当充分了解开槽地段的土质及地下水位情况,根据管道直径、埋设深度、施工季节和地面上的建筑物等情况确定沟槽的形式和沟槽底宽。当设计无规定时,可按照如表 8-1 所示数值选取。

表 8-1　沟槽底宽尺寸表　　　　　　　　　　　　　　　　单位:m

管材名称	管径/mm				
	50～75	100～200	250～350	400～450	500～600
铸铁管、钢管、石棉水泥管	0.70	0.80	0.90	1.10	1.50
陶土管	0.80	0.80	1.00	1.20	1.60
钢筋混凝土管	0.90	1.00	1.00	1.30	1.70

注:①当管径大于 1000 mm 时,对任何管材,沟底净宽为 $D_w+0.6$ m(D_w 为管箍外径)。

②当有支撑板加固管沟时,沟底净宽加 0.1 m;当沟深大于 2.5 m 时,每增深 1 m,净宽加 0.1 m。

③在地下水位高的土层中,管沟的排水沟为 0.3～0.5 m。

铺设铸铁管或钢管,一般不加任何基础,可用天然土基作为基础。施工时,仅需要将天然地基整平或挖成与管子外形相符的弧形槽,所以,不论采用何种方法挖沟槽,一定不要超挖。一旦超挖破坏了天然土基,或被地面水浸泡后,应将这部分土壤挖掉,再铺垫砂石,以确保管基的坚固性。

2. 管道接口安装

（1）铸铁管安装。

①承口朝来水方向顺序安装。管道中心线必须与定位中心线一致,调整管底标高。管道转弯处及始端应采用木方等支撑牢固,防止捻口时管道轴向移动。

②承插口之间的环形间隙应均匀一致,不得小于 3 mm。

③管道调平调直后将管道固定。在靠近管道两端处用浮土覆盖,两侧夯实,所有临时预留接口要及时封堵。

（2）对口。

对口方法要根据管径的大小确定。管径小于 400 mm 的管子,可用人工或用撬杠顶入对口;管径不小于 400 mm 的管子,用吊装机械或倒链对口。

对口前,应先清理管端的泥土。若采用橡胶圈石棉水泥接口,应将橡胶圈套在插口上,然后将插口顶入或拉入承口内。要求承插口对好后,其对口最大间隙不得超过表 8-2 所规定的数值,但也不应小于 3 mm。

表 8-2　铸铁管承插口的对口最大间隙　　　　　　　　　　　　单位:mm

管　　径	沿直线敷设	沿曲线敷设
75	4	5
100~200	5	7~13
300~500	6	14~22

注:沿曲线敷设,每个接口允许有 2°转角。

为了使已对好的承插口同心,应在承口与插口间打入錾子(即铁楔),其数目一般不少于 3 个。沿直线敷设的铸铁管,其承插口间的环形间隙应符合表 8-3 的规定。然后在管节中部填土至管顶并夯实,使管子固定,取出铁楔,再进行打口。

表 8-3　铸铁管承插接口的环形间隙　　　　　　　　　　　　单位:mm

管　　径	标准环形间隙	允 许 偏 差
75~200	10	+3 -2
250~450	11	+4 -2
500	12	

对口时,如管道上设有阀门,应先将阀门和与其配合的两侧短管安装好,而不应先将两侧管子就位,然后安装阀门,因为这样做,阀门找正及上紧螺栓都不方便。

（3）打口及养护。

管道打口又称"管道接口"。庭院给水管道的接口方式,一般采用承插式接口,仅在与有法兰盘的配件、阀门连接时,或其他特殊情况下才采用法兰盘接口。给水铸铁管可采用以下几种承插式接口方法。

①油麻石棉水泥接口。油麻石棉水泥接口是一种常用的接口形式,如图 8-1 所示。在 2.0~

2.5 MPa 压力下能保持严密。这种接口属于刚性连接,不适用于地基不均匀沉陷地区以及温度波动较大的情况。

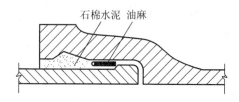

石棉水泥 油麻

图 8-1 承插式铸铁管油麻石棉水泥接口

自制油麻是将线麻浸入5%的5号沥青和95%的汽油混合溶液中,泡制后风干即成。油麻使用前应进行消毒。石棉采用标号不低于四级的柔软石棉,水泥选用不低于32.5级的硅酸盐水泥或矿渣硅酸盐水泥,后者抗腐蚀性能较好,但硬化较慢,当遇有腐蚀性地下水时,不宜用硅酸盐水泥,最好采用火山灰水泥。

石棉水泥的质量配合比应为石棉30%、水泥70%,水灰比宜不大于0.20。配制时,先将石棉绒用8号铁丝打松,再与水泥干拌均匀,然后洒水、用手搓匀。拌和物的干度应为用手可握成团,张开手用手指轻轻一拨又可松开。注意应根据用量随用随搅拌,一次拌成的填料,应在1 h内用完。

接口时,先将油麻拧成粗度为1.5倍接口环向间隙、长度比管子外周长长50~100 mm的麻股,并将其缠在插管上,用捻口凿打入接口缝隙,通常应打入2层或3层麻股,每层麻股的接头应错开,然后用手锤和捻凿加力打实,打实后的麻层深度一般应为承口深度的1/3。石棉水泥则可分为4层或5层填打,第一层填灰为深度的1/2,第二层填灰深度为余下的2/3,此后每层可填满后再捻打,直到与承口端面相平为止。石棉水泥捻打用灰凿和手锤进行,每层均应捻打2遍或3遍,直到灰口表面出现潮湿痕迹为止。

打好的石棉水泥接口应进行养护,方法是在接口处绕上草绳或盖上草袋、麻袋布、破布或土,然后少量地洒水,且每隔6~8 h洒水一次,保持接口有一定水分,养护时间不少于48 h。如遇有地下水,接口处应涂抹黏土,以防石棉水泥被水冲刷;若遇有侵蚀性地下水,接口处应涂抹沥青防腐层。油麻石棉水泥接口尺寸及主要材料见表8-4。

表 8-4 油麻石棉水泥接口尺寸及材料用量表

管径 /mm	承口长度 /mm	填灰深度 /mm	塞麻深度 /mm	环形空间 标准宽度/mm	每个接口的材料用量/kg		
					石棉	水泥	油麻
75	75	45	30	9	0.15	0.35	0.083
100	80	45	35	9	0.20	0.47	0.100
150	85	45	40	9	0.30	0.70	0.140
200	85	45	40	10	0.90	0.90	0.160
250	90	45	45	10	0.52	0.20	0.298
300	95	45	50	10	0.61	1.41	0.33

②橡胶圈石棉水泥接口。橡胶圈石棉水泥接口是用橡胶圈取代了油麻石棉水泥接口中的油麻线股。要求橡胶圈的内径为0.85~0.90倍的插管外径,而且橡胶圈使用前必须逐个检查,不得有割裂、破损、气泡、大飞边等缺陷。因橡胶圈富有弹性和水密性,故其接口的严密性比油麻石棉水泥接口要好,但造价高于油麻石棉水泥接口。橡胶圈石棉水泥接口的用料量见表8-5。

表 8-5　给水铸铁管承插接口用料量

管径 /mm	橡胶圈石棉水泥接口			自应力水泥砂浆接口		石膏氯化钙水泥接口		
	胶圈 /个	石棉绒 /kg	水泥 /kg	自应力 水泥/kg	中砂 /kg	水泥 /kg	石膏粉 /kg	氯化钙 /kg
75	1	0.18	0.42	0.29	0.29	0.53	0.05	0.027
100	1	0.24	0.55	0.39	0.39	0.69	0.07	0.035
150	1	0.35	0.80	0.59	0.59	1.13	0.11	0.057
200	1	0.44	1.26	0.75	0.75	1.38	0.14	0.070
250	1	0.61	1.42	1.00	1.00	1.27	0.17	0.086
300	1	0.72	1.67	1.18	1.18	2.10	0.21	0.105

　　③自应力水泥砂浆接口。自应力水泥属膨胀水泥的一种,在凝固期间,它具有遇水膨胀、强度增长速度加快的特点。自应力水泥由硅酸盐水泥、矾土水泥、二水石膏按质量比 72∶14∶14 混合而成,硅酸盐水泥产生强度成分,矾土水泥和二水石膏产生膨胀成分。使用前用水淘洗,清除杂质。拌和后应控制在 1 h 内用完。

　　接口时,一面塞填拌和料,一面用灰凿分层捣实,其接口用料量见表 8-5。

　　④石膏氯化钙水泥接口。石膏氯化钙水泥接口填料的质量配合比为水泥∶石膏粉∶氯化钙 =10∶1∶0.5。水的质量占总质量的 20%,水泥使用 42.5 级硅酸盐水泥,石膏粉粒度为能通过 200 目纱网。

　　操作时,先将水泥和石膏粉拌匀,把氯化钙粉碎溶于水中,然后与干料拌和,拌和好的填料应在 6～10 min 内用完。石膏氯化钙水泥接口的用料量见表 8-5。

　　⑤橡胶圈水泥砂浆接口。橡胶圈水泥砂浆接口是用水泥砂浆代替了石棉水泥封口,从而省去了锤打石棉水泥的繁重劳动。这种接口一般用于管径 200 mm 以下的小口径管道上,能耐压1.4 MPa。

　　⑥青铅接口。青铅接口是指用铅作接口材料的承插连接。它具有刚性和抗震性好、施工方便、不需养护、接口严密等优点。常用于急需通水,穿越铁路、公路、河槽及振动较大处的管道承插接口。但因青铅较贵,一般不宜在全管段普遍采用,青铅接口有冷铅接口和熔铅接口两种。

　　冷铅接口是将铅条拧成绳股,填塞进承插口的环形间隙,分层填塞、分层打实。冷铅接口一般用于处于湿环境的接口中,如水中。熔铅接口是先将油麻股打入接口中,再把管口用卡箍(或石棉绳)严密围住,卡箍和管壁间的接缝用湿黏土抹好,以防漏铅。卡箍上部留有灌铅口。用铅锅将铅熔化至紫红色(约 600 ℃,青铅纯度在 99% 以上),再用铅勺从灌铅口灌入接口,直至铅液灌满为止。注意熔铅胚一次灌满。待铅凝固后,取下卡箍(或石棉绳),趁热用手锤和捻凿从下到上捻打,直至承口表面平整均匀,以铅凹入承口 2～3 mm 为宜。

　　青铅接口尺寸及主要材料用量见表 8-6。

表 8-6　青铅接口尺寸及主要材料用量表

管径 /mm	承口长度 /mm	灌铅深度 /mm	塞麻深度 /mm	环形空间 标准宽度/mm	每个接口的铅、麻用量/kg	
					青铅	油麻
75	75	50	25	9	2.24	0.106
100	80	50	30	9	2.86	0.138
150	85	50	35	9	4.11	0.200
200	85	50	35	10	5.30	0.252
250	90	50	40	10	7.56	0.368
300	95	50	45	10	8.89	0.432

3. 管道安装

（1）把预制好的管道运到安装部位按编号依次排开，并检查接口管膛清理情况。

（2）螺纹连接时，在管道螺纹处抹上白厚漆并缠好麻，用管钳或链钳按编号依次上紧，螺纹外露 2～3 扣，安装完毕后调直、调正，复核甩口的位置、方向及变径无误。清除麻头，所有管口加好临时丝堵。

（3）焊接连接前，应先修口、清根。壁厚不小于 4 mm 的管道对焊时，管端应进行坡口。焊接时应先将管端点焊固定，管径不大于 100 mm 时可点焊 3 点固定，管径大于 100 mm 时应点焊 4 点固定。焊缝的外观质量应符合表 8-7 的规定。

表 8-7　焊缝的外观质量

项目	技术要求
外观	不得有熔化金属流到焊缝外未熔化的母材上，焊缝和热影响区表面不得有裂纹、气孔、弧坑和灰渣等缺陷；表面光顺、均匀，焊道与母材应平缓过渡
宽度	应焊出坡口边缘 2～3 mm
表面余高	应不大于 1 mm+0.2 倍坡口边缘宽度，且不应大于 4 mm
咬边	深度应不大于 0.5 mm，焊缝两侧咬边总长不得超过焊缝长度的 10%，且连续长不应大于 100 mm
错边	应不大于 0.2t，且不应大于 2 mm
未满焊	不允许

注：t 为壁厚，单位为 mm。

（4）压力试验合格后，应对外露螺纹、焊口进行防腐处理。

（5）管道附件应安装在设置于检查井内的支墩上。检查井井盖要有永久性的文字标志，各种井盖不得混用。

4. 管道季节性施工

管道季节性施工应注意以下内容。

（1）冬期施工时，管道水压试验、冲洗后应将水排净，以防冻裂。

（2）冬期施工防腐时，应将管道上的冰霜清理干净，避免涂料不能良好地附着在管道上。

（3）冬期施工时,管道接口如采用水泥捻口,应用掺有防冻剂的水泥,捻口完毕后用草袋或保温被覆盖防护。

（4）雨期施工时,管沟应有良好的防泡槽、防坍塌措施,如有雨水及时排放。

（5）雨期施工时,各临时预留接口应封堵严密,以防污水进入管内。

（6）雨雪天气露天进行铅口及焊口施工时,应搭建临时防雨篷。

5. 管道试压

（1）水压试验前的准备工作。

①水压试验应在管件支墩做完,并达到要求强度后进行,对未做支墩的管件应做临时后背。

②埋地管道应在管基检查合格,胸腔填土不小于 500 mm 后进行试压,试压管段长度一般不超过 1000 m。

③水压试验时,在管道各最高点设排气阀,最低点设放水阀。

④水压试验所用的压力表必须校验准确。

⑤水压试验所用手摇式试压泵或电动试压泵应与试压管道连接稳妥。水压试验系统连接示意图如图 8-2 所示。

⑥管道试压前,其接口处不得进行油漆和保温,以便进行外观检查。所有法兰连接处的垫片应符合要求,螺栓应全部拧紧。

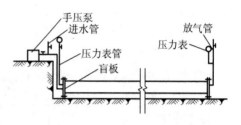

图 8-2　水压试验设备布置示意图

（2）试验压力。

室外给水管道试验压力应符合表 8-8 的规定。

表 8-8　室外给水管道水压试验压力　　　　　　　　　单位:MPa

管　　材	工作压力 P_t	试　验　压　力
碳素钢管	—	$P_t+0.5$,并不小于 0.9
铸铁管	$P_t \leqslant 0.5$	$2P_t$
	$P_t > 0.5$	$P_t+0.5$
预、自应力钢筋混凝土管 和钢筋混凝土管	$P_t \leqslant 0.6$	$1.5P_t$
	$P_t > 0.6$	$P_t+0.3$

（3）水压试验步骤。

①水压试验前应将管道进行加固。干线始末端用千斤顶固定,管道弯头及三通处用水泥支墩或方木支撑固定。

②当采用水泥接口时,管道在试压前用清水浸泡 24 h,以增强接口强度。

③向管内灌水时,应打开各管道高处的排气阀,待水灌满后,关闭排气阀和进水阀,如图 8-2 所示。

④试验压力为工作压力的 1.5 倍,且不得小于 0.6 MPa。

⑤用试压泵缓慢升压,在试验压力下 10 min 内压力降不应大于 0.05 MPa,应分 2 次或 3 次使压力升至试验压力。然后降至工作压力进行检查,压力应保持不变,检查管道及接口,不渗不漏为

合格。

(4)水压试验注意事项。

①在试压过程中,应注意检查法兰、螺纹接头、焊缝和阀件等处有无渗漏和损坏现象,试压结束后,将系统水放空,拆除试压设施,对不合格处进行补焊和修补。

②对于小口径(指管径小于 300 mm)的管道,在气温低于 0 ℃时进行试验,试验完毕应立即将管内存水放净。对于大口径的管道,当气温在 -5 ℃时,可用浓度20%～30%的冷盐水进行试压。

③冬季进行管道试压,小口径的管道容易冻结,如压力表管、排气阀及放水阀短管等,都要预先缠好草绳或覆盖保温。此外,试压管段长度宜控制在 50 m 左右,操作前做好各项准备工作,操作中行动要迅速,一般应在 2～3 h 内试验完毕。

6. 管道冲洗、消毒

(1)冲洗水的排放管应接入可靠的排水井或排水沟,并保持通畅和安全。排放管截面不应小于被冲洗管截面的 60%。

(2)管道应以流速不小于 1.5 m/s 的水进行冲洗。

(3)管道冲洗以出口水色和透明度与入口一致为合格。

(4)生活饮用水管道冲洗后用消毒液灌满管道,对管道进行消毒,消毒水在管道内滞留 24 h 后排放。管道消毒后,水质须经水质部门检验合格后方可投入使用。

7. 管沟回填

(1)管道试验合格后进行回填。管道周围 200 mm 以内应用砂子或无块石及无冻土块的土进行回填。管顶上部 500 mm 以内不得回填直径大于 100 mm 的块石或冻土块,500 mm 以上部分用块石或冻土回填时,不得集中。

(2)管沟回填时,为防止管道偏移或损坏,应人工进行回填,回填时应在管道两侧同时进行。管顶以上回填时,每次回填 150 mm,用木夯夯实,不得漏夯或夯土不实。500 mm 以上用蛙式夯进行夯实,每次回填夯土 300 mm。

8.2 室外排水管道安装

室外排水管道的管材主要为非金属管,其中有混凝土管、钢筋混凝土管、陶土管和石棉水泥管等。施工时,所采用的管材必须符合质量标准,不得有裂纹,管口不得有残缺。

排水管道安装质量,必须符合下列要求:平面位置及标高要准确,坡度应符合设计要求;接口要严密,污水管道必须经闭水试验合格;混凝土基础与管壁结合应严密、坚固。

室外排水管道的施工工序与室外给水铸铁管道的施工工序基本相同,所不同的工序是几种不同管材的接口连接等。

8.2.1 安装内容

室外排水管道安装内容:开挖管沟—管道接口连接—管道安装—管道试压—管沟回填。

8.2.2　安装要求

1. 开挖管沟

（1）根据导线桩测定管道中心线，在管线的起点、终点和转角处钉一较长的木桩作中心控制桩。用两个控制点控制此桩，将窨井位置相继用短木桩钉出。

（2）根据设计坡度计算挖槽深度，放出上开口挖槽线；沟槽深度必须大于当地冻土层深度。

（3）测定污水井等附属构筑物的位置。

（4）在中心桩上钉个小钉，用钢尺量出间距，在窨井中心牢固埋设水平板，不得高出地面。板上钉出管道中心线作挂线用，在每块水平板上注明井号、沟宽、坡度和立板至各控制点的距离。

（5）深度在 5 m 以内的管沟边坡的最大坡度（不加支撑）见表 8-9。

表 8-9　深度在 5 m 以内的管沟边坡的最大坡度

土壤名称	边坡坡度		
	人工挖土并将土抛于沟的上边	机械挖土	
		在沟底挖土	在沟上边挖土
砂土	1∶2.00	1∶0.67	1∶1.00
砂质粉土	1∶0.67	1∶0.50	1∶0.75
粉质黏土	1∶0.50	1∶0.33	1∶0.75
黏土	1∶0.33	1∶0.25	1∶0.67
含卵石土	1∶0.67	1∶0.50	1∶0.75
泥炭岩白垩土	1∶0.33	1∶0.25	1∶0.67
干黄土	1∶0.25	1∶0.10	1∶0.33

注：若采用多斗挖土机不受此表限制。

（6）在无地下水的天然湿度土壤中开挖沟槽时，如沟深不超过表 8-10 的规定，沟壁可不设边坡。

表 8-10　可不设边坡条件

土壤类别	沟深/m
填实的砂土	≤1.00
砂质粉土和粉质黏土	≤1.25
黏土	≤1.50
特别密实土	≤2.00

（7）管沟沟底尺寸（埋设深度在 1.5 m 以内）见表 8-11。

表 8-11 管沟沟底尺寸

管 道 材 质	铸铁管、镀锌钢管、钢管			
管径尺寸/mm	50～70	100～200	200～250	400～450
沟底尺寸/m	0.6	0.7	0.8	1.0

（8）用水准仪测出水平板标高，以便确定坡度。在中心钉一 T 形板，使其下缘水平，且和沟底标高相同，另一个窨井的水平板同样设置。

（9）在挖沟过程中，对控制坡度的水平板要注意保护和复测。

（10）挖至沟底时，在沟底钉临时桩以便控制标高，防止超挖，破坏原状土层。

（11）挖沟深度在 2 m 以内时，采用脚手架进行接力倒土，也可用边坡台阶二次返土；根据沟槽土质和深度不同，酌情设置支撑加固。

2. 管道接口连接

（1）混凝土管及钢筋混凝土管接口。

混凝土管及钢筋混凝土管的接口，主要有承插式接口、抹带式接口和套环式接口三种。

①承插式接口。

承插式接口材料有沥青油膏和水泥砂浆。沥青油膏接口为柔性接口，适用于污水管道，施工时，先在插口外壁及承口内壁涂冷底子油（质量配合比：4 号沥青、汽油之比为 3∶7）一道，将承插口对正，然后将沥青油膏（质量配合比：6 号石油沥青、重松节油、废机油、石棉灰、滑石粉之比为 100∶11.1∶44.5∶77.5∶119）填入承插口间隙。水泥砂浆接口为刚性接口，一般用于雨水管道，施工时将承插口对正后填入质量配合比为 1∶2 的水泥砂浆，水泥砂浆应有一定稠度，填满后应用抹刀挤压表面。这两种承插式接口如图 8-3 所示。

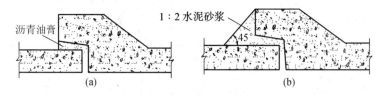

图 8-3 排水承插式接口
(a)沥青油膏承插式接口；(b)水泥砂浆承插式接口

②抹带式接口。

抹带式接口的抹带有两种做法，即水泥砂浆抹带和铁丝网水泥砂浆抹带。这两种接口均属刚性接口。

水泥砂浆抹带接口的闭水能力较差，多用于平口式钢筋混凝土雨水管道上。抹带采用质量配合比为 1∶2.5 的水泥砂浆（水灰比不大于 0.5）。抹带应严密无裂缝，一般用抹刀分两层抹压，第一层为全厚的 1/3，其表面要粗糙，以便与第二层紧密结合。此种接口一般应打混凝土基础和管座，消耗水泥较多，并且需要较长的养护时间，如图 8-4 所示。

铁丝网水泥砂浆抹带中加入的一层或几层 22 号铁丝网（网眼 7 mm×7 mm）的作用是增加抹带接口的闭水能力和强度。这种接口可用于平口式钢筋混凝土雨水管道，也可以用于低压给水管道。具体做法如下。

将需要抹带的管口部分凿毛,下管并对好口,在管口凿毛处刷水泥浆一道,抹第一层水泥砂浆,厚约 10 mm,并压实,上铁丝网后用 18～22 号镀锌铁丝包扎。待第一层水泥砂浆初凝后,在铁丝网上抹第二层水泥砂浆,厚约 10 mm,并包上第二层铁丝网,两层铁丝网的搭接缝应错开。待第二层水泥砂浆初凝后再抹第三层水泥砂浆。对只需要加两层铁丝网的抹带,待第三层水泥砂浆初凝后,压实并抹光即完成接口,如图 8-5 所示。

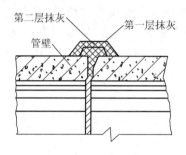

图 8-4　水泥砂浆抹带接口

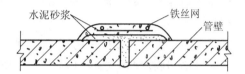

图 8-5　铁丝网水泥砂浆抹带接口

③套环式接口。

套环的材料一般与管材相同,套环内径比管外径大 25～30 mm,套环套在两管接口处后,其间环形空隙的填料有沥青砂和石棉水泥两种。其结构分别如图 8-6 和图 8-7 所示。套环接口不允许用膨胀水泥。

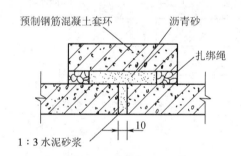

图 8-6　套环沥青砂接口

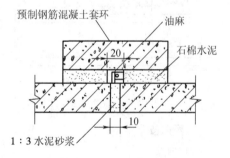

图 8-7　套环石棉水泥接口

套环沥青砂接口为柔性接口,适用于地下水位以下的、地基较差可能产生不均匀沉陷的管道。沥青砂的质量配合比:混合沥青、石棉粉、细砂之比为 1：0.67：0.67。混合沥青由 4 号和 5 号沥青各 50％制成,石棉粉中要求有 30％纤维,细砂要能通过 0.25 mm 的筛孔。施工时,先在接口外壁及套环内壁各涂一道冷底子油,然后下管对好管口,将套环移至两管接缝处,并应居中,与管同心,塞入沥青砂,并在套环两端严密地填塞深度为 30～50 mm 的扎绑绳,然后在接口处做混凝土基础。

套环石棉水泥接口属半刚性接口,适用于地下水位以下的、地基可能产生少量不均匀沉陷的管道。其油麻和石棉水泥的质量、石棉水泥的配合比及填打方法均与承插式铸铁管的相同,只是填打时,套环石棉水泥接口是从两侧同时进行的。这种接口同样要求施工时,先做接口,后做接口处混凝土基础。

(2) 陶土管接口。

陶土管(缸瓦管)有单面带釉和双面带釉两种,多为承插式接口,接口填料为水泥砂浆。

水泥砂浆的质量配合比为1∶1,其稠度以填塞到承插口中不流动为宜。当地下水水位较高或有侵蚀性时,最好采用火山灰水泥,接口后再用泥土养护。

(3) 石棉水泥管接口。

石棉水泥管接口,分刚性接口和柔性接口两种。刚性接口不用橡胶密封圈,造价低,但在地基不均匀沉陷时,容易在纵向折断或拉断。

①刚性接口。刚性接口由套管和填料组成,套管有铸铁套管和石棉水泥套管两种,其强度一般不得低于管子的强度。根据填料不同,石棉水泥管的刚性接口有石棉水泥接口、自应力水泥(膨胀水泥)砂浆接口和胶结剂接口等。目前常用的是石棉水泥接口,工作压力可达 0.7 MPa。其填缝材料使用油麻和石棉水泥,填麻长度占套管长度的 1/5~1/3,油麻和石棉水泥需要分层填打密实,如图 8-8 所示。

②柔性接口。柔性接口按构造不同,可分为套箍式、法兰式和套箍式单面柔性接口三类。常用的是人字箍和胶皮圈柔性接口,如图 8-9 所示。这种接口承压高达 1.4 MPa。人字箍铸件内外须平滑,无疵痕、蜂窝、凸凹等缺陷;胶皮圈物理性能应符合设计规定;铸铁人字箍及胶皮圈的尺寸误差不得超出设计允许范围;套用人字箍的管子的管端必须平滑。施工时,人字箍要放在正中,不能倾斜或偏于一侧;紧螺栓时,一定要对称拧紧,以防受力不均扭断法兰盘。

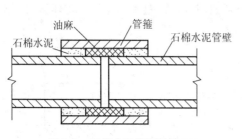

图 8-8　石棉水泥管刚性接口

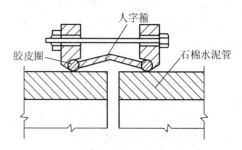

图 8-9　石棉水泥管人字箍柔性接口

3. 管道安装

(1) 画线下料。

①根据管道长度,以尽量避免固定(死口)接口和承插口集中设置为原则,在切割处做好标记。

②切割采用机械切割和手工切割,切割后,应将切口内外清理干净。

(2) 工作坑开挖。

向沟内下管前,在管沟内的管段接口处或钢管焊口处,挖好工作坑,坑口尺寸见表 8-12。

表 8-12　管段接口处坑口尺寸

公称直径 /mm	工作坑尺寸/m			
	宽　　度	长　　度		深　　度
		承口前	承口后	管底以下
75~200	管径+0.6	0.8	0.2	0.3
>200	管径+1.2	1.0	0.3	0.4

（3）下管。

①用绳或机具缓慢向管沟内下管。

②根据已确定的位置、标高,在管沟内按照承口朝来水方向排列已选好的铸铁管、管件。

③对好管段接口,调直管道,核对管径、位置、标高、坡度无误后,从低处向高处连接其他固定接口。

4. 管道试压

室外排水管道安装完毕后,应进行压力试验。埋地给水压力管道应在覆土前进行水压试验;排水无压管道应进行闭水试验。

室外排水管道,由于为无压力管道,故只试水不加压力,常称作"闭水(灌水)试验"。对于室外非金属污水管道,必须做闭水试验;雨水管道和与雨水管道性质相近似的管道除处于大孔性土壤中及水源地区外,可不做闭水试验。

（1）闭水试验应在管道覆土前进行。试验时,应对接口和管身进行外观检查,以无漏水和无严重渗水现象为合格;排出带有腐蚀性污水的管道,不允许渗漏。

（2）闭水试验一般应在管道灌满水,经 1~2 昼夜后进行渗水量测定,测定的时间应不小于 30 min。如设计无要求,闭水试验可按下述规定进行。

①在潮湿土壤中,检查地下水渗入管中的水量,可根据地下水的水平线而定:地下水位超过管顶 1~4 m,渗入管道内的水量不应超过表 8-13 的规定;地下水位超过管顶 4 m 以上,则每增加水头 1 m 允许增加渗入水量 10%。

②在干燥土壤和地下水位不高于管顶 2 m 的潮湿土壤中,检查管道的渗出水量,其充水高度应高出上游检查井内管顶 4 m,渗出的水量不应大于表 8-13 的规定。

表 8-13　1000 m 长的管道在一昼夜内允许渗出或渗入的水量　　　　单位:m³

管径/mm	≤150	200	250	300	350	400	450	500	600
钢筋混凝土管、混凝土管或石棉水泥管	7.0	20	24	28	30	32	34	36	40
缸瓦管	7.0	12	15	18	20	21	22	23	23

5. 管沟回填

（1）管道经验收合格后,管沟方可进行回填土。

（2）管沟回填土时,在两侧对称下土,水平方向均匀地摊铺,用木夯捣实。管道两侧直到管顶 0.5 m 以内的回填土必须分层人工夯实,回填土分层厚度为 200~300 mm,同时防止管道中心线位移及管口受到振动松动;管顶 0.5 m 以上可采用机械分层夯实,回填土分层厚度为 250~400 mm,各部位回填土干密度应符合设计和有关规范规定。

（3）沟槽若有支撑,随同回填土逐步拆除,有横撑板的沟槽,先拆横撑板后填土,自下而上拆卸支撑;若用支撑板或板桩,可在回填土过半时再拔出,拔出后立刻灌砂充实;如拆除支撑不安全,可以保留支撑。

（4）沟槽内有积水必须排除后方可回填。

【思考题】

8-1　室外给水管道安装接口的类型有哪些?

8-2　室外排水管道安装接口的类型有哪些?

8-3　什么是闭水试验,具体要求是什么?

第9章 燃气系统安装

燃气管网的安装应当确保其安全、可靠地将各类具有正常压力、足够数量的燃气供应到各个用户端,在满足这一要求的条件下,要尽量缩短管线,以节省投资和费用。在城镇燃气管网供气规模、供气方式和管网压力级制选定以后,根据气源规模、用气量及其分布、城市状况、地形地貌、地下管线与构筑物、管材设备供应条件、施工和运行条件等因素综合考虑管线的布置。

9.1 室内燃气管道安装

室内燃气管道通常安装在厨房内,厨房面积一般较小,又有自来水管、排水管、电灯线、碗橱、水池等设施,使得有限的厨房空间显得更加狭小。室内燃气管道的布置,既要考虑它们本身的安全,方便使用和维修,还要不影响其他管道及设备。

9.1.1 室内燃气管道组成

室内燃气管道系统由用户引入管、干管、立管、用户支管、燃气计量表、用具连接管和燃气用具等组成,如图9-1所示。

用户引入管与城市或庭院低压分配管道连接,在分支管处设阀门。输送湿燃气的引入管一般由地下引入室内,当采取防冻措施时也可由地上引入。在非采暖地区或输送干燃气、管径不大于75 mm时,可由地上直接引入室内。输送湿燃气的引入管应有不小于0.005的坡度,坡向城市分配管道。引入管穿过承重墙、基础或管沟时,均应设在套管内,并应考虑沉降的影响,必要时应采取补偿措施。

引入管上既可连一根燃气管,也可以连若干根立管,后者则应设置水平干管。水平干管可沿楼梯间或辅助房间的墙壁敷设,坡向引入管,坡度应不小于0.002。管道经过的楼梯间和房间应有良好的自然通风。

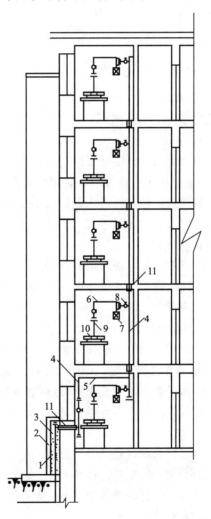

图9-1 室内燃气管道系统剖面图
1—用户引入管;2—砖台;3—保温层;4—立管;
5—水平干管;6—用户支管;7—燃气计量表;
8—旋塞及活接头;9—用具连接管;10—燃气用具;11—套管

燃气立管一般应敷设在厨房或走廊内。当由地下引入室内时,立管在第一层处应设阀门。阀门一般设在室内,对重要用户尚应在室外另设置阀门。立管的上下端应装丝堵,其直径一般不小于 25 mm。立管通过各层楼板处应设套管。套管高出地面至少 50 mm。

由立管引出的用户支管,在厨房内其高度不低于 1.7 m。敷设坡度不小于 0.002,并由燃气计量表分别坡向立管和燃具。

用具连接管(又称"下垂管")是在支管上连接燃气用具的垂直管段,其上的旋塞应距地面 1.5 m 左右。

9.1.2 室内燃气管道安装内容

室内燃气管道的安装内容为:预制加工—引入管安装—水平管安装—立支管安装—管道固定—管道试压、吹洗—燃气表安装—防腐、刷油。

9.1.3 室内燃气管道安装要求

1. 预制加工

内容请参见相关资料。

2. 引入管安装

(1)引入管一般从室外直接进入厨房,不得穿过卧室、浴室、地下室、有易燃易爆物的仓库、配电室、烟道和进风道等地方。若直接引入有困难,可以由楼梯间引入,然后进入厨房。

(2)输送人工煤气的引入管的最小公称直径应不小于 25 mm。输送天然气和液化石油气的引入管的最小公称直径应不小于 15 mm。它们的埋设深度应在土壤冰冻线以下,并应有不低于 0.01 坡向庭院的坡度。

(3)地下弯管处应使用煨弯管,弯曲半径不小于弯管管径的 4 倍,地下部分应做好防腐工作。

(4)穿建筑物基础或墙体时,应设置套管,套管与燃气管之间每侧间隙不小于 6 mm。对尚未完成沉降的建筑物,上部间隙应大于建筑物预计的最大沉降量,套管与燃气管之间用沥青油麻填塞,并用热沥青封口。

(5)引入管阀门应当选择快速切断式阀,当地上低压燃气引入管的直径不超过 75 mm 时,可在室外设置带丝堵的三通,不另设阀门。

(6)引入管必须采用整根钢管,弯管只准用煨弯,不得用焊接。

(7)引入管埋地和镶入墙内及保温台内部分必须进行防腐,防腐等级与庭院管道相同,引入管形式见图 9-2。

(8)高层建筑和沉降量大的建筑的引入管应考虑建筑物沉降,除加套管外还可采用柔性管材、挠性管或补偿器,如图 9-3 所示。

(9)引入管套管的做法如图 9-4 所示。燃气管道应处在套管的下部 1/3 处。套管两边用沥青油麻等柔性材料密封。

3. 水平管安装

湿燃气水平管道要求有 0.003 的坡度,管道与墙的净距应符合表 9-1 的规定。

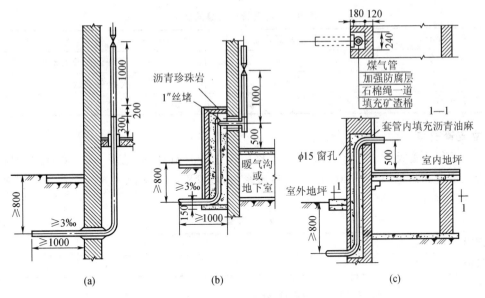

图 9-2　室内引入管

(a)地下引入；(b)地上墙外引入；(c)地上嵌墙引入

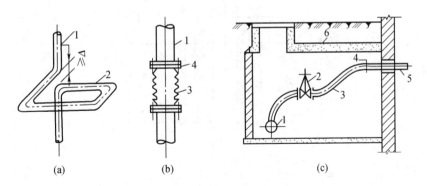

图 9-3　带补偿措施的引入管形式

(a)挠性管；(b)波纹管；(c)引入管的铅管接头

1—立管；2—挠性管；3—波纹管；4—法兰；5—楼前供气管；6—阀门

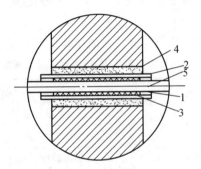

图 9-4　用户引入管套管形式

1—沥青密封层；2—套管；3—油麻填料；4—水泥砂浆；5—燃气管道

表 9-1　燃气管道与墙的距离

管径/mm	与墙净距/cm	备　　注
15～25	3.5	允许偏差±0.5 cm
32～50	6	允许偏差±0.5 cm
75～100	8	允许偏差±0.5 cm

4. 立支管安装

（1）立管穿过楼板处应有套管，套管的规格应比立管大两号，详见表 9-2。套管内不应有管接头。套管上部应高出地面 50～100 mm，管口做密封，套管下部与房顶平齐。套管外部用水泥砂浆固定在楼板上，如图 9-5 所示。

表 9-2　套管规格　　　　　　　　　　　　　　　　单位：mm

立管直径	15	20	25	32	40	50	65	80	100	150
套管直径	32	40	32	50	65	80	100	125	150	200

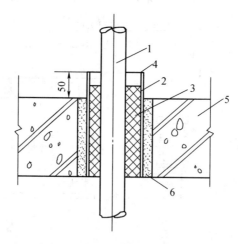

图 9-5　穿越楼板的燃气管和套管

1—立管；2—钢套管；3—浸油麻丝；4—沥青；5—钢筋混凝土楼板；6—水泥砂浆

（2）立管上下端应设有丝堵，每层楼内应有至少一个固定卡子，每隔一层立管上应装一个活接头。

（3）室内燃气管道和电气设备、其他管道之间的净距应不小于表 9-3 的要求。

表 9-3　燃气管道和电气设备、相邻管道之间的净距　　　　　单位：mm

管道和设备		与燃气管道的净距	
		平行敷设	交叉敷设
电气设备	明装的绝缘电线或电缆	250	100*
	暗装的或放在管子中的绝缘电线	50（从所做的槽或管子的边缘算起）	10
	电压小于 1000 V 的裸露电线的导电部分	1000	1000
	配电盘或配电箱	300	不允许

续表

管道和设备	与燃气管道的净距	
	平行敷设	交叉敷设
相邻管道	应满足燃气管道和相邻管道的安装、安全要求,便于维护和修理	20

注:* 当明装电线与燃气管道交叉净距小于 100 mm 时,电线应加绝缘套管;绝缘套管的两端应各伸出燃气管道 100 mm。

5. 管道固定

室内燃气管道的固定是用管道固定件将燃气管道固定在墙体或梁柱等构筑物上,通常在不带燃气表的严密性试验合格后进行。

(1) 托钩。

管道托钩外形结构如图 9-6 所示,加工尺寸见表 9-4,它适用于小管径水平管道的支撑定位。

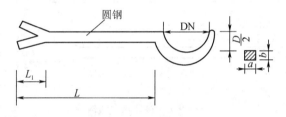

图 9-6　托钩外形结构

表 9-4　托钩加工尺寸表

公称直径/mm 尺寸/mm	DN15	DN20	DN25	DN32	DN40	DN50
L	120	120	150	150	150	170
L_1	20	20	20	25	25	25
圆钢 ϕ	10	10	10	12	12	12
$a \times b$	5×7	5×7	5×7	8×10	8×10	8×10

(2) 钩钉。

钩钉外形结构如图 9-7 所示,加工尺寸见表 9-5,它适用于小管径竖直燃气管道的固定。

表 9-5　钩钉加工尺寸表

公称直径	各部尺寸/mm									质量 /kg
	h_1	h_2	h_3	b_1	b_2	L_1	L_2	L_3	R	
DN15	12	8	4	4	8	100	50	20	11	0.030
DN20	12	8	4	4	8	100	65	20	14	0.037
DN25	12	8	4	5	10	120	75	25	17	0.052

公称直径	各部尺寸/mm									质量/kg
	h_1	h_2	h_3	b_1	b_2	L_1	L_2	L_3	R	
DN32	16	10	6	5	10	120	100	25	22	0.075
DN40	16	10	6	5	10	140	105	30	24	0.085
DN50	16	10	6	5	10	140	135	35	30	0.095

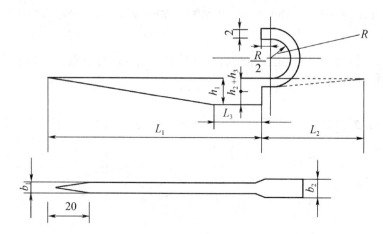

图 9-7　钩钉外形结构

（3）卡子钩钉。

卡子钩钉外形结构如图 9-8 所示，由两块扁铁（其中一块带夹角）及一紧固螺钉构成，加工尺寸见表 9-6，它适用于离墙稍远的小管径竖直管道的固定。

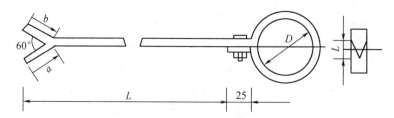

图 9-8　卡子钩钉外形结构

表 9-6　卡子钩钉加工尺寸表

公称直径 尺寸/mm	DN15	DN20	DN25	DN32	DN40	DN50
L	95	95	125	125	145	145
a	20	20	20	20	20	25
b	10	10	10	15	15	15

续表

尺寸/mm ＼ 公称直径	DN15	DN20	DN25	DN32	DN40	DN50
D	19.25	24.75	31.50	40.25	46.00	58.00
螺栓	6×15	6×15	6×15	6×15	6×15	8×20
扁铁	3×20	3×20	3×20	4×25	4×25	4×30

（4）固定卡子。

固定卡子又称"角铁钉"，其结构如图 9-9 所示。所用材料及加工尺寸见表 9-7。固定卡子的支撑能力较强，可用于固定管径较大的水平及竖直管道，当管道离墙面较远或多根管道同架固定时，也可选这种固定件。

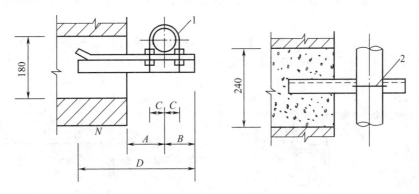

图 9-9 固定卡子结构

1—水平管固定卡;2—立管固定卡

表 9-7 固定卡子加工尺寸及材料表

管径 /mm	支架各部尺寸/mm				支架材料/mm			跨距 /m
	A	B	C	D	支架	管卡	螺母	
57	80	86	36	260	∟30×30×4	φ10×231	M10	5
76	90	105	45	300	∟40×40×4	φ10×288	M10	7
89	100	120	52	330	∟45×45×4	φ12×327	M12	8
108	110	130	64	360	∟50×50×5	φ12×384	M12	9
133	130	140	79	400	∟63×63×6	φ16×459	M16	10
159	140	150	89	440	∟75×75×6	φ16×537	M16	11
219	170	180	119	500	[10	φ18×717	M18	13
273	200	210	148	600	[12	φ18×879	M18	15

（5）吊架。

管道吊架形式如图 9-10 所示，其适用于房梁、楼板等无法安装固定卡子处的水平管道的固定。

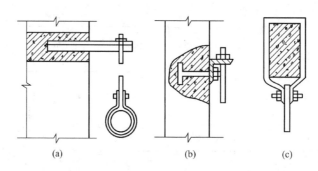

图 9-10　吊架形式及安装示意图

(a)活动吊架;(b)混凝土柱上预埋吊装;(c)梁上吊装

6. 燃气表安装

(1)燃气表应有出厂合格证、生产许可证,且距出厂日期不超过 4 个月,如超过则应经法定检测单位检测。

(2)燃气表安装高度:高位表距地高度不小于 1.8 m,中位表高度不小于 1.4 m,低位表高度不小于 0.05 m。图 9-11 为户内燃气表安装示意。

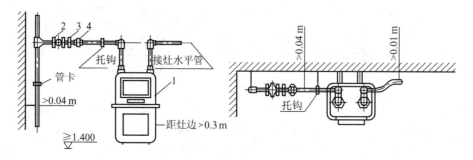

图 9-11　户内燃气表安装示意

1—燃气表;2—紧接式旋塞;3—外丝接头;4—活接头

(3)燃气表与周围设施净距要求见表 9-8。

表 9-8　燃气表与周围设施最小净距

设　施	低压电器	家庭灶	食堂灶	开水灶	金属烟囱	砖烟囱
水平距离/m	1.0	0.3	0.7	1.5	0.6	0.3

7. 防腐、刷油

燃气管道防腐、刷油按设计要求进行,各种防腐做法详见有关内容。

9.2　室内燃气系统试压和吹洗

室内燃气管道安装完毕后,应当按安装规范要求对系统进行试压和吹洗工作,保证系统安全可靠地工作。

9.2.1　管道试压

（1）试验介质应为空气或氮气，在常温下进行。试验装置如图 9-12 所示。强度试验时，使用弹簧压力表或 U 形水银柱压力计；气密性试验时，使用 U 形水柱压力计或 U 形水银柱压力计。

强度试验不包括表、灶、热水器等设备，只对管道、管件和阀门进行强度试验，即到表前阀为止。强度试验的压力为 0.1 MPa（表压）。

用涂肥皂液的方法对管道及其附件全部接头进行检查，如发现漏气应及时处理。若螺纹连接处漏气，必须拆开，在螺纹处重新涂裹填料并拧紧。如焊口漏气，则应剔去焊渣予以补焊。

处理完漏气点后必须再次进行强度试验，直到彻底消除漏气点为止。

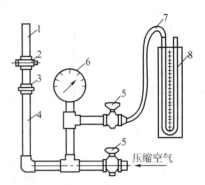

图 9-12　室内燃气系统试验装置
1—连接立管；2—旋塞阀；3—活接头；
4—立管；5—旋塞阀；6—压力表；
7—软管；8—U 形压力计

虽然有些地区对户内燃气管道不进行强度试验，但必须进行严密性试验。住宅燃气管道在末端安装燃气表前用 7 kPa 的气压对总进气管阀门到表前阀门之间的管道进行严密性试验，10 min 内压力不降为合格。接通燃气表后用 3 kPa 气压对总进气管阀门到用具前的管道进行严密性试验，5 min 内压力不降为合格。

（2）对食堂的低压燃气管道，强度试验压力为 0.1 MPa，用肥皂水检漏，若无漏气，同时试验压力无明显下降，则为合格。严密性试验压力为 10 kPa，观察 1 h，压力降不超过 600 Pa 为合格。

9.2.2　管道吹洗

管道试验完毕，可做吹洗，但不可带燃气表进行。吹洗介质为压缩空气或氮气，吹洗时应有充足流量。

对于高层建筑物的室内燃气管道系统还应考虑以下几个问题。

（1）补偿高层建筑的沉降。高层建筑物自重大，沉降量显著，易在引入管处造成破坏，可在引入管处安装伸缩补偿接头以消除建筑物沉降的影响。伸缩补偿接头有波纹管接头、套管接头和铅管接头等形式。如图 9-13 所示为引入管的铅管补偿接头。当建筑物沉降时，铅管吸收变形以避免破坏。铅管前装阀门，设有闸井，以便检修。

（2）消除高程差引起的附加压头影响。燃气密度大，随着建筑物高度的增加，附加压头也增加，而民用和公共建筑燃具的工作压力是有一定的允许压力波动范围的。当高程差过大时，为了使建筑物上下各层的燃具都能在允许的压力波动范围内正常工作，可采取以下措施。

①增加管道阻力，降低压头增值。如在燃气总立管上每隔若干层增设一分段阀门作调节用。

②分开设置高层供气系统和低层供气系统，以分别满足不同高度的燃具工作压力的需要。

③设用户调压器，各用户由各自的调压器将燃气降压，获得稳定的燃具所需的压力。

（3）补偿温差产生的变形。高层建筑燃气立管的管道长、自重大，在立管底部应设置支墩。为了补偿由于温差引起的膨缩变形，应将管道两端固定，并在中间安装吸收变形的波纹管或做乙字

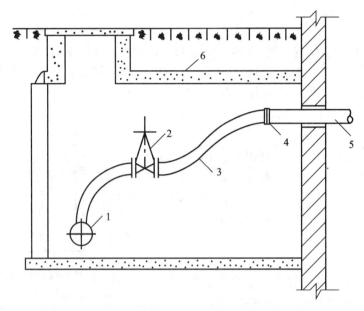

图 9-13 引入管的铅管补偿接头
1—楼前供气管;2—阀门;3—铅管;4—法兰;5—穿墙管;6—闸井

形补偿器。

9.3 室外燃气管道的连接

室外燃气管道分为区域管道和庭院管道两部分,区域管道一般采用环状,庭院管道一般采用枝状。敷设方式可分为架空敷设和埋地敷设。室外管道的安装,又分为管道安装、管道对口连接、附件的安装。

9.3.1 室外燃气管道安装内容

室外燃气管道的安装内容:放线挖槽—管道安装—管道对口连接—附件连接—试压检漏—防腐—回填土。

9.3.2 室外燃气管道安装要求

1. 放线挖槽

内容请参考相关资料。

2. 管道安装

室外燃气管网敷设安装一般应符合如下要求。

(1)埋地燃气管道不得在堆积易燃、易爆材料和具有腐蚀性液体的场地下面穿越;并不得与其他管道或电缆同沟敷设,当需要同沟敷设时,必须采取防护措施。

(2)埋地燃气管道穿越下水管、热力管沟、联合地沟、隧道及其他各种用途的沟槽时,应将燃气管道敷设于套管内。套管伸出构筑物外壁不应小于 0.1 m。

(3) 埋地燃气管道不得从建筑物和大型构筑物的下面穿越。埋地燃气管道与建筑物、构筑物基础或相邻管道之间的水平和垂直净距,分别不应小于表 9-9 和表 9-10 的规定。

表 9-9　地下燃气管道与建筑物、构筑物或相邻管道之间的水平净距

(GB 50028—2006)　　　　　　　　　　　　　　　　　　　　　　　　单位:m

项　　目		地下燃气管道压力/MPa				
		低压	中压		次高压	
			B	A	B	A
		<0.01	≤0.2	≤0.4	0.8	1.6
建筑物	基础	0.7	1.0	1.5	—	—
	外墙面(出地面处)	—	—	—	4.5	6.5
给水管		0.5	0.5	0.5	1.0	1.5
污水、雨水排水管		1.0	1.2	1.2	1.5	2.0
电力电缆(含电车电缆)	直埋	0.5	0.5	0.5	1.0	1.5
	在导管内	1.0	1.0	1.0	1.0	1.5
通信电缆	直埋	0.5	0.5	0.5	1.0	1.5
	在导管内	1.0	1.0	1.0	1.0	1.5
其他燃气管道	DN≤300 mm	0.4	0.4	0.4	0.4	0.4
	DN>300 mm	0.5	0.5	0.5	0.5	0.5
热力管	直埋	1.0	1.0	1.0	1.5	2.0
	在管沟内(至外壁)	1.0	1.5	1.5	2.0	4.0
电杆(塔)的基础	≤35 kV	1.0	1.0	1.0	1.0	1.0
	>35 kV	2.0	2.0	2.0	5.0	5.0
通信照明电杆(至电杆中心)		1.0	1.0	1.0	1.0	1.0
铁路路堤坡脚		5.0	5.0	5.0	5.0	5.0
有轨电车钢轨		2.0	2.0	2.0	2.0	2.0
街树(至树中心)		0.75	0.75	0.75	1.2	1.2

表 9-10　地下燃气管道与构筑物或相邻管道之间的垂直净距(GB 50028—2006)　　单位:m

项　　目	地下燃气管道(当有套管时,以套管计)
给水管、排水管及其他燃气管道	0.15

项　　目		地下燃气管道(当有套管时,以套管计)
热力管的管沟底(或顶)		0.15
电缆	直埋	0.50
	在导管内	0.15
铁路(轨底)		1.20
有轨电车(轨底)		1.00

(4)埋地燃气管道埋设的最小覆土厚度(路面至管顶)应遵守表 9-11 的规定。

表 9-11　埋地燃气管道埋设最小覆土厚度

埋　地　状　况	最小覆土厚度
埋设在车行道下时	不得小于 0.9 m
埋设在非车行道下时	不得小于 0.6 m
埋设在庭院内时	不得小于 0.3 m
埋设在水田下时	不得小于 0.8 m

注:当采取行之有效的防护措施后,上表规定的数值均可适当降低。

(5)输送湿燃气的燃气管道,应埋设在土壤冰冻线以下。

(6)燃气管道坡度应不小于 0.003,坡向凝水器,排除凝结水。凝水器一般设在庭院燃气管道入口处。

(7)地下燃气管道的地基为原土层。凡可能引起管道不均匀沉降的地段,其地基应进行处理。

(8)埋地燃气管道要做加强防腐层或特加强防腐层,以防止土壤或电化学侵蚀。

(9)室外架空的燃气管道,可沿建筑物外墙或支柱敷设。当采用支柱架空敷设时,应遵守下列规定。

①管底至人行道路路面的垂直净距,不应小于 2.2 m,管底至道路路面的垂直净距,不应小于 5.0 m;管底至铁路轨顶的垂直净距,不应小于 6.0 m。但厂区内部的燃气管道,在保证安全的情况下,管底至道路路面的垂直净距可取 4.5 m;管底至铁路(电气机车铁路除外)轨顶的垂直净距,可取 5.5 m。

②燃气管道与其他管道共架敷设时,位于酸、碱等腐蚀性介质管道的上方;与其相邻管道间的水平间距,必须满足安装和检修的要求。

③输送湿燃气的管道应采取排水措施,在寒冷地区还应采取保温措施。

3. 管道接口形式

(1)钢制燃气管道的连接。

室外钢制燃气管道的连接方式主要是焊接,只有与其他阀门、设备连接处才用法兰连接,螺纹连接一般用于低压小管径的管道上。

①钢管壁厚在 4 mm 以下时,可采用气焊焊接;钢管壁厚大于 4 mm 或管径不小于 80 mm 时,用电弧焊焊接。钢管壁厚大于 5 mm 时,焊接接口应按规定开出 V 形坡口并应焊接三道;不大于 5

mm 焊两道,可不开坡口。

②管径不大于 700 mm 时,采用在外壁焊三道的工艺,管径大于 700 mm 时,采用先在外壁点焊固定后从内壁焊接第一道,再在外壁焊第二、第三道的工艺。

③法兰密封面应与管道中心垂直。其垂直度允许偏差:DN≤300 mm 时为 1 mm;DN>300 mm 时为 2 mm。

④法兰螺孔应对正,螺孔与螺栓直径应配套。法兰连接螺栓长短应一致,螺母应在同一侧,螺栓拧紧后宜伸出螺母 1~3 扣。

⑤法兰间必须加密封垫。输送焦炉煤气时用石棉橡胶垫,输送天然气时宜用耐油橡胶垫。

⑥法兰接口不宜埋入土中,而应安设在检查井或地沟内,如必须将其埋入土中,应采取防腐措施。

⑦螺纹连接应采用锥管螺纹,螺纹应整齐光洁,中心线角度偏差不得大于 10°。

⑧螺纹连接后应在适当位置设置活接头。

⑨螺纹连接处应缠绕聚四氟乙烯密封胶带。

(2)铸铁燃气管道的接口。

①承插式接口。

铸铁燃气管道承插式接口形式、扣口顺序和适用范围应符合表 9-12 的规定。其接口的具体操作方法与给水排水铸铁管相同。

表 9-12 承插接口形式及施工次序

接口形式	性质	扣口顺序				使用压力/MPa
		第一道	第二道	第三道	第四道	
水泥接口	刚性	油麻丝绳	52.5 级水泥	油麻丝	52.5 级水泥	≤0.05
水泥接口	刚性	专用橡胶圈	52.5 级水泥	油麻丝	52.5 级水泥	≤0.15
铅口	柔性	油麻丝绳	青铅	—	—	≤0.05
铅口	柔性	专用橡胶圈	青铅	—	—	≤0.15

②柔性机械接口。

柔性机械接口是指接口间隙采用特制的密封橡胶圈作填料,用螺栓和压紧法兰将密封圈紧压在承插口的缝隙中,从而保证管道的气密性。这种接口可挠性大,直管与套管间的折角允许值为 6°,因而能在一定范围内对温差、地基下沉和地震等产生的应力进行补偿,如图 9-14 所示。

③套管式接口。

套管式接口是用套管把两根直径相同的铸铁管连接起来,在套管和管子之间,用橡胶圈密封。使用这种接口的铸铁管是直管,不需要铸造承口,简化了铸铁管的铸造工艺。套管式接口有三种结构形式。

a.锥套式管接口。

套管的内侧密封面加工成内锥状,用压紧法兰和双头螺栓把密封圈和隔离圈紧压在套管与管子间隙中,如图 9-15 所示。此种接口中的隔离圈可使燃气中的某些腐蚀介质不接触密封圈,延长接口的密封耐久性。

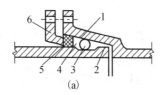 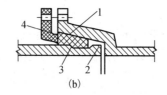

(a)　　　　　　　　　　　　　　　　(b)

1—承口;2—插口;3—锁环;　　　　　　　1—承口;2—插口;3—密封圈;4—压紧法兰
4—隔离圈;5—密封胶圈;6—压紧法兰

图 9-14　柔性机械接口

(a)SMJ 型接口;(b)N 型接口

b.滑套式管接口。

套管的内侧密封面为凹槽形,橡胶密封圈套在管端,当用外力将铸铁直管推入连接套管时,密封圈滑入凹槽内,如图 9-16 所示。这种接口施工简单,并省去了易锈蚀的螺栓,橡胶密封圈应具有良好的弹性,并能抵抗燃气介质的腐蚀。

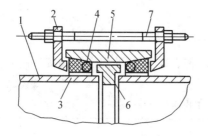 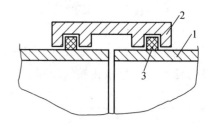

图 9-15　锥套式管接口　　　　　　　**图 9-16　滑套式管接口**

1—铸铁直管;2—压紧法兰;3—密封圈(合成橡胶);　　1—铸铁直管;2—连接套管;3—橡胶密封圈
4—隔离圈(合成橡胶);5—套管;6—隔环;7—双头螺栓

c.柔性套管接口。

柔性套管接口是用一个特制的橡胶套和两个夹环把两根铸铁直管连接起来的接口,如图 9-17 所示。这种接口允许管子有较大幅度的摆动、错动、轴向移动以及弯曲,适用于地基松软、多地震的地区。

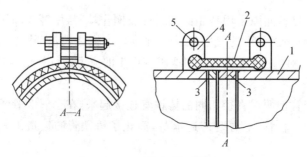

图 9-17　柔性套管接口

1—铸铁直管;2—柔性套管;3—支撑环;4—夹环;5—螺栓

(3)铸铁燃气管道连接质量要求。

①铸铁管道敷设前应全部经过气密性或水密性试验合格,方可进行连接施工。

②铸铁管安装前,应清除连接部位(承口、插口、套管、压盘等)的毛刺、铸瘤、粘砂等,并烤去该部位沥青层。

③承口连接的第一道油麻丝绳(或胶圈)要均匀打平到位;青铅接头要一次浇足,水泥接头要按规定养护。

④机械接口或套管式接口连接时,两管中心线应在同一直线上;连接螺栓的受力要均匀;对钢制螺栓要采取防腐蚀措施。

⑤橡胶密封圈用合成橡胶制作,对外观质量要逐个检验。要求工作面无气泡、无杂质、无凹凸缺陷。非工作面气泡、杂质不能超过 4 处,且每处直径不大于 2 mm。物理性能应符合有关规定要求。

(4) 塑料燃气管的接口连接。

①承插式接口。这种接口形式主要适用于硬聚氯乙烯管,如图 9-18 所示。承口制作可采用胀口方法,胀口时可利用金属模芯,模芯尺寸按照不同管径和插入深度而定,见表 9-13。制作时,将管子一端均匀加热至塑料软化后,立即插入模芯,再用水冷却即成承口。

表 9-13 硬聚氯乙烯管承插长度 单位:mm

公称直径 DN	25	32	40	50	65	80	100	125	150	200
承插长度 l	40	45	50	60	70	80	100	125	150	200

承插口之间应保持 0.15～0.30 mm 的负公差,使插入后达到紧密状态。插入前,承插接触面宜用丙酮或二氯乙烷擦洗干净,然后涂一层薄而均匀的胶黏剂,胶黏剂可用过氯乙烯清漆。插入后施以角焊。焊接采用热空气焊接法。

②电热熔式接口。电热熔式接口主要用于聚乙烯塑料管(PE 管)。它是用特制电热熔管来完成 PE 管的连接,如图 9-19 所示。用于电热熔式接口的专用设备,主要是能控制电热熔管件电压和电流的控制箱。该接口操作时,先对连接管头进行准备:切平管端面,外倒角,打毛刺,用刀刮整个待熔表面,量出熔接区,并在管外壁做出标记。然后将管子分别插入电热熔管接头至标记处。再连接管件端子与控制箱电极,按管子规格、壁厚选择电源档次,接通电源,经过规定的时间后停止加热(控制箱有自控和手控两种)。最后,冷却 15 min 以上(或按厂家规定),此项连接完成。

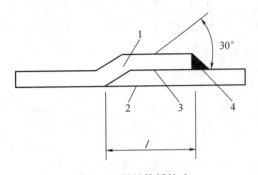

图 9-18 塑料管插接头

1—承口;2—插口;3—黏合;4—焊接

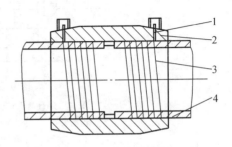

图 9-19 电热熔接头

1—电源插头;2—套管;3—电阻丝;4—被接管

9.4 室外燃气管道附件安装

为保证室外燃气管道的正常运行和调节功能的正常实现,需要对管道系统进行附件的安装,使其安全可靠地工作。

9.4.1 室外燃气管道附件安装内容

室外燃气管道附件安装内容为:阀门安装—补偿器安装—储气装置安装。

9.4.2 室外燃气管道附件安装要求

1. 阀门安装

燃气管道上的阀门安装前,必须对阀门进行检查、清洗、试压,更换填料和垫片,必要时还应进行研磨。电动阀、气动阀、液压阀和安全阀等须进行动作性能检验,合格后才能安装使用。

铸铁燃气管道上的阀门安装如图 9-20 所示,安装前应先配备与阀门具有相同公称直径的承盘、插盘短管,以及法兰垫片和螺栓,并在地面上组对紧固后,再吊装至地下与铸铁管道连接,其接口最好采用柔性接口。

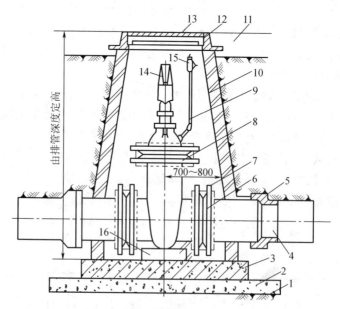

图 9-20 铸铁管道上的阀门安装

1—素土层;2—碎石基础;3—钢筋混凝土层;4—铸铁管;5—接口;6—法兰垫片;
7—盘插管;8—阀体;9—加油管;10—闸井墙;11—路基;12—铸铁井框;
13—铸铁井盖;14—阀杆;15—加油管阀门;16—预制钢筋水泥垫块

2. 补偿器安装

室外燃气管道上所用的补偿器主要有波形补偿器和波纹管两种,现多用碳钢波纹补偿器,一般多为 2 波或 3 波,最多不超过 4 波,在室外架空管道上有时也用方形补偿器。燃气管道上波形补偿器的安装应满足下列要求。

（1）波形补偿器安装时，应按设计规定的补偿量进行预拉伸（压缩）。

（2）为防止波凸部位存水锈蚀，安装时应从注入孔灌满 100 号道路石油沥青，安装时注油孔应在下部。

（3）水平安装时，套管有焊缝的一侧，应安装在燃气流入端，垂直安装时应置于上部；要求补偿器与管道保持同心，不得偏斜。

（4）安装前不应将补偿器的拉紧螺栓拧得太紧，安装完时应将螺母松 4～5 扣，安装波纹管应根据补偿零点温度定位。碳钢波纹补偿器的结构如图 9-21 所示。

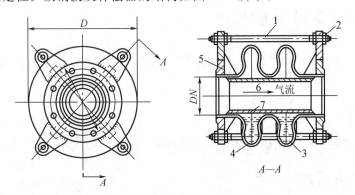

图 9-21 燃气管道用碳钢波纹补偿器
1—螺杆；2—螺母；3—波节；4—石油沥青；5—法兰；6—套管；7—注入孔

3. 储气装置安装

城市燃气系统通常设有储气装置，一般采用罐式或柜式储气装置。下面介绍湿式螺旋储气柜。

湿式螺旋储气柜又称"螺旋导轨式储气柜"，是较为常见的一种储气装置。储气罐规格以公称容积表示，容积范围为 5000～10000 m^3，不同规格的气柜有着不同的塔节数，其高度与直径亦有所不同。气柜由基础、水槽、塔节、塔顶、水封装置、螺旋导轨、塔梯等组成。气柜的水槽和塔节均为钢板焊接而成，由于各塔节的间隙较小，加工时必须保证精度。塔节安装在水槽顶部环形平台上，塔节之间用水封装置密封，储存燃气或输出燃气时，随着柜内燃气压力的高低变化，塔节沿螺旋导轨可上升或下降。湿式螺旋储气柜的结构如图 9-22 所示。储气装置安装完毕后，应进行压力试验。

螺旋导轨式储气柜应进行总体试验，即水槽注水试验、塔节气密性试验及快速升降试验。

为检查水槽壁板是否有渗漏水、水槽基

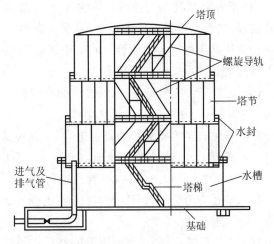

图 9-22 湿式螺旋储气柜

础有无沉陷的情况,应进行水槽注水试验。清除水槽内所有杂物,注水试验时间不少于 24 h,并在水槽四周壁板设 6~8 个观测点,检查基础沉降情况,不均匀沉降的基础倾斜度小于 0.0025。进行塔节气密性试验时,应向柜内充注压缩空气,在充气过程中应注意各塔节上升状况,如有卡阻情况应立即停止充气,先消除故障后再进行充气。在塔节上升过程中,应用肥皂水或其他检漏液体检查壁板焊缝、顶板焊缝有无渗漏现象,无渗漏为合格。

气密性试验后,进行塔节快速升降试验,快速升降 1 次或 2 次,升降速度一般为 0.9~1.5 m/min。储气罐装置压力试验合格后,即可办理竣工验收手续。

9.5　室外燃气管道的试压

室外燃气管道安装、吹洗完毕后,一般要使用压缩空气对其进行强度和严密性试验,对安装质量进行检验。

9.5.1　室外燃气管道试压内容

室外燃气管道的试压内容为强度试验和严密性试验。

9.5.2　室外燃气管道试压要求

1. 强度试验

(1) 燃气管道的强度试验压力为设计压力的 1.5 倍,钢管不得低于 0.3 MPa,铸铁管不得低于 0.05 MPa。先将待检验的管段用钢堵板焊住,在进气的一端堵板上焊上 DN20 带丝头的短管,短管长度为 100~200 mm,接上压力表管。

(2) 当待检验的管段为铸铁管时,管段两端用管盖封堵。管盖支撑应与管道保持平行,设两个以上支撑点。管盖与铸铁管的承插口之间的环形间隙应捻口,填充材料与管道接口材料相同。几个支撑应用力均衡。进气端的管盖留一孔连接进气管,做法与钢管试压相同。

(3) 管子连接处的工作坑全部挖开,尺寸要满足接口全方位检验的需求。对管道上的阀门、波纹补偿器、排水器等进行仔细检查,着重检查阀门的盘根、法兰垫与螺栓、螺纹连接处有无漏气的可能。如果高压管道与中压管道或中压管道与低压管道已经连通,应用堵板将其隔断,以免工作压力较低的系统承受过高的压力。

(4) 连接空气压缩机,待检验管道的管径在 DN150 以下时可选用 0.6 m³/min 空气压缩机,管径为 DN150~DN600 的管道可选用 6 m³/min 空气压缩机。管径 DN>700 mm 应采用 9 m³/min 以上空气压缩机。当检验长距离管道时,为缩短试验时间,空气压缩机流量还可适当增大。

(5) 试验压力应均匀缓慢上升,每 60 min 升压不得超过 1 MPa。当试验压力大于 3 MPa 时,分 3 次升压。稳压 30 min 后,对管道进行观察。若未发现问题,便可继续升压,直至达到试验压力。当试验压力为 2~3 MPa 时,可分两次升压。稳压 30 min 进行观察。若未发现问题,便可继续升压至试验压力。

(6) 当达到试验压力后,稳压 1 h,然后进行检查。当发现有漏气点时,要及时划出漏洞的准确位置,待全部接口检查完毕后,将管内的压缩空气放掉即可进行补修。补修后,再用同样方法进行试验,直至无漏气点为止。同时,要注意观察压力表,如无压力降,就可以进行严密性试验。试验用的压力表应在校验有效期内,其量程不得大于试验压力的 2 倍,弹簧压力表精度不得低于 0.4 级。压力表不应少于 2 块,分别安装于管道两端。

(7) 在任何情况下,强度试验压力都不得小于 1.25 倍工作压力,且不低于 2 MPa。

(8) 在试验压力下,稳压 6 h,并沿线检查,管道无断裂、无变形、无渗漏,其压力降小于 2% 试验压力,即认为强度试验合格。

2. 严密性试验

严密性试验应在强度试验合格后进行,埋地燃气管道的严密性试验宜在回填至管顶以上 0.5 m 后或全部回填后进行。严密性试验压力值应遵守以下规定。

(1) 设计压力 $P \leqslant 5$ kPa 时,试验压力应为 20 kPa。

(2) 设计压力 $P > 5$ kPa 时,试验压力应为设计压力的 1.15 倍,且不小于 100 kPa。

严密性试验一般紧接着强度试验进行,即当强度试验合格后,放掉试验管段中的部分空气,使管内空气压力降至严密性试验的试验压力,即开始进行严密性试验。

试验前,应事先准备经校验合格的温度计、气压计与 U 形压力计。U 形压力计与温度计均安装于管段两端,温度计应安装在无阳光照射并经过回填土的管端上,尽量做到能测出管道内空气的实际温度。在达到试验压力后,保持一定时间,使温度、压力趋于稳定。燃气管道的稳压时间宜为 24 h。

稳压达到要求时间后,打开旋塞,待 U 形压力计水银柱稳定后就可以记录 U 形压力计高位、低位读数。与此同时,记录时间、管内气体温度和大气压力。观察记录时间为 24 h,每 1 h 记录一次。记录的数据经公式计算后,压力降小于允许压力降时即为合格,如果大于允许压力降就要重新进行检查,直至合格为止。

【思考题】

9-1　居民用户燃气表安装有什么要求?

9-2　高层建筑燃气管道安装应当注意什么?

9-3　燃气管道试压包括哪些内容,各有什么特点?

9-4　铸铁燃气管道连接质量要求有哪些?

9-5　燃气管道试压要求包括哪些内容?

第 10 章　通风空调系统安装

通风空调系统是通风系统与空调系统的总称。通风系统一般由风管、风罩(或风口)、风阀、空气净化设备(除尘器或有害气体净化设备)、风机等组成;空调系统一般由风管、送回风口、风阀、空气处理设备(过滤器、加热器、表冷器或喷淋室、加湿器)、风机等组成。两个系统相比较,除某些通风设备如空气净化设备与某些空调设备如空气处理设备的功能不同外,其系统的基本组成是相同的。因此,通风系统与空调系统在施工安装方面的基本内容是相同的。它们包括通风空调系统的风管(包括配件)及部件的制作与安装、通风空调设备的制作与安装、通风空调系统试运转及调试等几个方面。

10.1　风管的制作和安装

通风空调系统的风管,按材质可分为金属风管和非金属风管。金属风管包括钢板风管(普通薄钢板风管、镀锌薄钢板风管)、不锈钢板风管、铝板风管、塑料复合钢板风管等。非金属风管包括硬聚氯乙烯板风管、玻璃钢风管、炉渣石膏板风管等。此外还有由土建部门施工的砖、混凝土风道等。

10.1.1　风管制作

1. 制作流程

风管和配件大多由平整的板材和型材加工而成。从平板到成品的加工,虽然由于材质的不同、形状的差异而有各种要求,但从工艺过程来看,基本工序可分为画线→剪切→成型(折方和卷圆)→连接(咬口和焊接)→打孔→安装法兰→翻边→成品喷漆→检验→出厂等步骤,如图 10-1 所示。

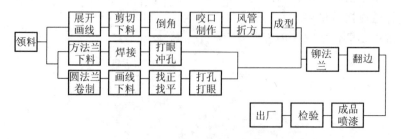

图 10-1　风管加工制作工艺流程图

2. 制作工艺

通风管道及部件、配件的加工制作是通风空调工程安装施工的主要工序,先对其主要工序做简介。

（1）画线。

画线就是利用几何作图的基本方法，画出各种线段和几何图形的过程。在风管和配件加工制作时，按照风管和配件的空间立体的外形尺寸，在平面上根据它的实际尺寸画出平面图，这个过程称为"风管的展开画线"。

（2）剪切。

板材的剪切就是将板材按照画线的形状进行裁剪下料的过程，剪切应做到切口准确、整齐，直线平直，曲线圆滑，剪切的方法分为手工剪切和机械剪切两种。

①手工剪切。

手工剪切使用工具简单，操作方法简捷。但工人劳动强度大，施工速度慢。

②机械剪切。

机械剪切就是利用机械设备对金属板材进行剪切，这种方法工作效率高，且切口质量较好。

（3）连接。

用平面板材加工制作风管和各种配件时，必须把板材的各种纵向或横向闭合缝进行连接。根据连接的目的不同，可将连接分为拼接、闭合接和延长接三种。

拼接是把两张板材的板边相连，以增大板材的面积，适应风管及配件的加工要求。

闭合接是把板材合围成风管和配件时，其板边相连的纵向对口缝的连接。

延长接是把短管连成长管或将配件拼装成成品或半成品的连接。

在通风空调工程中，用金属薄板加工制作风管和配件时，其加工连接的方法有咬口连接、焊接和铆接三种，咬口连接是较常见的连接方式。

①咬口连接。

a.咬口连接就是用折边法，把要相互连接的板材的板边，折曲成能相互咬合的各种钩形，相互咬合后压紧折边即可。咬口连接是通风空调工程中常用的一种连接方法。

b.适用条件：咬口连接适用于板厚小于 1.2 mm 的普通薄钢板和镀锌薄钢板、板厚小于 1.0 mm 的不锈钢板和板厚小于 1.5 mm 的铝板。根据咬口断面结构的不同，常见的咬口形式可分为单平咬口、单立咬口、转角咬口、联合角咬口和按扣式咬口，如图 10-2 所示。

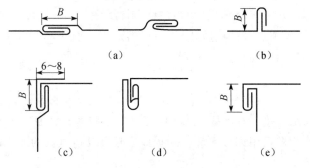

图 10-2　咬口的种类

(a)单平咬口；(b)单立咬口；(c)联合角咬口；(d)按扣式咬口；(e)转角咬口

单平咬口主要用于板材的拼接缝和圆形风管或部件、配件的纵向闭合缝。

单立咬口主要用于圆形弯管或直管、圆形来回弯的横向节间闭合缝。

转角咬口多用于矩形风管或部件、配件的纵向闭合缝和有净化要求的空调系统,有时也用于矩形弯管、矩形三通的转角缝。

联合角咬口也称"包角咬口",主要用于矩形风管、弯管、三通管及四通管的咬接。

c.咬口宽度与所选板材的厚度和加工咬口的机械性能有关,一般应符合表 10-1 的要求。

表 10-1　咬口宽度表

钢板厚度/mm	单平、单立咬口宽度 B/mm	角咬口宽度 B/mm
0.5 以下	6~8	6~7
0.5~1.0	8~10	7~8
1.0~1.2	10~12	9~10

d.咬口的加工过程:板材咬口的加工过程主要是折边(打咬口)和咬合压实。咬口的加工可分为手工咬口和机械咬口两种。

手工咬口:手工咬口使用的工具有硬质木槌、木方尺、钢制小方锤和各种型钢等。合口时,先将两块钢板的钩挂起来,然后用木槌或咬口套打紧即可。

机械咬口:常用的咬口机械主要有直线多轮咬口机、圆形弯头联合咬口机、矩形弯头咬口机和咬口压实机等。利用咬口机、压实机等机械加工的咬口,成型平整光滑,生产效率高,操作简便,无噪声,大大改善了劳动条件。

②焊接。

连接风管及其配件在利用板材进行加工制作时,除采用咬口连接之外,通风或空调管道密封要求较高或板材较厚不宜采用咬口连接时,还广泛地采用焊接连接。

a.适用条件:一般情况下,焊接连接适用于板厚大于 1.2 mm 的薄钢板、板厚大于 1.0 mm 的不锈钢板和板厚大于 1.5 mm 的铝板。

b.焊接方法及其选择:常用的焊接方法有气焊(氧-乙炔焊)、电焊、锡焊、氩弧焊等。电焊一般用于厚度大于 1.2 mm 的普通薄钢板的焊接,或用于钢板风管与法兰之间的连接,气焊用于板材厚度为 0.8~1.2 mm 的钢板,在用于制作风管或配件时可采用气焊焊接。锡焊是利用熔化的焊锡使金属连接的方法。锡焊仅在镀锌薄钢板咬口连接时配合使用。氩弧焊是利用氩气作保护气体的气电焊,由于有氩气保护了被焊接的金属板材,所以熔焊接头有很高的强度和耐腐蚀性,该焊接方法更适合用于不锈钢板及铝板的焊接。

③铆接。

在通风与空调工程中,一般在板材较厚,采用咬口无法进行,或板材虽然不厚,但性能较脆,不能采用咬口连接时才采用铆接。在实际工程中,随着焊接技术的发展,板材之间的铆接已逐步被焊接所取代。但在设计要求采用铆接或镀锌钢板厚度超过咬口机械的加工能力时,还应使用。

10.1.2　风管安装

1. 安装内容

风管安装内容:准备工作—确定标高—支、托、吊架的安装—风管连接—风管加固—风管强度、严密性及允许漏风量—风管保温。

2. 安装要求

（1）准备工作。

应核实风管及送回风口等部件预埋件、预留孔的工作，安装前，由技术人员向班组人员进行技术交底，内容包括有关技术、标准和措施及相关的注意事项。

（2）确定标高。

认真检查风管在标高上有无交错重叠现象，土建在施工中有无变更，风管安装有无困难等，同时，对现场的标高进行实测，并绘制安装简图。

（3）支、托、吊架的安装。

风管一般是沿墙、楼板或靠柱子敷设，支架的形式应根据风管安装的部位、风管截面大小及工程具体情况选择，并应符合设计图纸或国家标准图集的要求。常用风管支架的形式有托架、吊架及立管夹。通风管道沿墙壁或柱子敷设时，经常采用托架来支承风管。在砖墙上敷设时，应先按风管安装部位的轴线和标高，检查预留孔洞是否合适。如不合适，可补修或补打孔洞。孔洞合适后，按照风管系统所在的空间位置，确定风管支、托架形式。风管支架常用形式如图 10-3、图 10-4 所示。

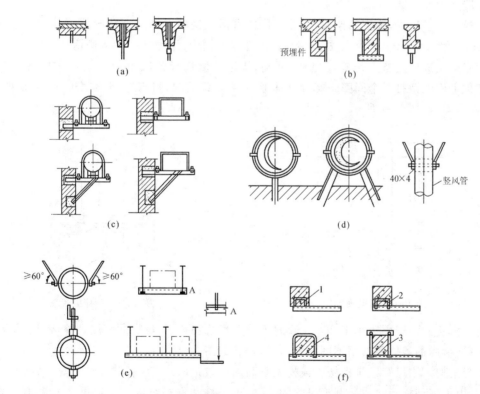

图 10-3　风管支架

（a）楼板、层面板上；（b）钢筋混凝土大梁吊架的固定；（c）墙上托架；（d）垂直立管的固定；（e）吊架；（f）柱上托架

1—预埋铁安装；2—预埋钢筋安装；3—带帽螺栓安装；4—抱箍夹柱安装

支、托、吊架制作完毕后，应进行除锈处理，刷一遍防锈漆。风管的吊点应根据吊架的形式设置，有预埋件法、膨胀螺栓法、射钉枪法等。

①预埋件法分前期预埋与后期预埋两种方式。

a. 前期预埋。一般将预埋件按图纸坐标位置和支、托、吊架间距,在土建绑扎钢筋时牢固地固定在墙、梁柱的结构钢筋上(见图 10-5),然后浇灌混凝土。

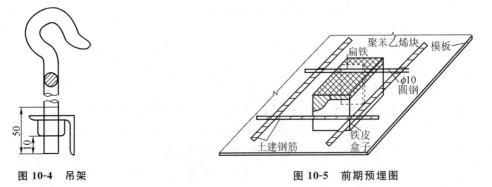

图 10-4　吊架　　　　　　　　　　　图 10-5　前期预埋图

b. 后期预埋。

在砖墙上埋设支架。

在楼板下埋设吊件,确定吊架位置,然后用冲击钻在楼板上钻一个孔洞,再在地面上凿一个长为 300 mm、深为 20 mm 的槽(见图 10-6),将吊件嵌入槽中,用水泥砂浆将槽填平。

②膨胀螺栓法。其特点是施工灵活、准确、快速。但选择膨胀螺栓时要考虑风管的规格、质量。在楼板上用电锤打一个同膨胀螺栓的胀管外径一致的洞,将膨胀螺栓塞进孔中,并把胀管打入,使螺栓紧固,如图 10-7 所示。

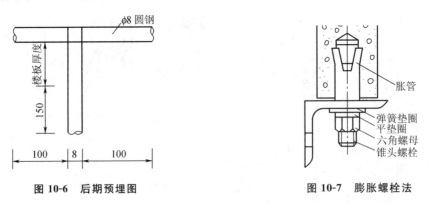

图 10-6　后期预埋图　　　　　　　　图 10-7　膨胀螺栓法

③射钉枪法。用于周边小于 800 mm 的风管支管的安装,其特点同膨胀螺栓,使用时应特别注意安全,不同材质的墙体要选用不同的弹药量,安装如图 10-8 所示。

④安装吊架。当风管敷设在楼板或桁架下面离墙较远时,一般采用吊架来安装风管。矩形风管的吊架,由吊杆和横担组成。圆形风管的吊架,由吊杆和抱箍组成。矩形风管的横担,一般用角钢制成,风管较重时,也可用槽钢。安装要求如下。

a. 按风管的中心线找出吊杆敷设位置,单吊杆在风管的中心线上,双吊杆可以按横担的螺孔间距或风管的中心线对称安装。

b. 吊杆根据吊件形式可以焊在吊件上,也可以挂在吊件上。焊接后应涂防锈漆。

　　c. 立管管卡安装时,应从立管最高点管卡开始,并用线锤吊线,确定下面的管卡位置并进行安装固定。垂直风管可用立管夹进行固定。

　　d. 支、吊架安装应注意的问题如下。

　　采用吊架的风管,当管路较长时,应在适当的位置增设防止管道摆动的支架。

　　支、吊架的标高必须正确,如圆形风管管径由大变小,为保证风管中心线的水平,支架型钢上表面标高,应做相应提高。对于有坡度要求的风管,支、吊架的标高也应按风管的坡度要求安装。

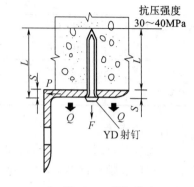

图 10-8　射钉枪法

　　风管支、吊架间距如无设计要求时,不保温风管应符合表 10-2 的要求。保温支、吊架间距无设计要求时,按表 10-2 的要求值乘以 0.85。

表 10-2　不保温风管支、吊架间距

风管直径或矩形风管长边尺寸/mm	水平风管间距	垂直风管间距	最少吊架数/副
≤400	不大于 4 m	不大于 4 m	2
≤1000	不大于 3 m	不大于 3.5 m	2
>1000	不大于 2 m	不大于 2 m	2

　　支、吊架的预埋件或膨胀螺栓埋入部分不得涂油漆,并应除去油污。

　　支、吊架不得安装在风口、阀门、检查孔处,以免妨碍操作。吊架不得直接吊在法兰上。

　　圆形风管与支架接触的地方应垫木块,否则会使风管变形。保温风管的垫块厚度应与保温层的厚度相同。

　　矩形保温风管的支吊装置宜放在保温层外部,且不得损坏保温层。

　　矩形保温风管不能直接与支、吊、托架接触,应垫上坚固的隔热材料,其厚度与保温层相同,防止产生冷桥。

　　标高:矩形风管从管底算起;圆形风管从风管中心计算。当圆形风管的管径由大变小时,为保证风管中心线水平,托架的标高应按变径的尺寸相应提高。

　　坡度:输送的空气湿度较大时,风管应保持设计要求的 0.01～0.015 的坡度,支架标高也应按风管的坡度安装。

　　相同管径风管的支架,应等距离排列,但不能将其设在风口、风阀、检视门及测定孔等部位,应适当错开一定距离。

　　保温风管不能直接与支架接触,应垫上坚固的隔热材料,其厚度与保温层相同。

　　用于不锈钢、铝板风管的托、吊架的抱箍,应按设计要求做好防腐绝缘处理。

　　(4) 风管连接。

　　① 风管系统分类。

　　风管系统按其系统的工作压力(总风管静压)范围划分为三个类别:低压系统、中压系统及高压系统。风管系统分类及使用范围见表 10-3。

表 10-3　风管系统分类及使用范围

系统工作压力 P/Pa	系统类别	使 用 范 围
$P \leqslant 500$	低压系统	一般空调及排气等系统
$500 < P \leqslant 1500$	中压系统	1000 级及以下空气净化、排烟、除尘等系统
$P > 1500$	高压系统	1000 级及以上空气净化、气体输送、生物工程等系统

②风管法兰连接。

a.法兰连接时,按设计要求确定垫料后,把两个法兰先对正,穿上几个螺栓并戴上螺母,暂时不要紧固。待所有螺栓都穿上后,再把螺栓拧紧。

b.为避免螺栓滑扣,紧固螺栓时应十字交叉、对称均匀地拧紧。连接好的风管,应以两端法兰为准,拉线检查风管连接是否平直。

c.不锈钢风管法兰连接的螺栓,宜用同材质的不锈钢制成,如用普通碳素钢标准件,应按设计要求喷刷涂料。

d.铝板风管法兰连接应采用镀锌螺栓,并在法兰两侧垫镀锌垫圈。

e.硬聚氯乙烯风管和法兰连接,应采用镀锌螺栓或增强尼龙螺栓,螺栓与法兰接触处应加镀锌垫圈。

f.矩形风管组合法兰连接由法兰组件(见图 10-9)和连接扁角钢两部分组成。法兰组件采用 $\delta = 0.75 \sim 1.2$ mm 的镀锌钢板,长度 L 可根据风管边长而定,见表 10-4。

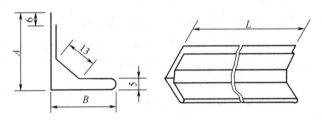

图 10-9　法兰组件

表 10-4　法兰组件长度　　　　　　　　　　　　　　　　　　　单位:mm

风管边长	200	250	320	400	500	630	800	1000	1250	1600
组件长度 L	174	224	294	374	474	604	774	974	1224	1574

连接扁角钢采用厚度 $\delta = 2.8 \sim 4.0$ mm 的钢板冲压而成,如图 10-10 所示。组装时将 4 个扁角钢分别插入法兰组件的两端,组成一个方形法兰。再将风管从组件的开口边处插入,并用铆钉铆住,即组成管段,如图 10-11 所示。

安装时,风管管段之间的法兰对接,四角用 4 个 M12 螺栓紧固,法兰间贴一层闭孔海绵橡胶作垫料,厚度为 3~5 mm,宽度为 20 mm,如图 10-12 所示。

③圆形风管无法兰连接。

圆形风管无法兰连接时,连接形式有承插连接、芯管连接及抱箍连接等。具体连接形式、接口要求及使用范围见表 10-5。

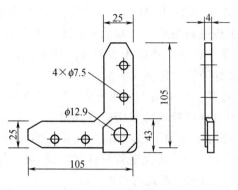

图 10-10　连接扁角钢

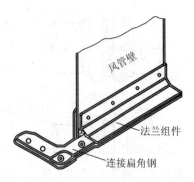

图 10-11　扁角钢连接

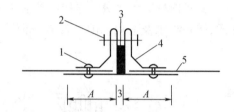

图 10-12　组合法兰安装

1—铆钉;2—螺栓;3—海绵橡胶;4—组合法兰;5—风管壁

表 10-5　圆形风管无法兰连接形式、要求及使用范围

无法兰连接形式		附件板厚/mm	接口要求	使用范围
承插连接		—	插入深度大于 30 mm,有密封措施	低压风管直径小于 700 mm
带加强筋承插		—	插入深度大于 20 mm,有密封措施	中、低压风管
角钢加固承插		—	插入深度大于 20 mm,有密封措施	中、低压风管
芯管连接		≥管板厚	插入深度大于 20 mm,有密封措施	中、低压风管
立筋抱箍连接		≥管板厚	四角加 90°贴角,并固定	中、低压风管
抱箍连接		≥管板厚	接头尽量靠近,不重叠	中、低压风管宽度不小于 100 mm

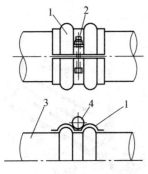

图 10-13　抱箍式无法兰连接
1—外抱箍；2—连接螺栓；
3—风管；4—耳环

a.抱箍式无法兰连接（见图 10-13）。安装时按气流方向把小口插入大口，外面用钢板抱箍将两个管端的鼓箍紧密连接，用螺栓穿在耳环中固定拧紧。钢板抱箍应先根据连接管的直径加工成一个整体圆环，轧制好鼓筋后再割成两半，最后焊上耳环。

b.插接式无法兰连接。主要加工中间连接短管，短管两端分别插入两侧管端，再用自攻螺栓或拉拔铆钉将其紧密固定（见图 10-14）。还有一种是把内接管加工出凹槽，内嵌胶垫圈，风管插入时与内壁挤紧（见图 10-15）。为保证管件连接严密，可在接口处用密封胶带封上，或涂以密封胶进行封闭。

④矩形风管无法兰连接。连接形式有插条连接、立咬口连接及薄钢材法兰弹簧夹连接。其形状如图 10-16 所示，适用于矩形风管之间的连接。具体连接形式、转角要求及适用范围见表 10-6。

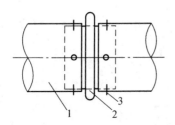

图 10-14　插接式无法兰连接
1—风管；2—内接管；3—自攻螺栓

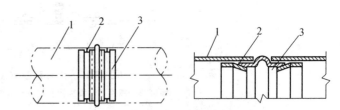

图 10-15　插接式无法兰连接（用胶垫圈）
1—风管；2—胶垫圈；3—内接管

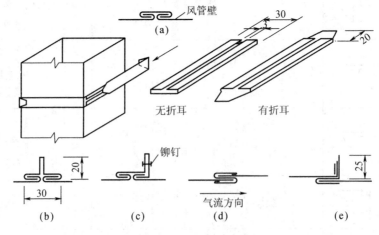

图 10-16　风管插条连接
(a)平插条；(b)立式插条；(c)角式插条；(d)平 S 形插条；(e)立 S 形插条

插条连接应注意下列几个问题。

a.插条宽窄要一致，应采用机具加工。

b.插条连接适用于风管内风速为 10 m/s、风压为 500 Pa 以内的低速系统。

c.接缝处不严密的地方，应使用密封胶带粘贴。

d.插条连接法使用在不常拆卸的风管系统中较好。

表 10-6　矩形风管无法兰连接形式、转角要求及使用范围

无法兰连接形式		附件板厚/mm	转 角 要 求	使 用 范 围
S形插条		≥0.7	立面插条两端压到两平面各 20 mm 左右	单独使用于低压风管中必须有固定措施
C形插条		≥0.7	立面插条两端压到两平面各 20 mm 左右	中、低压风管
立插条		≥0.7	四角加 90°平板条固定	中、低压风管
立咬口	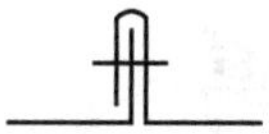	≥0.7	四角加 90°贴角，并固定	中、低压风管
包边立咬口		≥0.7	四角加 90°贴角，并固定	中、低压风管
薄钢板法兰插条		≥0.8	四角加 90°贴角	高、中、低压风管
薄钢板法兰弹簧夹		≥0.8	四角加 90°贴角	高、中、低压风管
直角形平插条		≥0.7	四角两端固定	低压风管
立联合角插条		≥0.8	四角加 90°贴角，并固定	低压风管

⑤圆风管软管连接。

圆风管软管连接主要用于风管与部件(如散流器、静压箱、侧送风口等)的连接。这种软管用螺旋状玻璃丝束作骨架,外侧合以铝箔。有的软管用铝箔、石棉布和防火塑料缝制而成,如图10-17所示。管件柔软,弯曲自如,规格有 $\phi125\sim\phi800$。安装时软管两端套在连接的管外,然后用特制的尼龙软卡把软管紧箍在管端。这种连接方法适用于暗设部位,系统运行时阻力较大,如图10-18、图10-19所示。

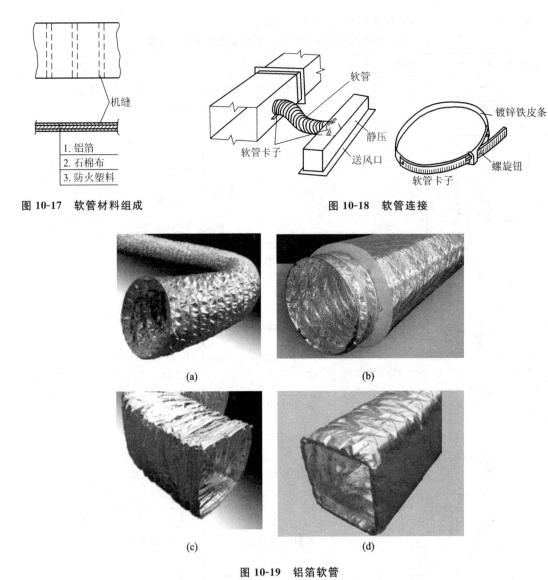

图 10-17 软管材料组成

图 10-18 软管连接

图 10-19 铝箔软管

(a)铝箔圆形单管;(b)铝箔圆形保温软管;(c)铝箔方形单管;(d)铝箔方形保温管

(5)风管加固。

圆形风管本身刚度较好,一般不需要加固。当管径大于 700 mm 且管段较长时,每隔 1.2 m,可用扁钢加固。矩形风管边长不小于 630 mm、管段长大于 1.2 m 时,均应采取加固措施。对边长不大于 800 mm 的风管,宜采用相应的方法加固。当中、高压风管的管段长大于 1.2 m 时,应采用加固框的形式加固。高压风管的单咬口缝应有加固、补强措施,常用的加固方法如下。

①接头起高的加固法(即采用立咬口),虽然可节省钢材,但加工工艺复杂,且接头处易漏风,所以目前较少采用。

②在风管或弯头中部采用角钢框加固。角钢的规格可以略小于法兰的规格。当矩形风管的大边长在 1000 mm 以内时,可采用∟25 mm×4 mm 的角钢做加固框;当大边长大于 1000 mm 时,

可采用∟30 mm×4 mm 的角钢做加固框。

　　③风管内壁设置纵向肋条加固。用 1.0～1.5 mm 厚的镀锌钢板条压成三角棱形作为加固肋条,铆接在风管的内壁上。

　　④风管壁上滚槽加固。风管展开下料后,先将壁板放到滚槽机械上进行十字线或直线滚槽,加工出凸棱,大面上的凸棱呈对角线交叉,然后咬口、合缝。但在风管展开下料时要考虑滚槽对尺寸的影响。不保温风管的凸棱凸向外侧。

　　⑤风管大边角钢加固。它是在风管的大边侧采用角钢框或在对角线上铆接角钢加固条进行加固,在风管的小边不做任何加固。

　　风管加固的形式和方法分别如图 10-20、图 10-21 所示。

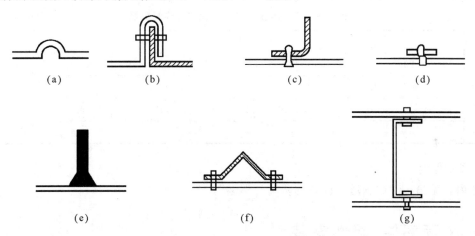

图 10-20　风管的加固形式

(a)棱筋;(b)立筋;(c)角钢加固;(d)扁钢平加固;(e)扁钢立加固;(f)加固筋;(g)管内支撑

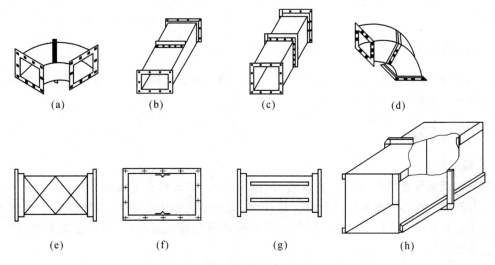

图 10-21　矩形风管加固方法

(a)角钢加固弯头;(b)角钢框加固;(c)角钢加固;(d)角钢加固弯头;

(e)风管壁棱线;(f)风管内壁加固;(g)风管壁滚槽;(h)起高接头

（6）风管强度、严密性及允许漏风量。

风管的强度及严密性应符合设计规定。若设计无规定，应符合表 10-7 的规定。

表 10-7　风管的强度及严密性要求

系统类别	强 度 要 求	密 封 要 求
低压系统	一般	咬口缝及连接处无洞及缝隙
中压系统	局部增强	连接面及四角咬缝处采取密封措施
高压系统	特殊加固不得用按扣式咬缝	所有咬缝连接面及固定件四周采取密封措施

不同系统风管单位面积允许漏风量应符合表 10-8 的规定。

表 10-8　不同系统风管单位面积允许漏风量　　　　　单位：$m^3/(h \cdot m^2)$

系统类别	工作压力/Pa												
	100	200	300	400	500	600	800	1000	1200	1500	1800	2000	2500
低压系统	2.11	3.31	4.30	5.19	6.00	—	—	—	—	—	—	—	—
中压系统	—	—	—	—	2.00	2.25	2.71	3.14	3.53	4.08	—	—	—
高压系统	—	—	—	—	—	—	—	—	—	1.36	1.53	1.64	1.90

（7）风管保温。

具体内容见第 13 章"管道及设备的防腐与保温"。

10.2　风管部件、配件安装

在通风空调系统中部件、配件与风管的安装大多采用法兰，其连接要求和所用垫料与风管接口相同。

10.2.1　安装内容

风管部件、配件安装内容：风阀安装—防火阀安装—斜插板阀安装—风口安装—风帽安装—吸尘罩与排气罩安装—柔性短管安装。

10.2.2　安装要求

1. 风阀安装

通风与空调工程常用的阀门有插板阀（包括平插阀、斜插阀和密闭阀等）、蝶阀、多叶调节阀（平行式、对开式）、离心式通风机圆形瓣式启动阀、空气处理室中旁通阀、防火阀和止回阀等。阀门产品加工制作均应符合国家标准。阀门安装时应确保制动装置动作灵活，安装前如因运输、保管产生损伤要修复。

（1）蝶阀。

蝶阀是通风空调系统中常见的阀门，分为圆形、方形和矩形三种，按调节方式不同分为手柄式和拉链式两类。它由短管、阀门和调节装置三部分组成，如图 10-22 所示。

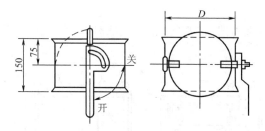

图 10-22　蝶阀(手柄式)

（2）对开式多叶调节阀。

对开式多叶调节阀分手动式和电动式两种,如图 10-23 所示,这种调节阀装有 2～8 个叶片,每个叶片长轴端部装有摇柄,连接各摇柄的联动杆与调节手柄相连。操作手柄,各叶片就能同步开或合。调整完毕,拧紧蝶形螺母,就可以固定位置。

这种调节阀结构简单、轻便灵活、造型美观。但矩形阀体刚性较差,在搬运、安装时容易变形造成调节失灵,甚至阀片脱落。如果将调节手柄取消,把联动杆与电动执行机构相连,就是电动式多叶调节阀,可以进行遥控和自动调节。

（3）三通调节阀。

三通调节阀有手柄式和拉杆式两种,如图 10-24 所示。适用于矩形直通三通和斜通管,不适用于直角三通。

在矩形斜三通的分叉点,装有可以转动的阀板,转轴的端部连接调节手柄,手柄转动,阀板也随之转动,从而调节支管空气的流量。调整完毕后拧紧蝶形螺母固定。

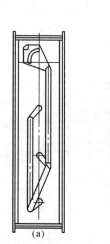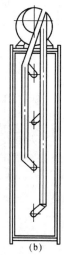

图 10-23　对开式多叶调节阀

(a)手动阀门;(b)电动阀门

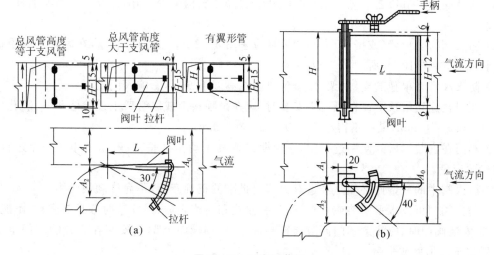

图 10-24　三通调节阀

(a)拉杆式;(b)手柄式

2. 防火阀安装

风管常用的防火阀分为重力式、弹簧式、百叶式三种,如图 10-25 所示。防火阀安装注意事项如下。

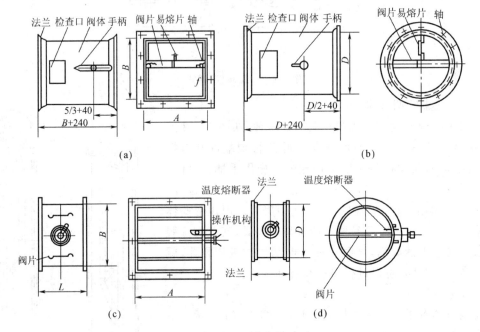

图 10-25　防火阀

(a)矩形重力式防火阀;(b)圆形重力式防火阀;(c)矩形弹簧式防火阀;(d)圆形弹簧式防火阀

(1) 防火阀安装时,阀门四周要留有一定的建筑空间,以便检修和更换零部件。

(2) 防火阀温度熔断器一定要安装在迎风面一侧。

(3) 安装阀门(风口)之前应先检查阀门外形及操作机构是否完好,检查动作的灵活性,然后再进行安装。

(4) 防火阀与防火墙(或楼板)之间的风管应采用 $\delta \geqslant 2$ mm 的钢板制作,在风管外面用耐火的保温材料隔热,如图 10-26 所示。

(5) 防火阀宜有单独的支、吊架,以避免风管在高温下变形,影响阀门功能。

(6) 阀门在建筑吊顶上或在风道中安装时,应在吊顶板上或风管壁上设检修孔,一般孔尺寸不小于 450 mm×450 mm,最小不得小于 300 mm×300 mm。

(7) 阀门在安装以后的使用过程中,应定期进行关闭动作试验,一般每半年或一年进行一次,并应有检验记录。

(8) 防火阀中的易熔件必须是经过有关部门批准的正规产品,不允许随便代用。

(9) 防火阀门可以水平安装或垂直安装,有左式和右式之分,在安装时务必要注意,不能装反。

(10) 安装阀门时,应注意阀门调节装置要置于便于操作的部位;安装在高处的阀门也要使其操作装置位于离地面或平台 1～1.5 m 处。

(11) 阀门在安装完毕后,应在阀体外部明显地标出开和关的方向及开启程度。对保温的风管系统,应在保温层外设法做标志,以便于调试和管理。

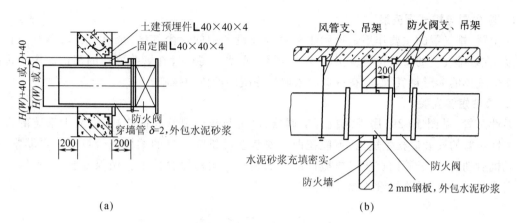

图 10-26　防火阀安装示意图
(a)方案一;(b)方案二

3. 斜插板阀安装

斜插板阀一般用于除尘系统,安装时应考虑不致集尘,因此水平管上安装的斜插板阀应顺气流安装。在垂直管(气流向上)上安装时,斜插板阀就应逆气流安装,阀板应向上拉启,而且阀板应顺气流方向插入,如图 10-27 所示。防火阀安装后应做动作试验,手动、电动操作应灵敏可靠,阀板关闭应可靠。

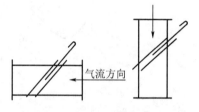

图 10-27　斜插板阀安装示意

4. 风口安装

风口安装时,风口与风管的连接应严密、牢固;边框与建筑面贴实,外表面应平整不变形;同一厅室、房间内的相同风口的安装高度应一致,排列整齐。带阀门的风口在安装前后都应扳动一下调节手柄或杆,保证调节灵活。变风量末端装置的安装,应设独立的支、吊架,与风管相接前应做动作试验。

净化系统风口安装前应清扫干净,其边框与建筑顶板间或墙面间的接缝应加密封垫料或填密封胶,不得漏风。

5. 风帽安装

风帽可在室外沿墙绕过檐口伸出屋面,或在室内直接穿过屋面板伸出屋顶。穿过屋面板的风管,面板孔洞处应做防雨罩,防雨罩与接口应紧密连接,防止漏水,如图 10-28 所示。

不连接风管的筒形风帽,可用法兰固定在屋面板预留洞口的底座上。当排送温度较高的空气时,为避免产生的凝结水漏入室内,应在底座下设滴水盘及排水装置,其排水管应接到指定位置或有排水装置的地方。

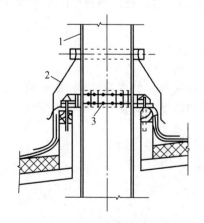

图 10-28　穿过屋面的风管
1—金属风管;2—防雨罩;3—铆钉

6. 吸尘罩与排气罩安装

吸尘罩、排气罩的主要作用是排除工艺过程或设备中的含尘气体、余热、余温、毒气、油烟等。各类吸尘罩、排气罩的安装位置应正确、牢固可靠,支架不得设置在影响操作的部位。用于排出蒸汽或其他气体的伞形排气罩,应在罩口内采取排除凝结液体的措施。

7. 柔性短管安装

柔性短管(见图 10-29)用于风机与空调器、风机与送回风管间的连接,以减少系统的机械振动。柔性短管的安装应松紧适当,不能扭曲。安装在风机吸入口的柔性短管可安装得绷紧一些,以免风机启动后,由于管内负压造成截面缩小的现象。柔性短管外不宜做保温层,且不能将柔性短管当成找平、找正的连接管或异径管。

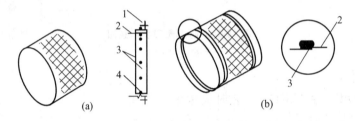

图 10-29　帆布连接软管

(a)帆布软管;(b)软管与法兰的连接
1—法兰盘;2—帆布短管;3—镀锌铁皮;4—铆钉

10.3　通风空调系统设备安装

通风空调系统设备安装的工作量较大。在通风空调系统中,各种设备的种类及数量较多,应严格按施工图和设备安装说明书的要求进行安装,以保证设备的正常工作和满足空气的处理要求。

常见的通风空调系统设备有空气过滤器、换热器、喷淋室、消声器、通风机、除尘器、空调末端设备等。

10.3.1　安装内容

通风空调系统设备的安装内容:空气过滤器安装—换热器安装—分水器、集水器安装—喷淋室安装—消声器安装—通风机安装—除尘器安装—风机盘管和诱导器安装—空调机组安装。

10.3.2　安装要求

1. 空气过滤器安装

(1)初效过滤器的安装。

①网状过滤器安装。

a.按设计图纸要求,制作角钢外框、底架和油槽,安装固定。

b.在安装框和角钢外框之间垫 3 mm 厚的石棉橡胶板或毛毡衬垫。

c.将角钢外框和油槽固定在通风室预留洞内预埋的木砖上,角钢外框与木砖连接处应严密。

d.安装过滤器前,应将过滤器上的铁锈及杂物清除干净。可先用 70% 浓度的热碱水清洗,经清水冲洗晾干,再浸以 12 号或 20 号机油。

e.角钢外框安装牢固后,将过滤器装在安装框内,并用压紧螺栓将压板压紧。在风管内安装网格过滤器,为便于取出清扫,可做成抽屉式的,如图 10-30 所示。

②铺垫式过滤器的安装。

因滤料需要经常清洗,为了拆装方便,采用铺垫式横向踏步式过滤器,如图10-31所示。先用角钢做成框架,框架内呈踏步式。斜板用镀锌铁丝制成斜形网格,在其上铺垫 20～30 mm 厚的粗中孔泡沫塑料垫,与气流成 30°角,要清洗或更换时就可从架子上取下。这种过滤器使用和维修方便,一般在棉纺厂的空气处理室中用于初效过滤。

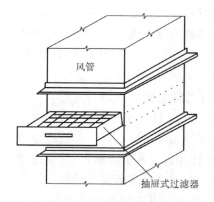

图 10-30　抽屉式过滤器

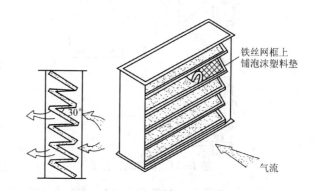

图 10-31　横向踏步式过滤器

凡用泡沫塑料作为滤料时,在装入过滤器前,都应用 5% 浓度的碱溶液进行透孔处理。

③金属网格浸油过滤器安装。

金属网格浸油过滤器用于一般通风空调系统。安装前应用热碱水将过滤器表面黏附物清洗干净,晾干后再浸以 12 号或 20 号机油。安装时应将空调器内外清扫干净,并注意过滤器的方向,将大孔径金属网格朝迎风面,以提高过滤效率。金属网格过滤器出厂时一般都涂以机油防锈,但在运输和存放后,就会黏附上灰尘,故在安装时应先用 70%～80% 浓度的热碱水清洗油污,晾干后再浸以 12 号或 20 号机油。相互邻接的波状网的波纹应互相垂直,网孔尺寸应沿气流方向逐次减小,如图 10-32 所示。

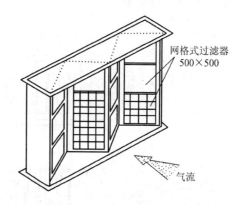

图 10-32　金属网格浸油过滤器

④自动浸油过滤器的安装。

自动浸油过滤器用于一般通风空调系统。安装时应清除过滤器表面黏附物,并注意装配的转动方向,使传动机构灵活。自动浸油过滤器由过滤层、油槽及传动机构三部分组成。过滤层有多种形式,有用金属丝织成的网板,有链条式的网片板等。自动浸油过滤器安装时应注意以下几点。

a.安装前,应与土建配合好,按设计要求预留孔洞,并预埋角钢框。

b. 将过滤器油槽擦净,并检查轴的旋转情况。

c. 将金属网放在煤油中刷洗,擦干后卷起,再挂在轴上,同时纳入导槽,绕过上轴、下轴的内外侧后,用对接的销钉,将滤网的两端接成连续网带。检查滤网边在导槽里的位置,合适后再用拉紧螺栓将滤网拉紧。

d. 开动电动机,先检查滤网转动方向,进气面的滤料应自上向下移动。再在油槽内注满机油,转动 1 h,使滤网沾油;然后停车 0.5 h,使余油流回油槽,并将油加到规定的油位。

e. 将过滤器用螺栓固定在预埋的角钢框的连接处并加衬垫,使连接严密,无漏风。

f. 两台或三台并排安装时,应用扁钢和螺栓连接。过滤器之间应加衬垫。其传动轴的中心连成一条直线。

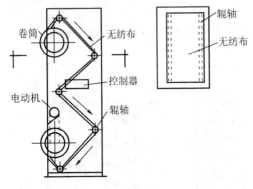

图 10-33 卷绕式过滤器

⑤卷绕式过滤器安装。

卷绕式过滤器一般为定型产品,整体安装,大型卷绕式过滤器可以在现场组装。安装时应注意上下卷筒平行,框架平整,滤料松紧适当,辊轴及传动机构灵活,如图 10-33 所示。

(2)中效过滤器安装。

中效过滤器按滤料可分为玻璃纤维、棉短绒纤维滤纸及无纺布型过滤器等。中效过滤器安装时,应考虑便于拆卸和更换滤料,并使过滤器与框架和框架与空调器之间保持严密。

袋式过滤器是一种常用的中效过滤器,如图 10-34 所示。它采用不同孔隙率的无纺布作滤料,把滤料加工成扁平袋形状,袋口固定在角钢框架上,然后用螺栓固定在空气处理室的型钢框上,中间加法兰垫片。多个扁布袋平行排列,袋身用钢丝架撑起或是袋底用挂钩吊住。安装时要注意袋口方向应符合设计要求。

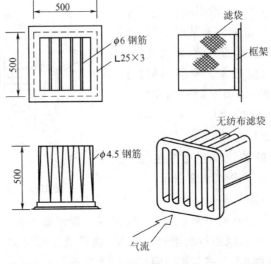

图 10-34 袋式过滤器

（3）高效过滤器的安装。

高效过滤器是空气洁净系统的关键设备，其滤料采用超细玻璃纤维纸和超细石棉纤维纸。高效过滤器在出厂前都经过严格的检验。过滤器的滤纸非常精细，易损坏，因此系统未装之前不得开箱。高效过滤器必须在洁净室土建施工完成，空调系统施工安装完毕，并在空调系统进行全面清扫和系统连续试车 12 h 以后，再现场拆开包装进行安装。

高效过滤器在安装前应认真进行外观检查和仪器检漏，主要检查滤纸和框架有无损坏，损坏的应及时修补；高效过滤器密封垫的漏风是造成过滤总效率下降的主要原因之一。密封效果与密封垫材料的种类、表面状况、断面大小、拼接方式、安装的质量、框架端面加工精度和光洁度等都有密切关系。采用机械密封时须采用密封垫料，其厚度为 6～8 mm，定位贴在过滤器边框上，安装后垫料的压缩应均匀，压缩率为 25%～50%，以确保安装后过滤器四周及接口严密不漏。

密封垫的接头用榫接式较好，既严密，又省料。安装过滤器时，应注意保证密封垫受压后，最小处仍有足够的厚度。为保证高效过滤器的过滤效率和洁净系统的洁净效果，高效过滤器的安装必须遵守《洁净室施工及验收规范》(GB 50591—2010)或设计图纸的要求。

2. 换热器安装

图 10-35 给出了四种壳管式汽-水换热器的形状，图 10-36 给出了三种管式水-水换热器的形状，图 10-37 给出了波纹板式换热器的形状，图 10-38 给出了螺旋板式换热器的形状。

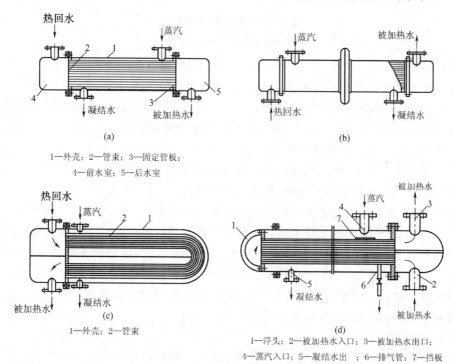

1—外壳；2—管束；3—固定管板；
4—前水室；5—后水室

1—外壳；2—管束

1—浮头；2—被加热水入口；3—被加热水出口；
4—蒸汽入口；5—凝结水出 ；6—排气管；7—挡板

图 10-35　壳管式汽-水换热器
(a)固定管板壳管式换热器；(b)带膨胀节的壳管式换热器；
(c)U 形壳管式换热器；(d)浮头式壳管换热器

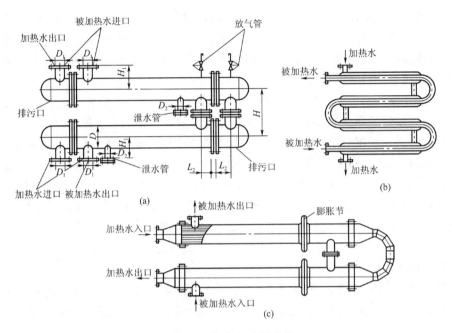

图 10-36 管式水-水换热器

(a)组装式；(b)套管式；(c)分段式

（1）换热器安装。

空调机组中常用的空气热交换器主要是表冷器和蒸汽或热水加热器。安装前空气热交换器的散热面应保持清洁、完整。热交换器安装时如缺少合格证明，应进行水压试验。试验压力等于系统最高压力的 1.5 倍，且不少于 0.4 MPa，水压试验的观测时间为 2~3 min，压力不得下降。

热交换器的底座为混凝土或砖砌时，由土建单位施工，安装前应检查其尺寸及预埋件位置是否正确。底座如为角钢支架，则在现场焊制。热交换器按排列要求在底座上用螺栓连接固定，与周围结构的缝隙及热交换器之间的缝隙，都应用耐热材料堵严，如图 10-39 所示。

连接管路时，要熟悉设备安装图，要弄清进出水管的位置。在热水或蒸汽管路上及回水管路上均应安装截止阀，蒸汽系统的凝结水出口处还应装疏水器，当数台合用时，最好每台都能单独控制其进汽及回水装置。表冷器的底部应安装滴水盘和泄水管；当冷却器叠放时，在两个冷却器之间应装设中间水盘和泄水管，泄水管应设水封，以防吸入空气，如图 10-40 所示，在连接管路上都应有便于检查拆卸的接口。当作为表面冷却器使用时，其下部应设排水装置。热水加热器的供回水管路上应安装调节阀和温度计，加热器上还应安设放气阀。

（2）换热器的安装质量。

①换热器就位前的混凝土支座强度、坐标、标高尺寸和预埋地脚螺栓的规格尺寸必须符合设计要求和施工规范的规定。

②换热器支架与支座连接应牢固，支架与支座和换热器接触应紧密。

③换热器安装的允许偏差：坐标为 15 mm；标高为 ±5 mm；垂直度（每米）为 1 mm。

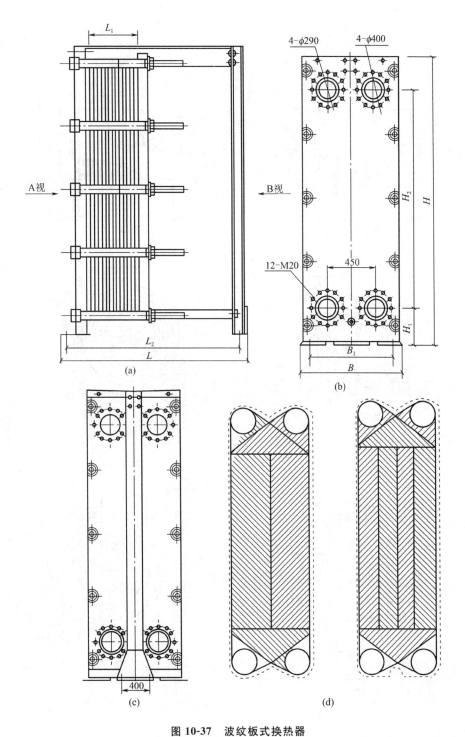

图 10-37　波纹板式换热器

(a)立面图;(b)A 视图;(c)B 视图;(d)波纹板片正面图

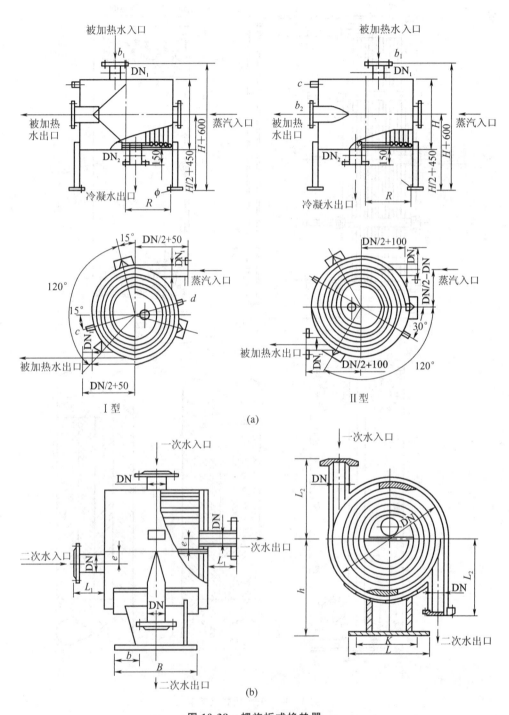

图 10-38 螺旋板式换热器

(a)汽-水交换的螺旋板式换热器;(b)水-水交换的螺旋板式换热器

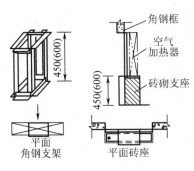

图 10-39　空气热交换器支架

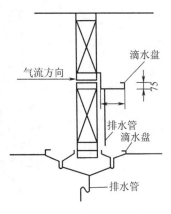

图 10-40　滴水盘安装

3. 分水器、集水器安装

（1）安装工艺。

分水器和集水器属于压力容器,其加工制作和运行应符合压力容器安全监察规程。一般安装单位不可自行制作,加工单位在供货时应提供生产压力容器的资质证明、产品的质量证明书和测试报告。

分水器和集水器均为卧式,形状大致相同,但工作压力不同时,对形状也有不同的要求:当公称压力为 0.07 MPa 以下时,可采用无折边球形封头;当公称压力为 0.25～4.0 MPa 时,应采用椭圆形封头。

分水器、集水器的接管位置应尽量安排在上下方向,其连接管的规格、间距和排列关系应依据设计要求和现场实际情况在加工订货时作出具体的技术交底。注意考虑各支管的保温和支管上附件的安装位置,一般按管间保温后净距不小于 100 mm 确定。

分水器、集水器一般安装在钢支架上。支架形式由安装位置决定。支架的形式有落地式和挂墙悬臂式两种,如图 10-41 所示。

（2）安装标准。

①分水器、集水器安装前的水压试验结果必须符合设计要求和施工规范的规定。

②分水器、集水器的支架结构符合设计要求,安装平正牢固,支架与分水器、集水器接触紧密。

③分水器、集水器及其支架的油漆种类、涂刷遍数符合设计要求,附着良好,无脱皮、起泡和漏涂,漆膜厚度均匀,色泽一致,无流淌和污染现象。

④分水器、集水器安装位置的允许偏差:坐标为 15 mm,标高为 5 mm。

⑤分水器、集水器保温层厚度的允许偏差:$+0.1\delta$,-0.05δ(δ 为保温层厚度)。

⑥分水器、集水器保温层表面平整度允许偏差:卷材为 5 mm;涂抹为 10 mm。

4. 喷淋室安装

（1）喷淋排管安装工艺。

在加工管路时,要对喷淋室的内部尺寸进行实测。按图纸要求,结合现场实际进行加工制作和装配。主管与立管采用丝接,支管的一端与立管采用焊接连接,另一端安装喷嘴(丝接),支管间

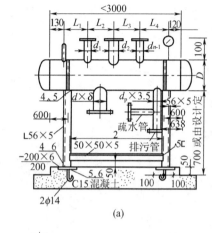

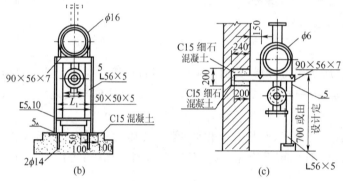

图 10-41 分水器、集水器的安装图

(a)安装图;(b)Ⅰ型落地式支架;(c)Ⅱ型挂墙悬臂式支架

距要均匀,每根立管至少由两个立管卡固定。喷水系统安装完毕,在安设喷嘴前先把水池清扫干净,再开动水泵冲洗管路,清除管内杂质,然后拧上喷嘴。要注意喷口方向与设计要求的顺喷或逆喷方向相一致。喷嘴在同一面上呈梅花形排列。如图 10-42 所示。

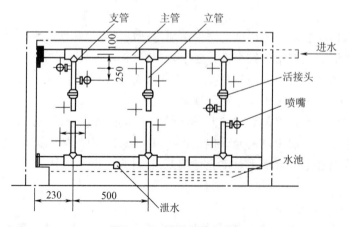

图 10-42 喷淋排管安装

（2）挡水板安装工艺。

挡水板常用 0.75～1.0 mm 厚的镀锌钢板制作，也可用 3～5 mm 厚的玻璃板或硬质塑料板制作，安装时要注意以下几点。

①应与土建施工配合，在空调室侧壁上预埋钢板。

②将挡水板的槽钢支座、连接支撑角钢的短角钢和侧壁上的角钢框焊接在空调室侧壁的预埋钢板上。

③将两端的两块挡水板用螺栓固定在侧壁的角钢框上，再将一边的支撑角钢用螺栓连接在短角钢上。

④先将挡水板放在槽钢支座上，再将另一边的支撑角钢用螺栓连接在侧壁的短角钢上；然后用连接压板将挡水板边压住，用螺栓固定在支撑角钢上。

⑤挡水板应保持垂直。挡水板之间的距离应符合设计要求。两侧边框应用浸铅油的麻丝填塞，防止漏水。

5．消声器安装

在通风空调系统中，消声器一般安装在风机出口水平总风管上，用以降低风机产生的空气动力噪声，也有的将消声器安装在各个送风口前的弯头内，用来阻止或减少噪声由风管向空调房间传播。消声器的结构及种类有多种，其安装操作的要点有如下几条。

①消声器在运输和吊装过程中，应力求避免振动，防止消声器变形，影响消声性能。尤其对填充消声多孔材料的阻抗式消声器，应防止由于振动而损坏填充材料，降低消声器效果。

②消声器在安装时应单独设支架，使风管不承受其重力荷载。

③消声器支架的横担板穿吊杆的螺孔距离，应比消声器宽 40～50 mm，为便于调节标高，可在吊杆端部套 50～80 mm 的螺纹，以便找平、找正，并加双螺母固定。

④消声器的安装方向必须正确，与风管或管线的法兰连接应牢固、严密。

⑤当通风空调系统有恒温、恒湿要求时，消声器设备外壳与风管同样应做处理。

⑥消声器安装就绪后，可用拉线或吊线的方法进行检查，对不符合要求的应进行修整，直到满足设计和使用要求。

消声器尽量安装在靠近使用房间的部位，如必须安装在机房内，则应对消声器外壳及消声器之后位于机房内的部分风管采取隔声处理。当系统为恒温系统时，则消声器外壳应与风管同样做保温处理。

6．通风机安装

（1）轴流风机安装工艺。

轴流风机大多安装在风管中间、墙洞内或单独支架上。在空气处理室内也可选用大型（12 号以上）轴流风机作为回风机使用。

①风管中安装轴流风机。

安装方法与在单独支架上安装相同，如图 10-43 所示。支架应按设计图纸要求的位置和标高进行安装，支架螺孔尺寸应与风机底座螺孔尺寸相符。支架安装牢固后，再把孔机吊放在支架上，支架与底座间垫上厚度为 4～5 mm 的橡胶板，穿上螺栓，找正、找平后，上紧螺母。连接风管时，风管中心应与风机中心对正。为检查和接线方便，应设检查孔。

②墙洞内安装轴流风机。

安装前,应在土建施工时,配合土建留好预留孔,并预埋挡板框和支架。安装时,把风机放在支架上,上紧地脚螺栓的螺母,连接好挡板,在外墙侧应装上 45°防雨、防雪弯头,如图 10-44 所示。

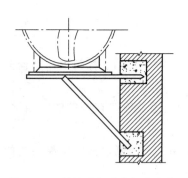

图 10-43　轴流风机在支架上安装

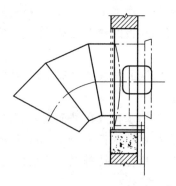

图 10-44　轴流风机在墙洞内安装

（2）离心式通风机安装工艺。

①离心式通风机的安装步骤如下。

a.通风机混凝土基础浇筑或型钢支架的安装制作应在底座上穿入地脚螺栓,并将风机连同底座一起吊装在基础上。

b.通风机的开箱检查。

c.机组的吊装、校正、找平。调整底座的位置,使底座和基础的纵、横中心线相吻合;用水平尺检查通风机的底座放置是否水平。不水平时可用平垫片和斜垫片进行水平度的调整。

d.地脚螺栓的二次浇灌或型钢支架的初紧固。对地脚螺栓可进行二次浇灌;约养护两周后,当二次浇灌的混凝土强度达到设计强度的 75％时,复测通风机的水平度并进行调整,用手扳动通风机轮轴,检查有无剐蹭现象。

e.复测机组安装的中心偏差、水平度和联轴器的轴向偏差、径向偏差等是否满足要求。

f.最后,进行机组试运行。

②安装时的注意事项如下。

a.在安装通风机之前,应再次核对通风机的型号、叶轮的旋转方向、传动方式、进出口位置等。

b.检查通风机的外壳和叶轮是否有锈蚀、凹陷和其他缺陷。有缺陷的通风机不能进行安装,外观有轻度损伤和锈蚀的通风机,应进行修复后方能安装。

7. 除尘器安装

除尘器按作用原理可分为机械式除尘器、过滤式除尘器、洗涤式除尘器及电除尘器等类型。其安装的一般要求:保证位置正确、牢固平稳,进出口方向、垂直度与水平度等必须符合设计要求;除尘器的排灰阀、卸料阀、排泥阀的安装必须严密,并便于日后操作和维修。此外,根据不同类型除尘器的结构特点,在安装时还应注意如下操作要点。

①机械式除尘器。

a.组装时,除尘器各部分的相对位置和尺寸应准确,各法兰的连接处应垫石棉垫片,并拧紧螺栓。

b.除尘器与风管的连接必须严密不漏风。

c.除尘器安装后,在联动试车时应检验其气密性,如有局部渗漏应进行修补。

②过滤式除尘器。

a.各部件的连接必须严密。

b.布袋应松紧适度,接头处应牢固。

c.安装的振打或脉冲式吹刷系统,应动作正常可靠。

③洗涤式除尘器。

a.水浴式、水膜式除尘器的安装要确保液位系统的准确。

b.喷淋式的洗涤器喷淋装置的安装,应使喷淋均匀无死角,保证除尘效率。

④电除尘器。

a.清灰装置动作灵活可靠,不能与周围其他部件相碰。

b.不属于电晕部分的外壳、安全网等,均有可靠的接地。

c.电除尘器的外壳应做保温层。

8. 风机盘管和诱导器安装

所采用的风机盘管、诱导器设备应具有出厂合格证和质量鉴定文件,风机盘管、诱导器设备的结构形式、安装形式、出口方向、进水位置应符合设计要求。设备安装所使用的主要材料和辅助材料的规格、型号应符合设计规定,并具有出厂合格证。

安装注意事项如下。

(1) 土建施工时应搞好配合,按设计位置预留孔洞。待建筑结构工程施工完毕,屋顶做完防水层,室内墙面、地面抹完,再检查安装的位置、尺寸是否符合设计要求。

(2) 空调系统干管安装完后,检查连接风机盘管的支管预留管口位置标高是否符合要求。

(3) 风机盘管在安装前应检查每台电机壳体及表面交换器有无损伤、锈蚀等缺陷。

(4) 风机盘管和诱导器应逐台进行水压试验,试验强度应为工作压力的 1.5 倍,定压后观察 2~3 min,不渗、不漏为合格。

(5) 卧式吊装风机盘管和诱导器,吊装应平整牢固、位置正确。吊杆不应自由摆动,吊杆与托盘应用双螺母相连,并紧固找平。

(6) 冷热媒水管与风机盘管、诱导器连接宜采用钢管或紫铜管,接管应平直。紧固时应用扳手卡住六方接头,以防损坏铜管。凝结水管宜采用柔性连接,材质宜用透明胶管,严禁渗漏,坡度应正确,凝结水应畅通地流到指定位置,水盘应无积水现象。

(7) 风机盘管、诱导器的冷热媒管道,应在管道系统冲洗排污后再连接,以防堵塞热交换器。

(8) 暗装的卧式风机盘管,在吊顶内应留有活动检查门,便于机组能整体拆卸和维修。

(9) 风机盘管、诱导器安装必须平稳、牢固,风口要连接严密、不漏风。

(10) 风机盘管、诱导器与进出水管的连接严禁渗漏,凝结水管的坡度必须符合排水要求,与风口及回风口的连接必须严密。

(11) 风机盘管和诱导器运至现场后要采取措施妥善保管,码放整齐,应有防雨、防雪措施。冬期施工时,风机盘管水压试验后必须随即将水排放干净,以防冻坏设备。

(12) 风机盘管、诱导器安装施工要随运随装,与其他工种交叉作业时要注意成品保护,防止碰坏。

（13）立式暗装风机盘管，安装完后要配合好土建安装保护罩。屋面喷浆前要采取防护措施，保护已安装好的设备并保持清洁。

9. 空调机组安装

机组安装前先要检查机组外部是否完整无损；然后打开活动面板，用手转动风机，细听内部有无摩擦声。如有异声，可调节转子部分，使其和外壳不碰撞。

（1）立式、卧式、柜式空调机组安装工艺。

①一般不需要专用地基，安放在平整的地面上即可运转。若四角垫以 20 mm 的橡胶垫，则更好。

②对于冷热媒流动方向，卧式机组采用下进上出方式，立式机组采用上进下出方式。冷凝水用排水管应接 U 形存水弯后通过下水道排泄。

③机组安装的场所应有良好的通风条件，无易爆、易燃物品，相对湿度不应大于85%。

④与空调机连接的进出水管必须装有阀门，用以调节流量和检修时切断冷（热）水源，进出水管必须做好保温。

（2）窗式空调器的安装工艺。

①窗式空调器一般安装在窗户上，也可以采用穿墙安装，但必须牢固。

②安装位置不要受阳光直射，要通风良好，远离热源，且排水（凝结水）顺利。安装高度以 1.5 m 左右为宜，若空调器的后部（室外侧）有墙或其他障碍物，其间距必须大于 1 m。

③空调器室外侧可设遮阳防雨棚罩，但不允许用铁皮等物将室外侧遮盖。否则会因空调器散热受阻而使室内无冷气。

④空调器的送风、回风百叶口不能受阻，气流要保持通畅。

⑤必须将空调器室外侧装在室外，不允许在内窗上安装，室外侧也不允许在楼道或走廊内安装。

⑥空调器凝结水盘要有坡度，室外排水管路要畅通，以利排水。

⑦空调器搬运和安装时，倾斜角度不得超过30°，以防冷冻油进入制冷系统内。

10.4 通风空调系统调试

通风空调系统安装完毕后，系统正式投入使用前，必须进行系统试运转及调试。其目的是使所有的通风空调设备及其系统能按照设计要求正常可靠地运行。同时，通过试运转及调试，可以发现并消除通风空调设备及其系统的故障、施工安装的质量问题以及工艺上不合理的部分。通风空调系统试运转及调试一般可分为准备工作、设备单体试运转、无生产负荷联合试运转、综合效能试验四个阶段进行。

10.4.1 准备工作

（1）熟悉资料。

熟悉通风空调工程全套资料，包括工程概况、施工图纸、设计参数、设备性能和使用方法等，特别应熟悉并掌握通风空调工程中自动调节系统的有关资料。

（2）现场检验。

调试人员对已安装好的系统进行现场的外观质量检查，其主要内容如下。

①风管、管道和通风空调设备安装是否正确牢固，洁净系统的风管、静压箱是否清洁、严密。

②风管表面是否平整、有破损，风管连接处及风管与设备或调节装置的连接处是否有明显缺陷。

③各类调节装置的制作和安装应正确牢固、调节灵活、操作方便。特别是防火阀、排烟阀应关闭严密、动作可靠。

④除尘器、集尘器是否严密。

⑤绝热层有无断裂和松散现象，外表是否光滑平整。

⑥系统刷油是否均匀、光滑，油漆涂色与标志是否符合设计要求。

在检查中凡质量不符合规范规定时，应逐项填写质量缺陷明细表，提请施工单位或设备生产厂家在测试前及时修正。

（3）编制调试计划。

调试计划内容包括目标要求、时间进度、调试项目、调试程序和方法、调试仪器和工具，以及人员分工安排等，做到统一行动。

（4）做好仪器、工具和运行准备。

准备好试运转及调试过程中所需要的仪器和工具，接通水、电源及供应冷、热源。各项准备工作就绪并检查无误后，即可按计划进行试运转及调试。

10.4.2　设备单体试运转

设备单体试运转，其目的是检查单台设备运行或工作时，其性能是否符合有关规范的规定以及设备技术文件的要求。主要内容如下。

（1）通风机试运转。

（2）水泵试运转。

（3）制冷机试运转。

（4）空气处理室表面热交换器的试运转。

（5）带有动力的除尘器与空气过滤器的试运转。

10.4.3　无生产负荷联合试运转

无生产负荷联合试运转的测定与调整应包括如下内容。

（1）通风机风量、风压及转速测定。通风与空调设备风量、余压与风机转速测定。

（2）系统与风口的风量测定与调整。实测与设计风量偏差不应大于 10%。

（3）通风机、制冷机、空调器噪声的测定。

（4）制冷系统运行的压力、温度、流量等各项技术数据应符合有关技术文件的规定。

（5）防排烟系统正压送风前室静压的检测。

（6）空气净化系统，应进行高效过滤器的检漏和室内洁净度级别的测定。对于不低于 100 级的洁净室，还应增加在门开启状态下，指定点含尘浓度的测定。

(7) 空调系统带冷、热源的正常联合试运转时间应大于 8 h,当竣工季节条件与设计条件相差较大时,仅做不带冷、热源的试运转。通风、除尘系统的连续试运转时间应大于 2 h。

10.4.4 综合效能试验

综合效能试验是指通风空调系统在生产负荷条件下做的系统联合试运转的测定与调整。综合效能试验按工艺和设计要求应进行下列项目的测定与调整。

(1) 通风、除尘系统综合效能试验。

①室内空气中含尘浓度或有害气体浓度与排放浓度的测定。

②吸气罩罩口气流特性的测定。

③除尘器阻力和除尘效率的测定。

④空气油烟、酸雾过滤装置净化效率的测定。

(2) 空调系统综合效能试验。

①送、回风口空气状态参数的测定与调整。

②空调机组性能参数测定与调整。

③室内空气温度与相对湿度测定与调整。

④室内噪声测定。

对于恒温、恒湿空调系统,还应包括室内温度、相对湿度测定与调整,室内气流组织测定及室内静压测定与调整。

对于洁净空调系统,还应增加室内空气净化度测定,室内单向流截面平均风速和均匀度的测定,室内浮游菌和沉降菌的测定及室内自净时间的测定。

此外,对于防排烟系统,其测定项目还应包括在模拟状态下的安全区正压变化测定及烟雾扩散试验等。

【思考题】

10-1 风管连接有哪些方法?

10-2 风管常用的防火阀有哪些,安装时应当注意的事项是什么?

10-3 圆风管软管连接主要用在什么部位,作用是什么?

10-4 风管加固的作用是什么,都有哪些措施?

10-5 通风空调系统调试包括哪些内容?

第 11 章　制冷系统设备安装

11.1　概述

11.1.1　制冷系统设备安装种类

本章主要介绍普通制冷用制冷设备及制冷装置的安装,其主要内容涉及活塞、离心式、螺杆式制冷系统。

专业厂生产的制冷设备,根据产品的大小、结构、使用情况不同,出厂时,有的是整体式,有的是组装式。较大型的制冷设备则是散装式的。

整体式制冷设备的制冷量较小,它将制冷压缩机、冷凝器、蒸发器及各种辅助设备组装在同一个底座上或同一个箱体内,成为整体式设备,如空调器、冷藏箱、冷风机、活动冷库、电冰箱等。

组装式的制冷设备,一般是将压缩机、冷凝器、油分离器、贮液器、过滤器等分为一组,称为"压缩-冷凝机组";将蒸发器、膨胀阀等分为另一组,称为"制冷设备"。安装时,按产品说明书的要求,将两组设备用管子连接起来,成为一个系统,然后再进行校验。

散装式的制冷设备,它的压缩机、冷凝器、蒸发器、膨胀阀及其他辅助设备均为散装供货,安装时先按产品说明书提出的技术要求进行单体安装,再将各部件用管子连接起来,然后进行校验。

制冷设备的安装,以散装式制冷设备的安装最为复杂,因此它的安装方法对于组装式或整体式制冷设备的安装具有指导意义。本章重点介绍散装式制冷设备及系统的安装。

11.1.2　制冷系统设备安装的特殊性

制冷系统的安装与其他机械设备系统的安装有所不同,对其特殊性必须充分重视才能保证制冷机组的正常运转。

(1) 所有设备和管道都有承压性要求,一般情况下它所承受的压力是大气压的几倍到十几倍,各设备承受的压力也不同,有些设备有时在真空下工作,因此这些设备和管道都有一定的强度要求。

(2) 氟利昂制冷剂无色、无味,并有很强的渗透性,极易从微小的不严密处泄漏,而且不容易被发现。氨制冷剂具有毒性,可燃、可爆。因此不管采用哪种制冷剂,对制冷系统的所有设备、部件和管件等都有很高的气密性要求。

(3) 所有设备和管路内部的氧化皮、焊渣及其他杂质必须清除干净,否则会引起气缸、活塞、气阀、膨胀阀和油泵等部件磨损,或者堵塞管路,使制冷装置无法正常运转。

(4) 氟利昂不溶于水,若系统内含有水分,会在系统低温部分结冰,形成冰堵,为此要求系统内高度干燥。在系统安装好后,应认真做好气密性试验,在充注制冷剂前严格抽除系统中的不凝性气体和水分。

（5）氟利昂一般都能溶于油，因此润滑油常与制冷剂一起在系统内循环。进行管道安装时，应考虑能使润滑油很好地返回曲轴箱，否则润滑油会在管道中沉积，增加流动阻力，或者引起润滑油积聚在冷凝器和蒸发器的传热面上，形成油膜，影响传热，影响制冷效果，甚至还会造成压缩机失油，致使轴承和滑动部件损坏。

由于上述制冷系统的特殊性，在安装制冷系统时，必须注意施工的各个环节，严格按照有关规范及产品说明书中的技术要求进行施工，确保工程质量。

11.2 压缩机的安装

11.2.1 活塞式制冷压缩机的安装

活塞式制冷压缩机在工作过程中，机器的往复惯性力和旋转惯性力的作用，使压缩机产生振动、噪声，既消耗能量，又加剧了工作零件的磨损。故活塞式制冷压缩机一般都要安装在足够大的混凝土基础上。对于安装在离空调房间较近的压缩机，为防止振动和噪声对周围环境的影响，应设置减振基础来消除设备产生的振动。常见的减振基础的形式如图 11-1 所示。

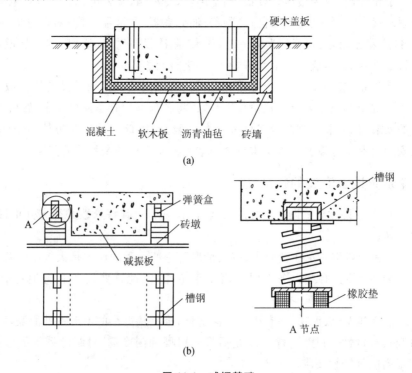

图 11-1 减振基础

(a)软木减振基础；(b)弹簧减振基础

活塞式制冷压缩机的安装步骤如下。

（1）表面清理干净，按平面坐标位置，以厂房轴线为准在基础上放出纵横中心线、地脚螺栓孔中心线及设备底座边缘线等,如图 11-2 所示。如有多台压缩机,应使中心线平行并且对齐。

(2) 将压缩机搬运到基础旁,准备好设备起吊工具,用强度足够的钢丝绳套在压缩机的起吊部位。按吊装的技术安全规程将压缩机吊起,穿上地脚螺栓,对准基础上的纵横中心线,徐徐地下落到基础上,此时将地脚螺栓置于基础地脚螺栓孔内。

压缩机就位后,它的中心线应与基础中心线重合。若出现纵横偏差(如图 11-3 所示的偏差 a、b),可用撬棍伸入压缩机底座和基础之间空隙处的适当位置,前后左右地拨动设备底座,直至拨正为止。

在安装过程中,制冷压缩机一般用垫铁找平,垫铁放置的位置应根据设备底座外形和底座上的螺栓孔位置来确定。

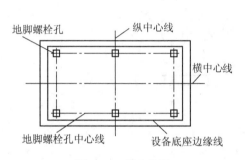

图 11-2　基础放线

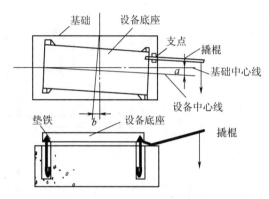

图 11-3　设备拨正

(3) 用水平仪测量压缩机的纵横向水平度。对于立式和 W 形压缩机,测量的方法是将顶部气缸盖拆下,置水平仪于气缸顶上的机加工面上,测量其机身的纵横向水平度(见图 11-4(a));对于 V 形和扇形压缩机,测量的方法是将水平仪轴向放置在联轴器上,测量其轴向水平度,再用吊线锤的方法测量其横向水平度(见图 11-4(b))。

(4) 联轴器安装。在中小型活塞式制冷压缩机中,一般都采用弹性联轴器(见图 11-5)。这种联轴器由两个半联轴器(压缩机轴上装半个联轴器,电动机轴上装半个联轴器)组成,中间插入几只上面套有橡皮弹性圈的柱销,橡皮弹性圈柱销能起缓冲减振作用,压缩机轴上的半个联轴器的外围就是一个飞轮。

联轴器的安装关键是要保证压缩机和电动机的两轴同心(测两轴同心度,见图 11-6),否则弹性橡皮圈容易损坏,并引起压缩机振动。在安装调整时,先固定压缩机,然后调整电动机位置。

(5) 皮带轮安装。中小型活塞式制冷压缩机一般都采用三角皮带传动。三角皮带有 O、A、B、C、D、E、F 七种型号。O 型传递功率最小,后面几种型号传递功率依次递增。各型号三角皮带适用的功率范围及推荐的三角皮带型号见表 11-1。

表 11-1　推荐三角皮带型号表

传递功率/kW	0.4~0.75	0.75~2.2	2.2~3.7	3.7~7.5	7.5~20	20~40	40~75	75~150	150 以上
推荐三角皮带型号	O	O、A	O、A、B	A、B	B、C	C、D	D、E	E、F	F

安装皮带轮时应注意电动机皮带轮与压缩机皮带轮之间的相对位置,以及皮带的拉紧程度。

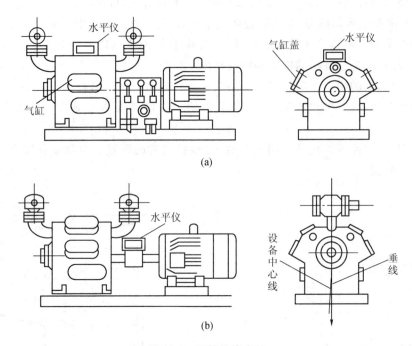

(a)

(b)

图 11-4　压缩机找水平

（a)立式和 W 形；(b)V 形和扇形

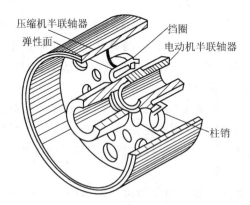

图 11-5　弹性联轴器

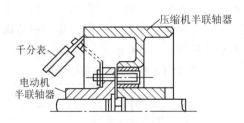

图 11-6　测两轴同心度

两轮之间的相对位置偏差过大,会造成皮带自行滑脱,并加速皮带的磨损;皮带拉得过紧,会造成压缩机轴或电动机轴发生弯曲,加速主轴承偏磨;且皮带处于大的张力下会缩短寿命,张得过松又会因打滑影响功率的传递。检查两轮之间相互位置偏差可用尺量或拉线的方法进行(见图 11-7),通过调整电动机位置使两轮位于同一直线上。

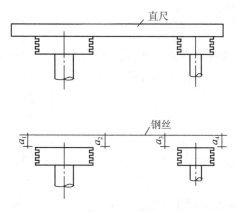

图 11-7　皮带轮偏差的检查

检查皮带的拉紧程度可用食指压两轮中间的一条皮带,以能压下 20 mm 左右为宜。另外,在固定电动机滑轨时,应留出皮带使用伸延后调整电动机的余量,以便于调整皮带的松紧度。

11.2.2　螺杆式压缩机的安装

螺杆式压缩机在制冷系统中起着将从蒸发器中出来的低温、低压的制冷剂气体变成高温、高压气体的作用,是制冷系统的心脏部件。和活塞式压缩机一样,螺杆式压缩机属于容积式压缩机,主要由机壳、螺杆转子、轴承、能量调节装置等组成。

螺杆式压缩机具有结构简单、工作可靠、效率高和调节方便等优点,在制冷空调领域得到了越来越广泛的运用。

按照螺杆转子数量的不同,螺杆式压缩机分双螺杆与单螺杆两种。

螺杆式制冷压缩机在工作过程中,由于机器的往复惯性力较小,可以只考虑旋转惯性力的作用。小型的螺杆式制冷压缩机产生的振动、噪声都不大,设备体积和质量相对较小,通常与电动机等一起固定在机座上成为一个整体,即螺杆式制冷压缩机组。大型的螺杆式制冷压缩机也通常以机组的形式出厂,部分较大型的螺杆式制冷压缩机为便于运输也有以散装形式出厂的。大型的螺杆式制冷压缩机的安装同活塞式制冷压缩机的安装基本类似,其安装步骤如下。

(1)找正:按平面坐标位置将其与地基基础找正,并将机座表面清理干净。

(2)压缩机就位:将压缩机吊起,穿上地脚螺栓,对准基础上的纵横中心线,徐徐地下落到基础上,此时将地脚螺栓置于基础地脚螺栓孔内,并保证压缩机的中心线与基础中心线重合。

(3)电机与压缩机连接:将压缩机吊运到机座上,并将压缩机和电机及其联轴器等连接起来,使用水平仪测量压缩机的纵横向水平度,注意调整压缩机和电机的位置、方向及减振垫厚度,保证水平仪测量的纵横向水平度均在允许范围内,同时旋转联轴器,保证转动时不存卡阻或偏沉现象,然后拧紧螺栓,拧紧螺栓时要按对角对边的原则逐渐拧紧,并不断旋转联轴器,检查是否出现偏沉现象。

（4）固定：在整体找正、找平后即可进行整机的固定，需要二次灌浆的可进行灌浆处理，但在二次灌浆后，必须待混凝土干透后才能紧固地脚螺栓。

11.3　冷凝器的安装

冷凝器是承压容器，安装前应检查设备的出厂检验合格证。如发现在制造厂未做强度试验，运输过程出现损伤和锈蚀现象，或未在技术规定的期限内安装，则应进行强度试验和严密性试验。强度试验应以水为介质，试验压力应按技术文件规定的压力值进行。严密性试验用干燥空气或氮气进行。

冷凝器的吊装，应根据施工现场的条件，采用倒链、提升机或绞车等起重吊装工具。设备找平、找正的允许偏差为卧式冷凝器的水平度和立式冷凝器的垂直度均不大于 1/1000。

1. 立式冷凝器

立式冷凝器一般安装在室外混凝土水池上，其安装方法有三种：装于浇制钢筋混凝土水池的顶部，装于池顶的工字钢或槽钢上，装于预埋在池顶的钢板上。

在浇制钢筋混凝土水池的顶部安装时，先在混凝土水池盖上按冷凝器地脚螺栓孔位置预埋地脚螺栓，待牢固后将冷凝器吊装就位。为避免预埋的螺栓与冷凝器的孔眼有偏差而影响安装，也可在预埋螺栓的位置改为预埋套管。吊装冷凝器后，地脚螺栓和垫圈穿入套管中，冷凝器就位前应在四角地脚螺栓旁放上垫铁，以调整冷凝器的垂直度，找垂直后拧紧地脚螺栓即将冷凝器固定，垫铁留出的空间应用混凝土填塞。

立式冷凝器装于池顶的工字钢或槽钢上时，应与池顶预埋的螺栓固定在一起，再将冷凝器吊装安放在工字钢或槽钢上。

立式冷凝器装于预埋在池顶的钢板上时，钢板与钢筋混凝土池顶的钢筋焊接在一起。安装时，先按冷凝器地脚螺栓孔位置，将工字钢或槽钢置于预埋的钢板上，待冷凝器拨正后，将工字钢或槽钢与预埋的钢板焊牢。

吊装冷凝器时，不允许将绳索绑扎在连接管上，而应绑扎在筒体上。立式冷凝器的重心较高，就位后应采取措施防止其摇摆或倾倒。

待冷凝器牢固地固定后，再安装扶梯、平台、顶部配水箱等附件。焊接平台和扶梯时，应注意不能损伤冷凝器，焊接后应检查有无损伤现象。

单台立式冷凝器集水池及预埋钢板的结构如图 11-8 所示。单台立式冷凝器与水池的连接形式及冷凝器的平台构造如图 11-9 所示。

2. 卧式冷凝器

卧式冷凝器一般安装在室内。

（1）平面布置。

卧式冷凝器的平面布置如图 11-10 所示。图中右侧要留出的尺寸，相当于冷凝器内管束长度，以便更换或检修管束。如室内的面积较小，也可在卧式冷凝器端面对应位置上开设门窗。利用门窗由室外更换管束。

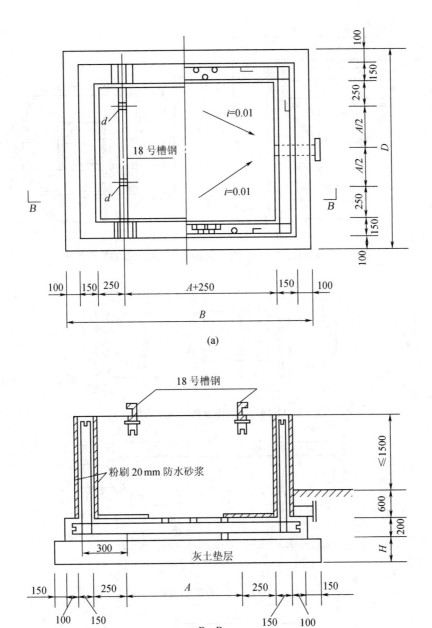

图 11-8　立式冷凝器集水池及预埋钢板的结构

(a)平面图;(b)剖面图

卧式冷凝器的安装如图 11-11 所示。图中各尺寸根据设计要求或实际要求而定。

(2)安装高度。

为了节省设备占地面积,也可将冷凝器安装在贮液器上,支架可采用槽钢制作。垂直安装的高度及间距如图 11-12 所示。

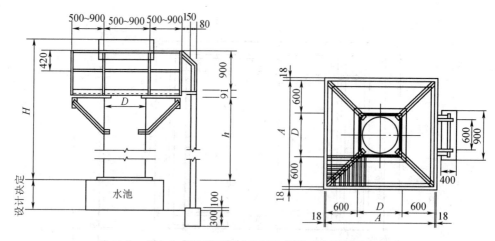

图 11-9　单台立式冷凝器与水池的连接及冷凝器的平台构造

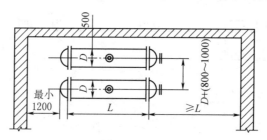

图 11-10　卧式冷凝器的平面布置

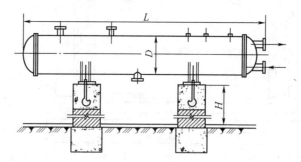

图 11-11　卧式冷凝器的安装

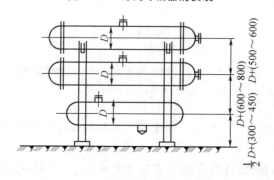

图 11-12　冷凝器在贮液器上的安装

3. 卧式冷凝器与贮液器的安装

卧式冷凝器一般与贮液器组合安装在室内。通常采用的方法是将卧式冷凝器与贮液器一起安装于钢架上,如图 11-13 所示。

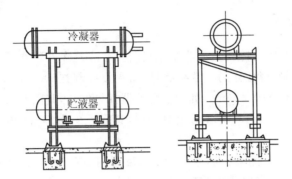

图 11-13 卧式冷凝器与贮液器的安装

11.4 蒸发器的安装

1. 立式蒸发器的安装

(1) 平面位置。

为了便于运行维护,三台或三台以下蒸发器可靠墙安装,三台以上蒸发器可连成一片或分散安装。

(2) 安装。

立式蒸发器一般安装于室内的保温基础上。安装前应对水箱箱体进行渗漏试验,即盛满水保持 8~12 h,以不渗漏为合格。然后便可将箱体吊装到预先做好的装有绝热层的基础上,再将蒸发器管组吊入水箱内,并用集气管和供液管连成一体。安装中应保证蒸发器管组垂直,并略倾斜于放油端;各管组的间距应相等。采用水平仪或铅垂线检查其安装是否符合要求。为避免基础绝热垫层的损坏,应在垫层中每隔 800~1200 mm 放一根与保温层厚度相同、宽 200 mm、经过防腐处理的垫木。保温材料与基础层应做防水层。组装完毕,蒸发器的气密性试验合格后,即可进行保温工作。

2. 卧式蒸发器的安装

卧式蒸发器一般安装于室内的混凝土基础上,用地脚螺栓与基础连接。为防止冷桥的产生,蒸发器支座与基础之间应垫以 50 mm 厚的防腐垫木。垫木的面积不得小于蒸发器支座的面积。卧式蒸发器的水平度要求与卧式冷凝器相同,可用水平仪在筒体上直接测量。待制冷系统压力试验及气密性试验合格后,再进行卧式蒸发器的保温。如图 11-14 所示为卧式蒸发器安装示意图。

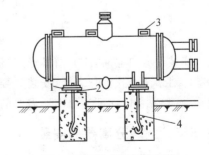

图 11-14 卧式蒸发器安装

1—平垫铁;2—垫木;3—水平仪;4—地脚螺栓

11.5　其他辅助设备的安装

11.5.1　贮液器的安装

贮液器的安装方法与卧式冷凝器或蒸发器相同。贮液器多安装在压缩机机房内。在安装时,应注意其安放的平面位置,液位计的一端靠墙时,间距可控制在500～600 mm;无液位计的一端靠墙时,其间距可控制在300～400 mm。如两台贮液器并排安装,其间距应考虑操作上的方便:背靠背操作,其间距应为 $D+(200～300)$ mm;相对操作,其间距应为 $D+(400～500)$ mm(D 为贮液器的直径)。

贮液器的安装高度应低于冷凝器,这样便于冷凝器内冷凝后的液体制冷剂靠重力自动流入贮液器内。当大型贮液器设有集油器时,还应考虑放油的方便。

卧式高压贮液器顶部的管接头较多,安装时不要接错,特别是进出液管更不得接错。因为进液管是焊在设备表面的,而出液管多由顶部表面插入筒内下部,接反了不但不能供液,还会发生事故,因此应特别注意。

11.5.2　油分离器的安装

油分离器多安装在室内或室外的混凝土基础上,用地脚螺栓固定,垫铁调整,如图11-15所示。

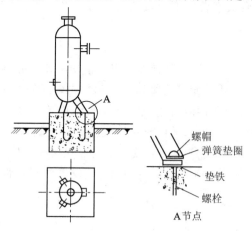

螺帽
弹簧垫圈
垫铁
螺栓
A节点

图 11-15　油分离器的安装

安装油分离器时,应弄清其形式(洗涤式、离心式或填料式)和进出口接管位置,以免将管接口接错。对于洗涤式油分离器,安装时要注意其进液口应比冷凝器出液口低 200～250 mm,且从出液管底部接出,以保证油分离器需要的液面高度,提高分离效率。

11.5.3　空气分离器的安装

目前常用的空气分离器有立式和卧式两种,一般安装在距地面 1.2 m 左右的墙壁上,用螺栓与支架固定,如图 11-16 所示。安装卧式四层套管式空气分离器时,进液端应比尾端高1～2 mm。旁通管应在下部,不得平放。

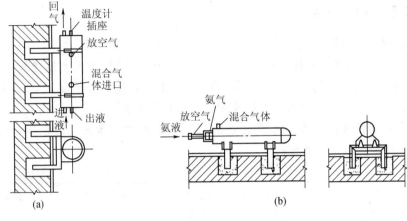

图 11-16　空气分离器的安装

(a)立式空气分离器安装;(b)卧式空气分离器安装

11.5.4　集油器及紧急泄氨器的安装

集油器一般安装于地面的混凝土基础上,其安装方法与油分离器相同。

紧急泄氨器一般垂直安装于机房门口便于操作的外墙上,用螺栓、支架与墙壁连接,其安装方法与立式空气分离器相同,但应注意阀门高度一般不要超过 1.4 m。进氨管、进水管、排出管直径均不得小于设备的接管直径。排出管必须直接通入下水道中。

11.5.5　冷却塔的安装

国内工厂生产的定型的机械通风式冷却塔产品大多用玻璃钢做外壳,故又称"玻璃钢冷却塔"。图 11-17 是逆流式冷却塔的结构示意图。

为增大水与空气的接触面积,在冷却塔内装满淋水填料层 4。填料一般是压成一定形状(如波纹状)的塑料薄板。水通过布水器 3 淋在填料层上,空气由下部进入冷却塔,在填料层中与水逆流流动。这种冷却塔结构紧凑,冷却效率高。从理论上说,冷却塔可以把水冷却到当地空气的湿球温度。实际上,冷却塔的极限出水温度比当地空气的湿球温度高 3.5～5 ℃。风机的作用是强迫空气流动,提高冷却效率。

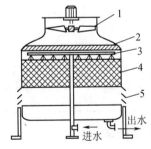

图 11-17　逆流式冷却塔结构示意图

1—风机;2—挡水板;3—布水器;

4—淋水填料层;5—进风口

冷却塔安装时应注意以下问题。

(1) 按施工设计选择冷却塔的型号,按厂家样本的基础尺寸进行基础施工。基础标高应符合设计的规定,允许误差为±20 mm。

(2) 冷却塔安装应平稳、地脚螺栓的固定要牢固,各连接部件应采用热镀锌或不锈钢螺栓,其紧固力应一致、均匀。冷却塔应水平安装,单台冷却塔安装水平度和垂直度允许偏差为 2/1000。安装同一冷却水系统的多台冷却塔时,各台冷却塔的水面高度应一致。

11.5.6 管道及阀门的安装

1. 管材的选用及常用管子规格

制冷装置管道材料的选择直接影响制冷装置的运转状态、使用寿命及制冷能力。为此,选择制冷系统管材时,应考虑管子的强度、管子的耐腐蚀性及管子内壁的光滑度。所以,目前氨制冷系统普遍采用无缝钢管,氟利昂系统普遍采用紫铜管。当氟利昂系统所需管径较大(≥25 mm)时,为节省有色金属,则应采用无缝钢管。为便于安装时选用,将制冷系统常用的紫铜管及无缝钢管的规格分别列于表 11-2 及表 11-3 中。

表 11-2 常用紫铜管规格

公称直径 DN/mm	外径×壁厚 /(mm×mm)	每米理论质量 /kg	公称直径 DN/mm	外径×壁厚 /(mm×mm)	每米理论质量 /kg
1.5	$\phi3.2\times0.8$	0.05	14	$\phi16\times1$	0.419
2	$\phi4\times1$	0.084	16	$\phi19\times1.5$	0.734
4	$\phi6\times1$	0.140	19	$\phi22\times1.5$	0.859
8	$\phi10\times1$	0.252	22	$\phi25\times1.5$	0.983
10	$\phi12\times1$	0.307	—	—	—

表 11-3 常用无缝钢管规格

公称直径 DN/mm	外径×壁厚 /(mm×mm)	每米理论质量 /kg	公称直径 DN/mm	外径×壁厚 /(mm×mm)	每米理论质量 /kg
6	$\phi10\times2$	0.395	50	$\phi57\times3.5$	4.62
10	$\phi14\times2$	0.592	65	$\phi73\times3.5$	6.00
15	$\phi18\times2$	0.789	80	$\phi89\times4$	8.38
20	$\phi22\times2$	0.986	100	$\phi108\times4$	10.26
25	$\phi32\times3.5$	2.46	125	$\phi133\times4$	12.73
32	$\phi38\times3.5$	2.98	150	$\phi159\times4.5$	17.15
40	$\phi45\times3.5$	3.58	200	$\phi219\times6$	31.52

2. 管道除污

制冷装置是由设备、管道、阀门等组成的封闭系统,制冷剂在系统内循环。为防止铁锈、污物等进入系统内,造成压缩机的活塞、气缸、阀片及油泵等损坏或系统阀门、滤网被堵塞,使压缩机无法正常工作,甚至造成严重事故,管子在安装前必须将内、外壁的铁锈及污物清除干净,并保持内壁干燥。管子外壁除污除锈后应刷防锈漆。

3. 管道的连接

制冷系统中管道连接通常有以下三种方法:焊接、法兰连接和螺纹连接。分述如下。

（1）焊接。

焊接是制冷系统管道的主要连接方法。因其强度大、严密性好而被广泛采用。对于钢管,当壁厚不大于 4 mm 时采用气焊焊接;大于 4 mm 时采用电焊焊接。对于铜管,其焊接方法主要是钎焊。为保证铜管焊接的强度和严密性,多采用承插式焊接(见图 11-18)。承插式焊接的扩口深度不应低于管外径(一般等于管外径),且扩口方向应迎向制冷剂的流动方向。

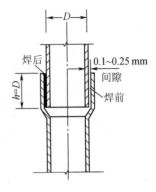

图 11-18　管道承插式焊接

(2) 法兰连接。

法兰连接用于管道与设备、附件或带有法兰的阀门连接。法兰之间的垫圈采用 2~3 mm 厚的高、中压耐油石棉橡胶板、石棉纸板或青铅。氟利昂系统也可采用 0.5~1 mm 厚的紫铜片或铝片。

(3) 螺纹连接。

螺纹连接主要用于氟利昂系统的紫铜管在检修时需要经常拆卸部位的连接。其连接形式有全接头连接和半接头连接两种,如图 11-19 所示。一般半接头连接用得较多。这两种形式的螺纹连接均可通过旋紧接扣不用任何填料而使接头严密不漏。

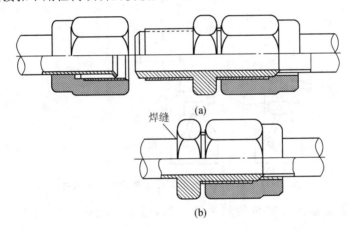

图 11-19　螺纹连接

(a)全接头连接;(b)半接头连接

当无缝钢管与设备、附件及阀门的内螺纹连接时,如果无缝钢管不能直接套丝,则必须用一段加厚黑铁管套丝后才能与之连接。黑铁管与无缝钢管则采用焊接。采用这种连接形式,需要在螺纹上涂一层一氧化铅和甘油混合而成的糊状密封剂或缠以聚四氟乙烯胶带才能保证接头的严密性。

4. 对管道安装的要求

制冷系统的管道通常沿墙或顶棚敷设,其安装的基本内容和基本操作方法与室内采暖系统管道安装基本相同。由于制冷系统有其特殊性,故安装时对下述要求应加注意。

(1) 制冷剂管道均应设置坡度。坡度和坡向视各设备之间的具体管道而定。

①压缩机到冷凝器的水平排气管,坡度不应小于 10/1000,坡向油分离器和冷凝器,见图 11-20。

②氨系统蒸发器到压缩机的水平吸气管,坡度不应小于 5/1000,坡向蒸发器,见图 11-21。

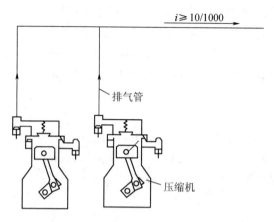

图 11-20 压缩机到冷凝器的水平排气管

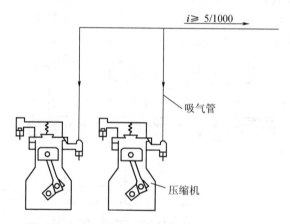

图 11-21 氨系统蒸发器到压缩机的水平吸气管

③氟利昂系统蒸发器到压缩机的水平吸气管,坡度不应小于 10/1000,坡向压缩机,见图 11-22。

④冷凝器到贮液器的水平液体管,坡度不应小于 3/1000,坡向贮液器,见图 11-23。

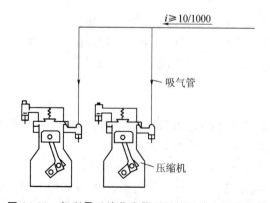

图 11-22 氟利昂系统蒸发器到压缩机的水平吸气管

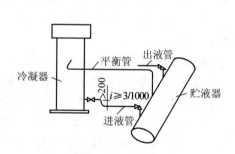

图 11-23 冷凝器到贮液器的水平液体管

⑤贮液器到蒸发器的给液管,坡度不应小于 2/1000,坡向蒸发器,如图 11-24 所示。

(2) 液体管道不应有局部向上凸起的现象(见图 11-25(a)),气体管道不应有局部向下凹陷的现象(见图 11-25(b)),以免产生气囊和液囊,阻碍液体和气体流动。

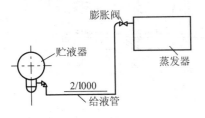

图 11-24　贮液器至蒸发器给液管

图 11-25　管道内气囊和液囊
(a)气囊;(b)液囊

(3) 蒸发器安装在压缩机之上时,为防止压缩机停机时,制冷剂液体流入压缩机引起压缩机下次启动时发生液击,应将蒸发器出口的吸气管向上弯曲后再与压缩机相接,如图 11-26 所示。

(4) 蒸发器安装在冷凝器或贮液器之下时,为防止压缩机停机后制冷剂液体继续流向蒸发器,应将冷凝器或贮液器出口的液体管向上弯曲 2 m 以上后再与蒸发器相接,或在液体管上安装电磁阀,如图 11-27 所示。

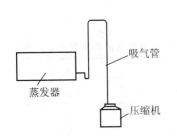

图 11-26　蒸发器在压缩机之上的吸气管

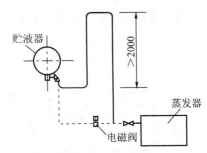

图 11-27　蒸发器在贮液器之下的给液管

(5) 吸、排气管设置在同一支、吊架上时,为减少排气管高温影响,要求上下安装的管间净距离不小于 200 mm,且吸气管必须在排气管之下(见图 11-28(a))。水平安装的管间净距离不应小于 250 mm(见图 11-28(b))。

(6) 凡需要保温的管道,支、吊架处必须垫以经过防腐处理的木制衬瓦(见图11-28)以防止产生冷桥。衬瓦的大小应满足保温厚度的要求。

5. 阀门安装

各种阀门(有铅封的安全阀除外)安装前均应拆卸进行清洗,以除去油污和铁锈。阀门清洗后用煤油做密封性试验,注油前先将清洗后的阀门启闭 4 次或 5 次,然后注入煤油,经 2 h 无渗漏为合格。

安装阀门时应注意制冷剂的流向,不得将阀门装反。判断阀门反顺的原则:制冷剂对着阀芯而进为顺;反之为反。另外,阀门安装的高度应便于操作和维修。阀门的手柄应尽可能朝上,禁止朝下。成排安装的阀门及阀杆应尽可能在同一个平面上。

安装浮球阀时,应注意其安装高度,不得任意安装。如设计无规定,对于卧式蒸发器,其高度

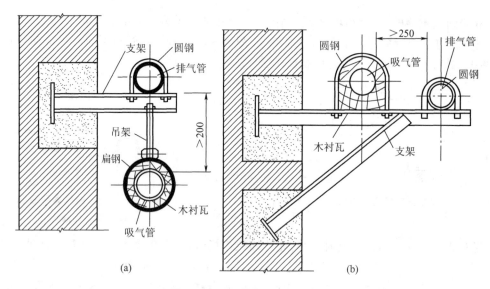

图 11-28　吸、排气管同支架安装

(a)吸、排气管上下敷设;(b)吸、排气管水平敷设

(见图 11-29)可根据管板间长度 L 与筒体直径 D 的比值确定,见表 11-4。对于立式蒸发器,其安装高度可按与蒸发器排管上总管管底相平来确定。

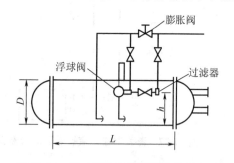

图 11-29　卧式蒸发器浮球阀安装示意图

表 11-4　卧式蒸发器的浮球阀安装高度

L/D	h
<5.5	0.8D
<6.0	0.75D
<7.0	0.70D
>7.0	0.65D

安装热力膨胀阀时,应特别注意感温包的安装位置。感温包必须安装在吸气管道上无积液的地方。因此,当吸气管外径不大于 22 mm 时,感温包安装在吸气管的顶部。当吸气管外径大于 22 mm,感温包应安装在吸气管的侧下部。如果吸气管需要向上弯曲,弯头处应设存液弯。

安装安全阀时,应检查有无铅封和合格证。无铅封和合格证时必须进行校验后方可安装。校验后,氨系统中安全阀的压力通常高压段调至 1.85 MPa,低压段调至 1.25 MPa;R-22 系统安全阀压力同氨系统;R-12 系统的安全阀压力高压段为 1.6 MPa,低压段为 1.0 MPa。

11.6　制冷系统试运行

11.6.1　吹污

吹污介质可用干燥的压缩空气、二氧化碳气体或氮气。吹污前,先将气源与系统相接,在系统中选择最易排出污物的管接口作为排污口(系统复杂或规模较大时,可分段进行吹污),在排污口上装设启闭迅速的旋塞阀或用木塞将排污口塞紧。将与大气相通的全部阀门关闭,接口堵死,然后向系统充气。在充气过程中,可用木槌在系统弯头、阀门处轻轻敲击。当充气压力升到 0.6 MPa 后,迅速打开排污口旋塞阀或迅速敲掉木塞,污物便随气流一同吹出。反复数次,吹尽为止。为判断吹污的清洁程度,可用干净的白布浸水后贴于木板上,将木板置于距排污口 300～500 mm 处检查,白布上看不见污物为合格。

吹污合格后,应将系统中有可能积存污物的阀芯拆下清洗干净,以免影响阀门的严密性。拆洗过的阀门垫片应更换。氟利昂系统吹污合格后,还应向系统内充入氮气,以保持系统内的清洁和干燥。

11.6.2　气密性试验

系统在吹污合格后进行气密性试验。气密性试验分正压及负压(真空)两部分。对于正压试验,氨系统可用干燥的压缩空气、二氧化碳气体或氮气作介质;氟利昂系统应用二氧化碳气体或氮气作介质。试验压力见表 11-5。

表 11-5　气密性试验压力值

试验压力 P_s/MPa	R-717(NH$_3$)	R-22	R-12	R-11
高压段	1.8	1.8	1.6	0.2
低压段	1.2	1.2	1.0	0.2

试压时,先将充气管接系统高压段,关闭压缩机本身的吸、排气阀和系统与大气相通的所有阀门以及液位计阀门,然后向系统充气。当充气压力达到低压段的要求时,即停止充气。用肥皂水检查系统的焊口、法兰、螺纹、阀门等连接处有无漏气(气泡)。如无漏气现象,关断膨胀阀使高低压段分开。继续向高压段加压,到试验压力后,再用肥皂水检漏。无漏气后,全系统在试验压力下静置 24 h。前 6 h 内因管道及设备散热引起气温降低,允许有 0.02～0.03 MPa 的压力降(氮气试验时除外),在后 18 h 内压力无变化方为合格。

试压过程中应注意以下问题。

(1)冬季做气密性试验,当环境温度低于 0 ℃时,为防止肥皂水凝固,影响试漏效果,可在肥皂水中加入一定量的酒精或白酒以降低凝固温度,保证检漏效果。

(2)在检漏过程中,如发现有泄漏,不得带压进行修补,可用粉笔在泄漏处画一圆圈做记号,待系统检漏完毕,卸压后一并修补。

(3)焊口补焊次数不得超过两次,超过两次者,应将焊口锯掉或换管重焊。发现微漏,也应补焊,而不得采用冲子敲打挤严的方法使其不漏。

11.6.3　负压试验

负压试验即真空气密性试验,在正压气密性试验合格后进行。真空试验的目的是清除系统的残余气体、水分,并试验系统在真空状态下的气密性。真空试验也可以帮助检查压缩机本身的气密性。

系统抽真空应用真空泵进行。对真空度的要求视制冷剂而定。对于氨系统,其剩余压力不应高于 8000 Pa;对于氟利昂系统,其剩余压力不应高于 5333 Pa。当整个系统抽到规定的真空度后,视系统的大小,使真空泵继续运行一至数小时,以彻底消除系统中的残存水分,然后静置 24 h,除去因环境温度引起的压力变化,氨系统压力以不发生变化为合格,氟利昂系统压力以回升值不大于 533 Pa 为合格。如达不到要求,应重新做正压试验,找出泄漏处修补后,再做真空试验,直至合格为止。

11.6.4 制冷机组负荷试运行

空调用制冷机组试运行的基本程序如下。

(1) 启动前的检查和准备工作。

①准备好试运行所用的各种工具、记录用品及安全保护用品等。

②检查压缩机上所有螺母、油管接头等是否拧紧,各设备地脚螺栓是否牢固,皮带松紧度是否合适及防护装置是否牢固等。

③检查压缩机曲轴箱内油面高度,一般应保持在油面指示器的水平中心线上。

④检查制冷系统各部位的阀门开关位置是否正确,见表 11-6。

⑤用手盘活动压缩机飞轮或联轴器数圈,检查运动部件是否正常,并注意飞轮旋转方向是否正确。一切正常后即可进行试运行。

表 11-6 开机前制冷系统的阀门状态

阀门状态	高 压 部 分	低 压 部 分
关闭	压缩机排气阀、各设备放油阀及放空气阀、空气分离器、集油器和紧急泄氨阀上各阀	压缩机吸气阀、各设备放油阀
开启	冷凝器、油分离器和高压贮液器进出口阀、安全阀及各类仪表的关断阀	蒸发器供液阀和回气阀、各仪表关断阀

注:在开机前,关闭的阀门在启动后根据需要再进行开启。

(2) 制冷机组的启动和运行。

①启动冷却水系统的给水泵、回水泵、冷却塔通风机,使冷却水系统畅通。

②启动冷冻水系统的回水泵、给水泵,蒸发器上的搅拌器等,使冷冻水系统畅通。

③压缩机应空载启动,即先将排气阀打开,再启动电动机。对于氟利昂压缩机,在排气阀和吸气阀开足后应往回倒 1~2 圈,以便使压力表或继电器与吸气腔或排气腔相通。

④制冷装置启动正常后,根据蒸发器的负荷,逐步缓慢地加大膨胀阀的开启度,至达到设计工况为止。稳定后连续运转时间不得少于 24 h。在运转过程中,应认真检查油压、油温、吸排气压力、温度、冷冻水及冷却水进出口温度变化等,将运转情况详细地做好记录。如达不到要求,应会同有关单位共同研究、分析原因,确定处理方案。

⑤停止运转时,应先停压缩机,再停冷却塔、风机、冷却水及冷冻水系统水泵,最后关闭冷却水及冷冻水系统。

【思考题】

11-1　制冷系统设备安装的特殊性有哪些?

11-2　冷却塔的安装应注意哪些问题?

11-3　制冷系统为何要除污? 具体措施是什么?

11-4　制冷系统的压力试验都包括哪些内容? 为何要做负压试验?

第 12 章　光伏发电系统安装

光伏发电是将太阳光伏电池组件安装在特定的支架上组成光伏电池方阵,利用光伏并网发电技术产生电能的一种方式。本章通过实例来讲解光伏发电系统的施工及运行调试。

12.1　光伏发电系统

12.1.1　光伏发电系统的特点

光伏发电系统的特点如下。

（1）发电原材料为太阳能。太阳能是一种清洁、环保的能源,而且取之不尽、用之不竭,是天然的可再生能源。

（2）光电转化安全可靠,并直接通过并网逆变器把电能送上电网,不需要蓄电池,无须复杂的机械部件与传动系统,可节省设备投入费用。

（3）光伏发电系统不用单独建设厂房、车间。

（4）光伏发电系统采用太阳能电池组件,使用寿命在 25 年以上,衰减小,具备良好的耐候性,可防风、防冰雹,并能有效抵御湿气和盐雾腐蚀,无毒无害。

（5）光伏发电系统可将太阳光能转换为电能,转换效率高,不产生大量废弃物,有利于环境保护,并可减少常年维护费用。

（6）光伏发电系统安装简单方便,无噪声,无污染,建设周期短,可自动调控,无须人员值守,也无须线路架设,可减少常年运行费用。

12.1.2　工艺原理

光伏发电系统的工艺原理是把能将太阳光转换为电能的电池组件安装在固定支架上,通过逆变器等设施把转换成的电能传输至用电终端或并网传入供电线路。其原理如图 12-1 所示。

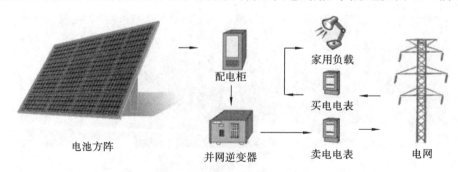

图 12-1　光伏发电工艺原理

12.2　施工步骤与主要的技术措施

12.2.1　施工工序总体安排

根据工程特点及建设目标,选择先进、合理的施工方法,充分利用空间、时间和资源条件。总体按照先地下后地上的施工程序,组织交叉流水作业,分批交验。确保在承诺的工期内,保质、保量完成工作。

工程施工所涉及的逆变室、配电室、门卫室等土建部分采用砖混结构,基础为独立基础,施工结构比较简单。在施工安排上分两个作业面同时施工。光伏发电站工程的施工流程如图 12-2 所示。

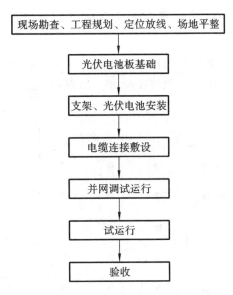

图 12-2　光伏发电站工程的施工流程

12.2.2　主要的技术措施

1. 光伏组件支架桩基础施工方法

(1) 施工流程。

光伏组件支架桩基础施工的施工流程:场地平整、桩位放线、桩机就位、桩机调整、吊桩定位、垂直检查、试桩、静压桩。

(2) 施工机械的选择。

按照工程的特点,需要采用液压打桩机(见图 12-3)5 台、精密水准仪 2 台、全站仪 2 台。

液压打桩机的特点是:采用主动式智能翻转机构,打桩更加快捷、高效,钢板桩定位更加准确,操作更加简易,工作效率可以提高 30%;采用独立的回转机构,可以使预制管桩精确定位,360°的全回转设计可提高设备的施工效率;施工速度快,噪声低,不损伤桩头和桩尾等。

图 12-3　液压打桩机

（3）桩基础施工路线。

为确保桩机行走方便，保证桩位准确控制在规范允许的偏差范围内，根据场地的实际情况，编制可行的桩机行走路线，以提高桩基础施工效率。桩基础施工机械布置及施工路线如图 12-4 所示。

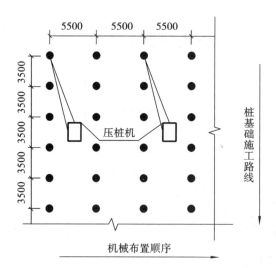

图 12-4　桩基础施工机械布置及施工路线

（4）施工工艺。

压桩机的安装，应当按相关程序及说明书进行。桩机就位时应对准桩位，启动平台支腿油缸，校正平台，使平台处于水平位置。

施工前，应根据设计原图并以轴线为基准对样桩逐根进行复核，做好测量记录，复核无误后方可试桩、施工。启动机器起吊预制桩形基础，使桩尖对准桩位中心，缓慢插入土中，在桩顶上扣好桩帽，卸去索具。桩帽与桩周围应有 5～10 mm 的间隙，桩帽与桩顶之间用相应的硬木衬垫，厚度为 10 cm 左右。

　　当桩尖插入桩位,扣好桩帽后,微微启动油缸,当桩入土 50 cm 时,再次校正桩的垂直度和平台的水平度,保证桩的纵横双向垂直偏差不超过 0.5%。然后启动油缸,把桩缓慢下压,控制速度,一般不宜超过 2 m/min。施工应连续进行,同一根桩施工过程中的停歇时间不宜超过 30 min。

　　桩的轴线误差应控制在 10 mm 以内,待桩压平于地面时,必须对每根桩的轴线进行中间验收,误差在标准允许偏差范围内的方可送桩到位。

2. 光伏组件安装工程施工

（1）支架安装。

①钢管支柱插入预制混凝土桩头。支架如图 12-5 所示。支架钢管如图 12-6 所示。

图 12-5　支架

图 12-6　支架钢管

②根据图纸区分前后横梁,以免将其混装。

③将前后固定块分别安装在前后横梁上,注意勿将螺栓紧固。

④支架前后底梁安装。将前后横梁放置于钢支柱上,连接底横梁,并用水平仪将底横梁调平调直,将底梁与钢支柱固定。

⑤调平前后梁后,再把所有螺丝紧固。紧固螺丝时应先把所有螺丝拧至八分紧后,再次对前后梁进行校正,合格后再逐个紧固。

⑥整个钢支柱安装好后,应对钢支柱与预制混凝土桩进行二次水泥浆填灌,使其紧密接合,如图 12-7 所示。

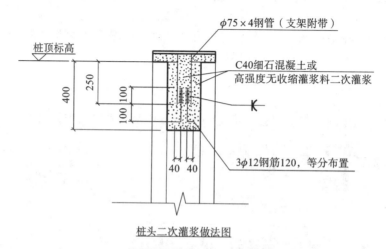

桩头二次灌浆做法图

图 12-7 支柱与预制混凝土桩

(2)电池组件安装。

①电池板杆件安装。

a. 检查电池板杆件的完整性。

b. 根据图纸安装电池板杆件。为了保证支架有合理的可调余量,不得将连接螺栓紧固。

②电池板安装面的粗调。

a. 调整首末两根电池板固定杆的位置,并将其紧固。

b. 将放线绳系于首末两根电池板固定杆的上下两端,并将其绷紧。

c. 以放线绳为基准分别调整其余电池板固定杆,使其在一个平面内。

d. 预紧固所有螺栓。

③电池板的进场检验。

a. 太阳能电池板应无变形、损坏、划伤及裂纹等损伤。

b. 测量太阳能电池板在阳光下的开路电压,电池板输出端与标识应吻合。电池板正面玻璃无裂纹和损伤,背面无划伤、毛刺等;安装之前在阳光下测量单块电池板的开路电压,应不低于标称开路电压。

④太阳能电池板(见图 12-8)安装。

图 12-8　太阳能电池板

a.太阳能电池板在运输和保管过程中,应轻搬轻放,不得受强烈的冲击和振动,不得横置重压。

b.太阳能电池板应自下而上逐块安装,螺杆的安装方向为自内向外,并紧固电池板螺栓。安装过程中必须轻拿轻放,以免破坏表面的保护玻璃。

c.太阳能电池板的连接螺栓应有弹簧垫圈和平垫圈,紧固后应将螺栓露出部分及螺母涂刷油漆,做防松处理,并且在各项安装结束后进行补漆。电池板安装必须做到横平竖直,同方阵内的电池板间距保持一致,并注意电池板接线盒的方向应正确。

⑤电池板调平。

a.将两根放线绳分别系于电池板方阵的上下两端,并将其绷紧。

b.以放线绳为基准分别调整其余电池板,使其在一个平面内。

c.紧固所有螺栓。

⑥电池板接线。

根据电站设计图纸确定电池板的接线方式。电池板接线均应符合设计图纸的要求。接线采用多股铜芯线。接线前应先将线头搪锡处理。接线时应注意勿将正负极接反,保证接线正确。每串电池板连接完毕后,应检查电池板串开路电压是否正确。连接无误后断开一块电池板的接线,保证后续工序的操作安全。将电池板串与控制器的连接电缆连接起来,电缆的金属铠装应做接地处理。

12.2.3　施工注意事项

1. 桩基础施工时应注意的质量问题

(1)桩体开裂,原因是桩尖的偏心大、遇障碍物、稳桩不垂直、混凝土强度不够、桩身有裂纹等。应在清理地下障碍物、校正桩架、检验强度、运输吊装时防止开裂。

(2)压桩达不到设计要求的深度,原因是地质资料不明确使桩长设计有误。应进行地质详探,正确选择持力层或标高。

(3)桩身倾斜,原因是遇大块硬质障碍物、土体密度不匀。应及时纠正桩的垂直度、清理地下障碍物、调整压桩顺序。

(4)漏桩及桩位偏差,应加强施工管理,采取预防措施。对桩位放样桩应多级复核,对定位插桩实行逐根检查,防止漏桩。打桩完毕,应进行一次全面复核,确认无误后方可撤离。

2. 光伏组件安装施工时应注意的问题

(1) 组件位置的选择应该符合各种电气和防火规范的要求。

(2) 应该遵守支架所附的说明书和安全守则的规定。

(3) 组件出厂时,已经设计完毕,禁止改变组件结构或构造。

(4) 安装时,使用边框内侧的四个对称的安装孔将组件固定在支架上。

(5) 支架以及其他所需各类物资(如螺栓等)应该由耐用、防锈蚀、抗紫外线的材料制成。

(6) 使用适当的防腐蚀、紧固材料。

(7) 安装设计应该由一位专业工程师检验。安装步骤应该符合当地规定和相关职能部门的规定。

(8) 安装时应使用力矩扳手。

12.3　光伏系统安装工程检测、调试和试运行

光伏系统的布线工程完成后,应确认各组件的极性、电压、短路电流等,并确认两极是否都没有接地。

1. 光伏系统安装工程检测

(1) 独立光伏系统工程检测,应按《独立光伏系统－设计验证》(IEC 62124—2004)及光伏产品的相关标准执行。

(2) 并网光伏系统的工程检测,依据《光伏系统并网技术要求》(GB/T19939—2005)的相关规定执行。

2. 光伏系统工程安装调试和试运行

(1) 光伏系统工程安装调试必须分单体调试、分系统调试和整套光伏系统启动调试这三个步骤进行。

(2) 调试和检测应符合《光伏系统并网技术要求》(GB/T19939—2005)、《家用太阳能光伏电源系统技术条件和试验方法》(GB/T19064—2003)、《独立光伏系统 技术规范》(GB/T 29196—2012)、《独立光伏系统验收规范》(GB/T 33764—2017)等的要求。

(3) 光伏系统工程在完成了以上的调试和检测以后,应对逆变器、充电控制器及低压电器分别进行送电试运行。送电时应核对所送电压等级、相序,特别是低压试运行时应注意空载运行时的电压、启动电流及空载电流。在空载时间不少于 1 h 以后,检查各部位有无运行不良现象,然后逐步接通各光伏方阵支路,实现光伏系统的满负荷试运行,并做好负载试运行电压值、电流值记录。

(4) 在光照充足的情况下,光伏系统经过一个月的试运行,无故障后方可移交管理方,正式接入电网运行。

【思考题】

12-1　电池组件安装应注意哪些事项?

12-2　光伏系统工程安装调试包括哪些内容?

第 13 章　管道及设备的防腐与保温

腐蚀具有很大的危害性,是制约管道及设备使用寿命的重要因素。如果不采取有效的防腐措施,很容易造成管道或设备的损坏,以致发生漏水、漏汽(气)现象,甚至造成重大事故,所以必须对管道及设备进行防腐处理。建筑设备安装工程中,一般在管道及设备表面涂刷防腐涂料来防腐。由于管道及设备的材料多为金属材料,绝热性能差,如果不采取适当的绝热(保温或保冷)措施,则管道及设备内部与外部的热交换不仅会造成大量的能量损失,还有可能造成系统故障,无法运行。所以必须十分重视管道及设备的防腐与绝热。在建筑设备安装工程中,多数情况下管道及设备既需要防腐又需要绝热。要实现防腐与绝热,应先进行除锈。除锈、防腐、绝热三项工作相辅相成,每项工作都必须按操作要求认真完成。

13.1　管道的防腐与保温

为了使防腐材料起到较好的防腐作用,除所选涂料能耐腐蚀外,还要求涂料和管道、设备表面能很好的结合。一般管道和设备表面总有各种污物,如灰尘、污垢、油渍、锈斑等。为了提升油漆的附着力和防腐效果,在涂刷底漆前必须将管道或设备表面的污物清除干净,并保持干燥。保温是为减少管道和设备向外传递热量而采取的一种工艺措施。保温的目的是减少管道和设备系统的冷热损失;改善劳动条件,防止烫伤,保障工作人员安全;保护管道和设备系统;保证系统中输送介质的品质。

13.1.1　施工内容

管道的防腐与保温施工内容为:清理除锈—防腐—保温绝热—管道标志。

13.1.2　施工要求

1. 清理除锈

(1)除油:管道表面粘有较多的油污时,可先用汽油或浓度为 5% 的氢氧化钠溶液洗刷,然后用清水冲洗,干燥后再进行除锈。

(2)除锈。

①人工除锈:金属表面浮锈较厚时,先用锤敲掉锈层,但不得损伤金属表面;锈蚀不厚时,直接用钢丝刷、砂纸擦拭表面,直至露出金属本色,再用棉纱擦干净。

②除锈机除锈:把需要除锈的管子放在专用的架子上,用外圆除锈机及软轴内圆除锈机清除管子内外壁铁锈。

③喷砂除锈。

a.喷砂除锈工作应在专设的砂场内进行。

b. 喷砂所用砂子必须坚硬、带棱、粒径为 1～3 mm(石英砂最好);用前应经水洗、筛选、烘干,使其不含泥土等杂物,含水率小于 1%。

c. 操作程序:装砂(到砂罐容积 2/3 为限)—砂罐(斗)和贮气罐的出口阀及管路上的阀门全部关闭—开动空压机(使表压保持在 0.49 MPa 左右)—打开各个阀门及喷嘴(迅速将风压调至 0.4 MPa)—喷砂(喷嘴与被喷表面呈 50°～70°夹角,并尽可能保持 100～200 mm 间距)—均匀移动喷嘴—被喷表面出现金属光泽即达到合格。

d. 管子内壁喷砂所用的喷嘴应为铸铁或 45 号钢制作的锥形喷嘴,嘴端呈椭圆形(长半径为 10 mm,短半径为 5 mm)。

④化学除锈:化学除锈就是酸洗除锈,一般采用浸泡、喷射、涂刷等方法。经酸洗后的金属表面,必须进行中和钝化处理。在空气流通的地方晾干或用压缩空气吹干后,立即喷、刷防腐层。

2. 防腐

(1)室内明装、暗装管道涂漆。

①明装镀锌钢管刷银粉漆 1 道或不刷漆,黑铁管及其支架等刷红丹底漆 2 道、银粉漆 2 道。

②暗装黑铁管刷红丹底漆 2 道。

③潮湿场所(如浴室)内明装黑铁管及其支架等均刷红丹底漆 2 道、银粉面漆 2 道。

(2)室外管道涂漆、包扎防腐材料。

①明装室外管道,刷底漆或防锈漆 1 道,再刷 2 道面漆。

②通行或半通行地沟里的管道,刷防锈漆 2 道,再刷 2 道面漆。

③埋地金属管防腐。埋地金属管用得较多的是碳钢管和铸铁管。铸铁管耐腐蚀能力强,埋地前一般在铸铁管表面涂 1 道或 2 道绝缘沥青漆即可。碳钢管耐腐蚀能力差,埋地前要加强防电化学腐蚀处理。

(3)涂漆施工要求。

管道防腐涂漆一般有刷、喷两种方法。

①涂漆前应先对管子外面进行除锈、脱脂和酸洗处理。

②涂料施工宜在 5～40 ℃的环境温度下进行,并应有防火、防冻、防雨措施;现场刷涂料一般应任其自然干燥,涂层未经充分干燥时,不得进行下一工序。

③涂料使用前,应先搅拌均匀。表面已起皮的涂料,应过滤,除去小块漆皮,然后根据涂漆方法的需要,选择相应的稀释剂稀释至适宜稠度,调成的涂料应及时使用。

④采用手工刷涂时,用刷子将涂料往返刷涂在管子表面,涂层应均匀,不得漏涂。管道安装后不易刷涂的部位,应预先刷涂。

⑤利用压缩空气用喷枪喷涂,涂层均匀、质量好,耗料少、效率高,适用于大面积施工。喷涂时操作环境应洁净,无风沙、灰尘,温度宜在 15～30 ℃,涂层厚度以 0.3～0.4 mm 为宜。喷涂后不得有流挂和漏喷现象。涂层干燥后,用砂布打磨后再喷涂下一层。为了防止漏喷,前后两次涂料的颜色可略有区别。

3. 保温绝热

保温绝热施工方法有涂抹法、预制装配法、缠包法、浇灌法(现场发泡)、填充法、喷涂法等。

(1)涂抹法保温绝热。

涂抹法保温绝热适用于碳酸镁石棉粉和石棉硅藻土等不定形的散状材料,把这些材料与水调成胶泥涂抹于需要保温的管道设备上。这种保温方法整体性好,保温层和保温面结合紧密,且不受被保温物体形状的限制。

涂抹法多用于热力管道和设备的保温,其结构如图 13-1 所示。涂抹法不得在环境温度低于 0 ℃的情况下施工,以防胶泥冻结。为加快胶泥的干燥速度,可在管道或设备内通入温度不高于 150 ℃的热水或蒸汽。

①保温层结构施工方法。

a.将石棉硅藻土或碳酸镁石棉粉用水调成胶泥待用。

b.用六级石棉和水调成稠浆并涂抹在管道表面,一次涂抹厚度为 5 mm。

c.等该涂抹底层干燥后,再将待用胶泥往上涂抹。涂抹应分层进行,每层厚度为 10～15 mm。前一层干燥后,再涂抹后一层,达到保温厚度为止。管道转弯处保温层应有伸缩缝,中间填石棉绳。

d.直立管道的保温层施工时,应先在管道上焊接支撑环,然后再涂抹保温胶泥。

②保护层施工方法。

a.油毡玻璃丝布保护层。

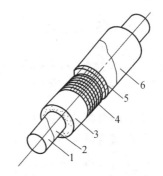

图 13-1 涂抹法保温
1—管道;2—防锈漆;3—保温层;
4—铁丝网;5—保护层;6—防腐漆

将 350 号石油沥青油毡剪成宽度为保温层外圆周长加 50～60 mm、长度为油毡宽度的长条待用。将待用长条以纵横搭接长度约 50 mm 的方式包在保温层上,横向接缝用沥青封口,纵向接缝布置在管道侧面,且缝口朝下。

油毡外面用 $\phi1$～$\phi1.6$ 镀锌铁丝捆扎,并应每隔 250～300 mm 捆扎一道,不得连续缠绕;当绝热层外径大于 $\phi600$ 时,则用 50 mm×50 mm 的镀锌铁丝网捆扎在绝热层外面。用玻璃丝布以螺旋形缠绕于油毡外面。油毡玻璃丝布保护层表面应缠绕紧密,不得有松动、脱落、翻边、皱褶和鼓包等缺陷,且应按设计要求涂刷沥青或油漆。

b.石棉水泥保护层。

当涂抹保温层的管道管径 $D\leq500$ mm 时,厚度 $\delta=10$ mm;当管径 $D>500$ 时,厚度 $\delta=15$ mm。施工方法分不同情况。当管径 $D<300$ mm 时,直接涂抹且一次抹成。当管径 300 mm$<D<500$ mm 时,为增加强度在防潮层外加一层铁丝网再抹保护层,也是一次抹成。当管径 $D>500$ mm 时,分两层涂抹,两层中间加铁丝网。第一层厚度为保护层厚的 1/3,表面粗糙些,达到一定强度后捆绑铁丝网,接着抹第二层。第二层为细抹,厚度达到设计尺寸,表面光滑无裂纹,干燥后可直接涂刷识别标志油漆。这种保护层适用于硬质材料的绝热层上面或要求防火的管道上。

石棉水泥保护层表面应平整、圆滑、无明显裂纹,端部棱角应整齐,并按设计要求涂刷面漆。

(2)预制装配式保温。

此种方法适用于预制保温瓦或板块材料,用镀锌铁丝绑扎在管道的壁面上,是热力管道常用的一种保温方法,其结构如图 13-2 所示。一般管径 DN$\leq$80 mm 时,采用半圆形管壳;若 DN$\geq$100 mm,则采用扇形瓦或梯形瓦。

预制品所用的材料主要有泡沫混凝土、石棉、硅藻土、矿渣棉、玻璃棉、岩棉、膨胀珍珠岩、膨胀蛭石、硅酸钙等。

①保温层结构的施工方法。

a.将泡沫混凝土、硅藻土或石棉蛭石等预制成能围抱管道的扇形块（或半圆形管壳）待用。构成环形的块数可根据管外径大小而定，但应是偶数，最多不超过 8 块；厚度不大于 100 mm，否则应做成双层。

b.用矿渣棉管壳或玻璃棉管壳保温时，因矿渣棉、玻璃棉、岩棉等矿纤材料预制品抗水性能差，可用其直接绑扎在管道上，也可在已涂刷防锈漆的管道外表面上，先涂一层 5 mm 厚的石棉硅藻土或碳酸镁石棉粉胶泥，将待用的扇形块按对应规格装配到管道上。

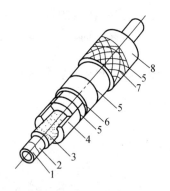

图 13-2 绑扎法保温
1—管道；2—防锈漆；3—胶泥；
4—保温层；5—镀锌铁丝；6—沥青油毡；
7—玻璃丝布；8—防腐漆

c.当绝热层外径大于 $\phi200$ 时，应用（30～50）mm×50 mm 的镀锌铁丝网对其进行捆扎。

d.在直管段上，每隔 5～7 m 应留伸缩缝。

②保护层施工方法：用材、方法等与涂抹式的保护层要求相同；用矿渣棉或玻璃棉的管壳做保温层时，应采用油毡玻璃丝布保护层。采用石棉水泥或麻刀石灰做保护层，其厚度不小于 10 mm。

（3）缠包式保温。

缠包式保温是将保温材料制成绳状，直接缠绕在管道上。缠包法保温适用于卷状的软质保温材料（如各种棉毡等）。这种方法所用的保温材料有矿渣棉毡、玻璃棉毡、石棉绳或石棉带等。施工时需要将成卷的材料根据管径的大小剪裁成适当宽度（200～300 mm）的条带，以螺旋状缠包到管道上（见图 13-3（a））。也可以根据管道的圆周长度进行剪裁，以原幅宽对缝平包到管道上（见图 13-3（b））。不管采用哪种方法，均应边缠、边压、边抽紧，使保温后的密度达到设计要求。

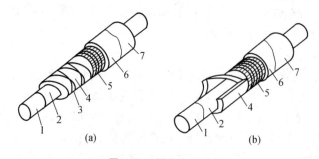

(a)　(b)

图 13-3 缠包法保温
1—管道；2—防锈漆；3—镀锌铁丝；4—保温层；5—铁丝网；6—保护层；7—防腐漆

①缠包式保温的施工方法。

a.先将矿渣棉毡或玻璃棉毡按管道外圆周长加搭接长度剪成条块待用。

b.把按管道规格剪成的条块缠包在管道上。缠包时将棉毡压紧，如一层棉毡厚度达不到保温厚度要求时，可用两层或三层棉毡。

c.缠包时，应使棉毡的横向接缝结合紧密，如有缝隙应用矿渣棉或玻璃棉填塞；其纵向接缝应放在管道顶部,搭接宽度为 50～300 mm(按保温层外径确定)。

d. 当保温层外径小于 $\phi500$ 时,棉毡外面用 $\phi1$～$\phi1.4$ 镀锌铁丝包扎,间隔为150～200 mm,禁止以螺旋状连续缠绕;当外径不小于 $\phi500$ 时,除用镀锌铁丝捆扎外,还应以 30 mm×30 mm 的镀锌铁丝网包扎。

②保护层施工方法。

a. 油毡玻璃丝布保护层,缠绕压接宽度为带宽的 1/3～1/2,接头搭接长度为80～100 mm,起点和终点用镀锌铁丝绑扎且不少于两圈。缠包面直平整无皱纹,松紧适度。

b. 金属保护层(也可用于预制装配式保温)。

(a)将厚度为 0.3～0.5 mm 的镀锌铁皮或厚度为 0.5～1 mm 的铝皮,以管道保温层外周长作为宽度剪切下料,再用压边机压边,用滚圆机滚成圆筒状。

(b)将金属圆筒套在保温层上,且不留空隙;使纵缝搭接口朝下,纵向搭接长度不少于 30 mm;环向接口应按管道坡向搭接,每段金属圆筒的环向搭接长度为 30 mm。

(c)将金属圆筒紧贴保温层后进行紧固,间距为 200～250 mm。

(d)接缝位置和搭接方法应有利于排水,纵向接缝尽量放在背视线侧。有防潮层时,接缝连接用镀锌铁皮带捆扎固定;无防潮层时,接缝连接用自攻螺丝固定,用手提式电钻,以 0.8 倍螺丝直径钻孔,间距为 200 mm 左右,然后将自攻螺丝拧入固定即可。

(4) 浇灌式结构保温。

浇灌式结构即现场发泡,多用于无沟敷设,现多采用聚氨酯硬质泡沫塑料。

聚氨酯硬质泡沫塑料一般采用现场发泡,其施工方法有喷涂法和灌涂法两种。喷涂法施工就是用喷枪将混合均匀的液料喷涂于被保温物体的表面。为避免垂直于壁面喷涂时液料下滴,要求发泡的时间要快一点。灌注法施工就是将混合均匀的液料直接灌注于需要成型的空间或事先安置的模具内,液料经发泡膨胀而充满整个空间,为保证有足够的操作时间,要求发泡的时间慢一些。

①聚氨酯硬质泡沫塑料由聚醚和多元异氰酸酯加催化剂、发泡剂、稳定剂等原料按比例调配而成。施工时,应将这些原料分成两组(A 组和 B 组)。A 组为聚醚和其他原料的混合液;B 组为异氰酸酯。只要两组混合在一起,即起泡而生成泡沫塑料。

②发泡前,先进行试配、试喷或试灌,掌握其性能和特点后再大面积进行保温作业。浇灌前应先在管的外壁涂刷一遍氰凝。施工时可根据管道的外径及保温层厚度预制保护壳。一般选用高密度聚乙烯硬质塑料做保护壳,也可选用玻璃钢做保护壳,所用的玻璃布为中碱无捻粗纱玻璃纤维布,可用长纤维玻璃布进行缠绕支撑。

③现场发泡预制操作时,把保护壳或钢制模具套在管道上,将混合均匀的液体直接灌进安装好的模具内,经过发泡膨胀后充满整个空间,应保证有足够的发泡时间。

④采用保护壳的预制发泡保温管道,安装后应处理好接头,外套管塑料壳与原管道外壳的搭接长度每端不小于 30 mm,安装前做好标记,保持两端搭接均匀。外套管接头发泡操作时,先在外套管的两端上部各钻一孔,其中一孔用做浇灌,另一孔用做排气。浇灌时,接头套管内应保持干燥,发泡环境温度保持在 15～35 ℃。

（5）填充法保温。

填充法保温所用保温材料为散料，对于可拆配件的保温可采用这种方法。施工时，在管壁固定好圆钢制成的支撑环，环的厚度和保温层厚度相同，然后用铁皮、铝皮或铁丝网包在支承环的外面，再填充保温材料。

也可采用多孔材料预制成的硬质弧形块作为支撑结构，间距约为 900 mm。平织铁丝网按管道保温外周尺寸裁剪下料，并经卷圆机加工成圆形，才可包覆在支撑圆周上进行矿渣棉填充。

填充保温结构宜采用金属保护壳。

（6）喷涂法保温。

干式喷涂适合于无机材料（膨胀珍珠岩、膨胀蛭石、硅酸铝纤维、石棉和颗粒状矿渣棉等）和有机材料（各种聚氨酯泡沫塑料、聚异氰脲酸酯泡沫塑料等）。

喷涂前，先在管段的外壁装好一副装配式的保温层胎具，用喷枪将混合均匀的发泡液直接喷涂在绝热防腐层的表面上。为避免喷涂液在绝热面上流淌，应计算好发泡时间，并使其发泡速度加快。

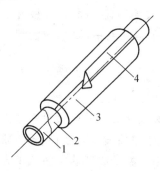

图 13-4　套筒式保温
1—管道；2—防锈漆；
3—保温层；4—带胶铝箔带

（7）套筒式保温。

套筒式保温就是将用矿纤材料加工成型的保温筒直接套在管道上，是冷水管道较常用的一种保温方法，只要将保温筒上轴向切口扒开，借助矿纤材料的弹性便可将保温筒紧紧地套在管道上。为便于现场施工，生产过程中多在保温筒的外表面加一层胶状保护层，因此对一般室内管道进行保温时，可不再设保护层。保温筒的轴向切口和两筒之间的横向接口，可用带胶铝箔带黏合，其结构如图 13-4 所示。

（8）管道伴热保温。

为防止寒冷地区输送液体的管道冻结或由于降温增加流体黏度，有些管道需要伴热保温。伴热保温是在保温层内设置与输送介质管道平行的伴热管，通过加热管散发的热量加热主管道内的介质，使介质温度保持在一定的范围内。管道伴热保温多采用毡、板或瓦状保温材料用绑扎法或缠包法将主管道和伴热管统一置于保温结构内，为便于加热，主管道和伴热管之间的缝隙不应填充保温材料。管道伴热保温形式如图 13-5 所示。

（9）黏结法保温。

黏结法保温适用于各种加工成型的预制品保温材料，主要用于空调系统及制冷系统保温。它是靠胶黏剂使保温材料与被保温的物体固定的，其结构如图 13-6 所示。常用的胶黏剂有石油沥青玛瑞脂、聚酯预聚体胶、醋酸乙烯乳胶、酚醛树脂和环氧树脂等，其中石油沥青玛瑞脂适用于大部分保温材料的黏结，施工时应根据保温材料的特性选用。涂刷胶黏剂时，要求粘贴面及四周接缝上各处胶黏剂均匀饱满。粘贴保温材料时，应将接缝相互错开，错缝的方法及要求与绑扎法保温相同。

（10）钉贴法保温。

钉贴法保温是矩形风管采用得较多的一种保温方法，它用保温钉（见图 13-7）代替胶黏剂将泡

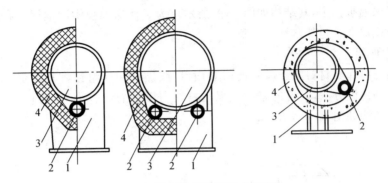

图 13-5 管道伴热保温形式示意图

1—支架;2—伴热管;3—主管道;4—保温层

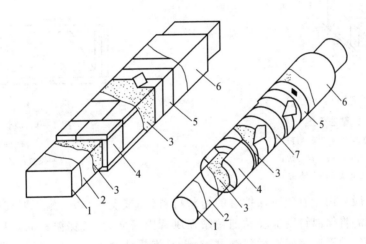

图 13-6 黏结法保温

1—管道;2—防锈漆;3—胶黏剂;4—保温层;
5—玻璃丝布;6—防腐漆;7—聚乙烯薄膜

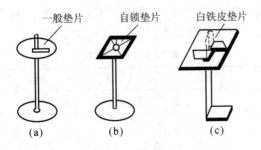

图 13-7 保温钉

(a)铁质保温钉;(b)铁质或尼龙保温钉;(c)白铁皮保温钉

沫塑料保温板固定在风管表面上。施工时,先用胶黏剂将保温钉粘贴在风管表面上,然后用手或木方轻轻拍打保温板,使保温钉穿过保温板并露出,然后套上垫片,将外露部分扳倒(自锁垫片压紧即可),即可将保温板固定,其结构如图 13-8 所示。为了使保温板牢固地固定在风管上,外表面也应用镀锌皮带或尼龙带包扎。

(11)风管内保温。

风管内保温是将保温材料置于风管的内表面,用胶黏剂和保温钉将其固定,是粘贴法和钉贴法联合使用的一种保温方法,其目的是加强保温材料与风管的结合力,以防止保温材料在风力的作用下脱落。其结构如图 13-9 所示。

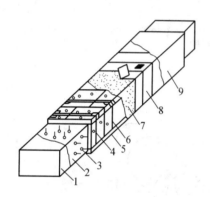

图 13-8　钉贴法保温

1—风管;2—防锈漆;3—保温钉;
4—保温层;5—铁垫片;6—包扎带;
7—胶黏剂;8—玻璃丝布;9—防腐漆

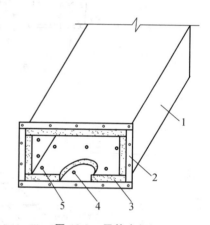

图 13-9　风管内保温

1—风管;2—法兰;3—保温层;
4—保温钉;5—垫片

风管内保温一般采用涂有胶质保护层的毡状材料(如玻璃棉毡)。施工时先除去风管粘贴面上的灰尘、污物,然后将保温钉刷上胶黏剂粘贴在风管内表面上,待保温钉固定后,再在风管内表面上满刷一层胶黏剂并迅速将保温材料铺贴上,最后将垫片套上。在内保温的四角搭接处,应小块顶大块,以防止上面一块面积过大下垂。管口及所有接缝处都应刷上胶黏剂密封。风管内保温一般适用于需要进行消声的场合。

4. 管道标志

按设计要求对管道表面或防腐层、保温层表面涂不同颜色的涂料、色环、箭头,以区别管道内流动介质的种类和流动方向。若设计无要求,应按表 13-1 中相应要求进行。

表 13-1　管道标志

管 道 名 称	颜 色	
	底 色	色 环
过热蒸汽管	红	黄
饱和蒸汽管	红	—
凝结水管	绿	红

续表

管道名称	颜　色	
	底　色	色　环
热水供水管	绿	黄
热水回水管	绿	褐

公称直径小于 150 mm 的管道,色环宽度为 30 mm,间距为 1.5～2 m;公称直径为 150～300 mm 的管道,色环宽度为 50 mm,间距为 2～2.5 m;公称直径大于 300 mm 的管道,色环的宽度和间距可适当加大。用箭头表明介质流动方向,箭头一般涂成白色,在浅色底的情况下,也可将箭头涂成红色或其他颜色,以鲜明为准则。

13.2　管道附件保温

按设计要求进行阀门、附件保温。阀门、附件应采用涂抹法保温。保温层的两侧应留出 70～80 mm 的间隙,并在保温层端部抹 60°～70°的斜坡,以利于更换检修。

管道系统的阀门、法兰、三通、弯管和支架、吊架等附件需要保温时可根据情况采用如图 13-10～图 13-17 所示的形式。

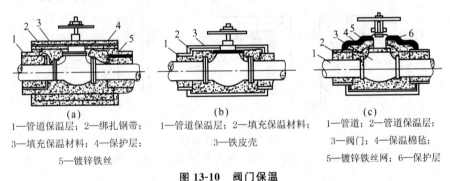

(a)　　　　　　　　　(b)　　　　　　　　　(c)

1—管道保温层;2—绑扎钢带;　1—管道保温层;2—填充保温材料;　1—管道;2—管道保温层;
3—填充保温材料;4—保护层;　　　　3—铁皮壳　　　　3—阀门;4—保温棉毡;
5—镀锌铁丝　　　　　　　　　　　　　　　5—镀锌铁丝网;6—保护层

图 13-10　阀门保温

(a)预制管壳保温;(b)铁皮壳保温;(c)棉毡绑扎保温

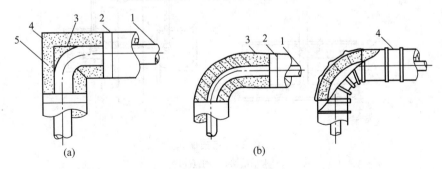

(a)　　　　　　　　　(b)

图 13-11　弯管保温

(a)管径小于 80 mm;(b)管径大于 100 mm

1—管道;2—镀锌铁丝;3—预制管壳;4—铁皮壳;5—填充保温材料

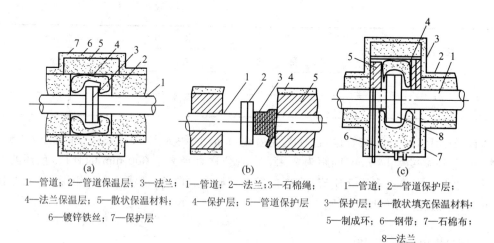

1—管道；2—管道保温层；3—法兰；　1—管道；2—法兰；3—石棉绳；　1—管道；2—管道保护层；
4—法兰保温层；5—散状保温材料；　4—保护层；5—管道保护层　3—保护层；4—散状填充保温材料；
6—镀锌铁丝；7—保护层　　　　　　　　　　　　　　　　　　　　5—制成环；6—钢带；7—石棉布；
　　　　　　　　　　　　　　　　　　　　　　　　　　　　　　　　　　8—法兰

图 13-12　法兰保温

（a）预制管壳保温；（b）缠绕式保温；（c）绑扎式保温

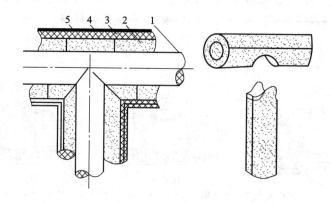

图 13-13　三通保温

1—管道；2—保温层；3—镀锌铁丝；4—镀锌铁丝网；5—保护层

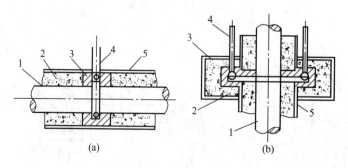

图 13-14　吊架保温

（a）水平吊架；（b）垂直吊架

1—管道；2—保温层；3—吊架处填充散状保温材料；4—吊架；5—保护层

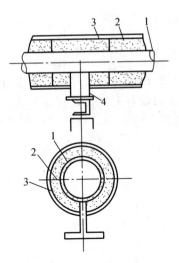

图 13-15　活动支、托架保温

1—管道;2—保温层;

3—保护层;4—支架

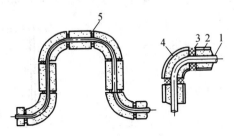

图 13-16　方形补偿器保温

1—管道;2—保温层;

3—填充保温材料;

4—保护壳;5—膨胀缝

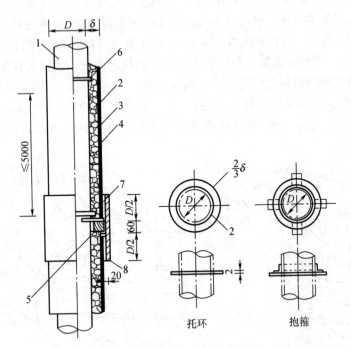

图 13-17　垂直管道的保温结构

1—管道;2—保温层;3—防潮层;4—保护层;5—硬木块(涂石油沥青)

6—托环;7—抱箍;8—承重钢套管及内托环

注:抱箍、承重钢套管及内托环是受力结构,

应根据垂直管段总质量,由设计确定材料规格及构造。

13.3 设备保温

由于一般设备表面积大,保温层不容易附着,所以设备保温时要在设备表面焊制钉钩并在保温层外设置镀锌铁丝网,铁丝网与钉钩扎牢,以帮助保温材料附着在设备上。设备保温结构如图13-18所示,具体结构形式有湿抹式、绑扎式、预制式和填充式等几种。

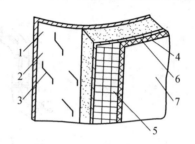

图 13-18 设备保温结构

1—设备外壁;2—防锈漆;3—钉钩;
4—保温层;5—镀锌铁丝网;6—保护层;7—防腐层

湿抹式保温适用于石棉硅藻土等保温材料。涂抹方式与管道涂抹方法相同,涂抹完后罩一层镀锌铁丝网,铁丝网与钉钩扎牢。绑扎式保温适用于半硬质板、毡等保温材料,施工时保温材料搭接应紧密,如图13-19所示。钉钩间距以250～300 mm为宜,钉网布置如图13-20所示。预制式保温材料为各种预制块。保温时预制块与设备表面及预制块之间须用胶泥等保温材料填实,预制块应错缝拼接,并用铁丝网与钉钩扎牢固定。钉网布置如图13-21所示。填充式保温多用于松散保温材料。保温时先将铁丝网绑扎到钉钩上,铁丝网与设备外壁的间距(钉钩长度)等于保温层厚度,然后在铁丝网内衬一层牛皮纸,再向牛皮纸和设备外壁之间的空隙填入保温材料。钉网布置如图13-22所示。

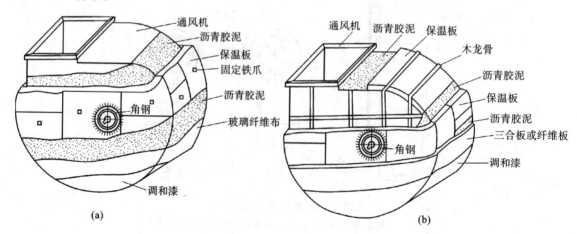

图 13-19 风机保温

(a)8号及8号以下风机保温;(b)8号以上风机保温(板材木龙骨)

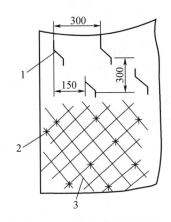

图 13-20　湿抹式钉网布置

1—钉钩;2—绑扎镀锌铁丝;3—镀锌铁丝网

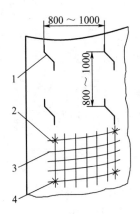

图 13-21　预制式钉网布置

1—钉钩;2—铁丝扎环;3—镀锌铁丝网;4—绑扎铁丝

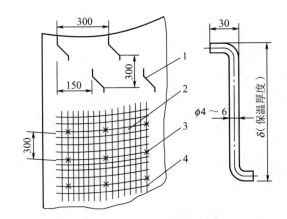

图 13-22　填充式钉网布置

1—钉钩;2—镀锌铁丝扎环;3—镀锌铁丝扎丝;4—镀锌铁丝网

【思考题】

13-1　管道的防腐措施有哪些?

13-2　管道涂漆应注意的事项是什么?

13-3　保护层施工包括哪些内容?

13-4　钉贴法保温的施工过程是什么?

参 考 文 献

[1] 王智伟,刘艳峰.建筑设备施工与预算[M].北京:科学出版社,2002.

[2] 北京土木建筑学会.建筑给水排水及采暖工程施工操作手册[M].北京:经济科学出版社,2005.

[3] 张秀德.安装工程施工技术及组织管理[M].北京:中国电力出版社,2002.

[4] 贾永康.供热通风与空调工程施工技术[M].2版.北京:机械工业出版社,2017.

[5] 李联友.通风空调工程识图与安装工艺[M].北京:中国电力出版社,2006.

[6] 李联友.建筑水暖工程识图与安装工艺[M].北京:中国电力出版社,2006.